省级实验教学示范中心系列教材

大学化学实验——基本操作

李鸣建　主编
周颖梅　宫贵贞　刘彤　副主编

化学工业出版社
·北京·

内容提要

全书包括绪论、大学化学实验基本知识、实验基本操作技术、实验常用设备及操作、实验数据的处理与结果评价、基本操作实验六大部分。教材的编写注意体现重视基础、培养能力、提高素质。在实验内容上理论联系实际，注重培养学生分析问题与解决问题的能力和创新能力。实验项目包括实验目的与要求、实验原理、仪器、试剂与材料、实验步骤、实验结果与数据处理、实验注意事项、思考题、e网链接等栏目，内容全面细致，能准确地指导学生学习，还能够通过思考题、e网链接、注释等，满足学生自学、拓宽视野的需求。

本书内容广泛新颖，可作为化学、化工、材料、环境、生物、制药等专业的本科生实验课教材及参考资料，也可供从事化学实验和科研的相关人员参考。

图书在版编目（CIP）数据

大学化学实验——基本操作/李鸣建主编. —北京：化学工业出版社，2014.8（2021.7 重印）
省级实验教学示范中心系列教材
ISBN 978-7-122-20939-9

Ⅰ.①大… Ⅱ.①李… Ⅲ.①化学实验-高等学校-教材 Ⅳ.①O6-3

中国版本图书馆 CIP 数据核字（2014）第 127797 号

责任编辑：宋林青　　文字编辑：王　琪
责任校对：吴　静　　装帧设计：史利平

出版发行：化学工业出版社（北京市东城区青年湖南街 13 号　邮政编码 100011）
印　　装：涿州市般润文化传播有限公司
787mm×1092mm　1/16　印张 11¼　字数 272 千字　　2021 年 7 月北京第 1 版第 3 次印刷

购书咨询：010-64518888　　售后服务：010-64518899
网　　址：http://www.cip.com.cn
凡购买本书，如有缺损质量问题，本社销售中心负责调换。

定　　价：38.00 元

《大学化学实验》系列教材编委会

FOREWORD 前言

《大学化学实验》系列教材共分五册，是根据目前大学基础化学实验改革的新趋势，在多年实践教学经验的基础上编写而成的。本教材自成体系，力求实验内容的规范性、新颖性和科学性，编入的实验项目既强化了基础，又兼顾了综合性、创新性和应用性。教材将四大化学的基本操作实验综合为一册，这样就避免了各门课程实验内容的重复；其他四册从实验（Ⅰ）～实验（Ⅳ），涵盖了无机化学实验、有机化学实验、分析化学实验、物理化学实验的专门操作技能和基本理论，增加了相关学科领域的新知识、新方法和新技术，并适当增加了综合性、设计性和创新性实验内容项目，以进一步培养学生的实际操作技能和创新能力。

本书为《大学化学实验》系列教材之一，是根据教育部教学指导委员会规定的化学化工专业基本教学内容并结合大学一年级开设大学化学实验基本操作课程的需求编写的。本书将四大化学基础实验中的基本操作相融合，在总结多年大学化学实验教学经验的基础上，突破了原有的实验教材体系，以加强基础训练和注重能力培养为主线，按照由浅入深、循序渐进的认识规律，精心编排了实验教学内容。全书共包括绪论、大学化学实验基本知识、实验基本操作技术、实验常用设备及操作、实验数据的处理与结果评价、基本操作实验六大部分。教材的编写注意体现重视基础、培养能力和提高素质。在实验内容上理论联系实际，注重培养学生分析问题、解决问题的能力和创新能力。实验内容全面细致，能准确地指导学生学习，还能够通过教材中的思考题、e网链接、注释等，满足学生自学、拓宽视野的需求。

本书内容广泛新颖，可作为化学、化工、材料、环境、生物、制药等专业的本科生实验课教材及参考资料，也可供从事化学实验和科研的相关人员参考。

本分册由李鸣建任主编，周颖梅、宫贵贞、刘彤任副主编。李鸣建编写第6章中实验1～9；周颖梅编写第3章、第4章和第5章；宫贵贞编写第6章中实验10～19；刘彤编写第1章、第2章和附录。

由于时间仓促，且限于编者水平，不足之处在所难免，敬请读者批评指正。

编　者

2014年4月

CONTENTS 目录

第1章 绪 论

1.1 实验课程设置的目的

化学是一门实验性非常强的学科，要真正掌握化学理论知识和方法，化学实验是必不可少的一个重要环节，它不仅可以激发学生学习化学的兴趣，帮助学生形成正确的化学概念，提高学生的观察及实际动手能力，还有助于培养学生实事求是、严肃认真的科学态度和学习方法。因此，加强化学实验教学是激发学生创新能力、培养高素质化学化工专门人才的必要手段。

为了更好地实现人才培养的目标，本课程在“大学化学实验”的平台上，突破二级学科的界限，对无机化学、有机化学、分析化学、物理化学四大化学基础课的实验进行重新整合，按照“重组基础，趋向前沿，反映现代，综合交叉”的原则，使实验教学更加具有系统性、整体性、综合性，建立起与理论教学并行、既相互联系又相对独立的实验教学新体系，并通过这种新的实验教学体系达到以下四个目的。

① 通过实验课程教学使学生掌握基本实验技能和基本实验方法，形成独立思考问题、解决问题的能力，树立严谨的治学作风，具备良好的专业素质和科学素养。

② 通过基本实验—设计性实验—综合性实验三个层次的实验教学，培养学生获取新知识和掌握科学研究方法的能力。

③ 培养学生养成准确、细致、整洁等良好的科学习惯和实事求是的科学精神，形成科学的思维方法和开拓创新能力。

④ 经过严格的实验训练，使学生具有一定的分析和解决较复杂问题的能力、收集和处理分析化学信息的能力、文字表达能力及团结协作精神。

1.2 实验课程学习方法

因为化学实验是在教师的正确引导下由学生独立完成的，所以实验效果与学习态度和方法密切相关。具体而言，本课程学习方法主要包括以下三个方面。

1.2.1 充分预习

实验前的预习是完成化学实验的必要准备工作和做好实验的前提，学生必须给予足够的重视。如果预习不充分，没有掌握实验的目的、要求、方法等内容，学生就难以按要求准确完成实验操作，实验教学的目标也无法实现。因此说，为了保证实验的效果，任课教师必须在实验课前检查学生的预习笔记，对没有预习或预习不合格者，教师有权不让学生参加本次实验。

实验预习要做到以下几点。

① 明确本实验的目的和要求。

② 阅读实验教材、教科书和参考资料中的有关内容，理解实验的基本原理。

③ 了解实验的内容、步骤、操作过程和实验时应注意的问题。

④ 基本了解本实验所用仪器的工作原理、用途和正确操作方法。

⑤ 认真思考与本实验有关的问题，并运用所学过的知识加以解决。

⑥ 按本实验要求收集所需的化学反应方程式及相关数据等。

⑦ 在预习的基础上，认真、简要地写好实验预习报告。在预习报告中简要写明实验步骤与操作、定量实验的计算公式等；根据实验内容，填写实验报告中的实验名称、实验目的、实验原理等内容；设计完成包含实验步骤、现象解释、备注等项目在内的表格，以便在实验时及时、准确地记录实验现象和相关数据。

1.2.2 规范实验操作，做好实验记录

实验是培养独立工作能力和思维能力的重要环节，学生认真、独立地完成实验对于训练学生正确掌握实验技术和提高学生能力具有重要作用。为了做好实验，应做到以下几点。

① 在充分预习的基础上规范实验操作流程，认真、仔细地观察实验中的现象，准确地将实验现象、数据等记录在预习笔记中。按要求处理好废液，自觉管理好所使用的公用仪器，并在相关记录本上登记。

② 实验中如果发现观察到的实验现象和理论不符合，先要尊重实验事实，同时要认真分析和检查原因，并仔细地重做实验，也可以做对照实验、空白实验，或自行设计实验进行核对，必要时应多次实验，从中得到有益的结论。

③ 要勤于思考。对实验中遇到的疑难问题和异常现象，需仔细分析，尽可能通过查资料自己解决，亦可与教师讨论，得到指导。

④ 如实验失败，要检查原因，经实验指导教师同意后重做实验。

⑤ 实验中应自觉养成良好的习惯，遵守实验室规定。在实验过程中，应始终保持桌面布局合理、整洁。

1.2.3 书写实验报告

实验报告是每次实验的结晶，是分析问题和知识理性化的必要步骤，是培养学生撰写科学论文能力的重要方法。撰写实验报告时，要求实事求是，严禁抄袭他人数据或杜撰、修改实验数据，段落结构要层次清楚，即使是合作做实验，每个人也应分别写出实验报告。实验报告具体包括以下内容。

① 实验目的、要求。简要说明为什么进行实验，通过本实验应掌握什么原理、方法和实验技能。

② 实验基本原理和主要反应方程式。

③ 主要实验仪器、材料和药品。

④ 实验内容。记录学生实际操作过程，可以使用表格、框图、符号等形式，清晰、明了地表示实验内容。

⑤ 实验现象和数据记录。正确表达实验现象，完整、准确记录实验数据，坚决杜绝出现主观臆测、编造实验数据等情况。

⑥ 解释、结论或数据的计算。对实验现象进行必要的解释，写出主要反应方程式，做出最后的结论，其中数据计算要求准确、清晰。

⑦ 完成实验教材中规定的作业，做好实验教材中的思考题。

⑧ 讨论。一般在实验过程中，常会出现实验现象和数据与教材内容不一致的地方，学生之间、实验小组之间也会存在不同程度的差异。针对上述情况，要认真思考，反思自己是否严格按实验操作步骤及实验条件进行实验，是否有操作失误。若无上述失误，可通过师生之间的讨论，认真分析导致实验异常现象或误差的原因，学生也可对实验提出改进意见。

1.3 主要专业文献简介

1.3.1 大型参考书

① 中国大百科全书：是一部包括哲学、社会科学、文学艺术、文化教育、自然科学、工程技术各个学科的百科全书。化学是其中的一卷，有两册，1989 年出版。它是将内容分成许多条目叙述的，条目的标题在目录中按学科分门编排，在卷后还有标题的英文索引。

② Kirk-Othmer，Encyclopedia of Chemical Technology（化学工艺百科全书）：第 3 版，1978-1984，共 25 卷。第 25 卷为索引，内容着重对化学产品的介绍，其中相当多是有机产品。

③ Rodd，Chemistry of Organic Compounds（有机化合物化学）：第 2 版，1964，有 5 卷 30 本，是一本有机化学的大型参考书。

④ Burton，Ollis，Comprehensive Organic Chemistry（综合有机化学）：1979，共 6 卷，第 6 卷为索引。

⑤ Organic Synthesis（有机合成）：1921-，每年出一卷，每十卷出一合订本，合成方面常用的丛书。有机合成所推荐的方法均经专家证实是可靠的，可以作为模型用于新化合物的合成，还引用其他方法合成的文献，有卷索引和累积索引，有化合物名称、反应类型、化合物类型、分子式、溶剂、试剂、仪器与作者等索引。

⑥ Theilheimer，Synthetic Methods of Organic Chemistry（有机化学合成方法）：1946-，每年出一卷，报道有机化合物新的合成方法、已知合成方法的改进等。有卷索引与 5 年累积索引，有主题索引与反应符号索引等。

⑦ M. Fieser and L. Fieser，Reagents for Organic Synthesis（有机合成试剂）：1967-，介绍试剂的制备、纯化与应用范围，后续卷除介绍新试剂外，还不断对已介绍的试剂补充新内容，每卷有索引。

1.3.2 字典与手册

① 王箴著，化工辞典：第 4 版，2000。这是一本综合性化工工具书，共收集化学化工名词 16000 余条，列出了无机化合物和有机化合物的分子式、结构式、基本物理化学性质（如密度、熔点、沸点、冰点等）及有关数据，并附有简要制法及主要用途。

② Heibron 等编，Dictionary of Organic Compounds（有机化合物词典）：第 5 版，1982。共 5 卷，另加第一补编（1983）、第二补编（1985）及两本索引（一本为化合物名称索引，另一本为分子式索引、杂原子索引与美国化学文摘注册号索引）。现有 5 万个化合物条目，条目中还

包括官能团衍生物，所以共有约 15 万个化合物，例如，环丁甲酰胺就在环丁甲酸的条目内。条目内容除有物理性质外，还有合成、质谱、碳谱、氢谱、危险性与毒性的文献。

③ Merck Index—An Encyclopedia of Chemistry and Drugs（Merck 索引——化学试剂与药物百科全书）：它是 Merck 公司的产品目录，内容集中在药用有机化合物与简单有机化合物，除有物理常数外，还有合成方法、生理性质、医药用途及作为药物的商业名称，它推荐的合成方法都是经过验证的。

④ Aldrich Catalog of Chemical Compounds（Aldrich 公司的化合物目录）：每年有新版，现有 16000 个化合物的物理常数，有参考 Beilstein 的卷与页码，有 NMR 与 IR 的参考文献，有 IUPAC 及 CA 的命名与俗名。

⑤ Dictionary of Organometallic Compounds（金属有机化合物词典）：1984，有 3 卷，第 3 卷为化合物名称索引与分子式索引。

⑥ CRC Handbook of Chemistry and Physics（CRC 化学与物理手册）：定期出版。是实验改正必备的手册，无机化合物、有机化合物、金属有机化合物的物理常数表，非常有用。表中有机化合物用 IUPAC 命名，以母体化合物字顺编排，再按取代基字顺编排，如 $C_6H_5CH_2CH_2COCH_3$，IUPAC 命名为 4-phenyl-2-butanone，查此化合物时，应先查 2-butanone，再在其下查 4-phenyl，即可得其物理常数，还提供了 Beilstein 的参考卷与页码。此外，该手册还收集了许多实验室常用的数据与方法，如共沸混合物、溶度积、蒸气压、指示剂的配制、单位的换算等。卷末有索引。

⑦ Sadtler Spectra（Sadtler 图谱集）：光谱是鉴定有机化合物结构的手段，因此查找图谱与图谱数据是研究工作中常遇到的问题。Sadtler 图谱集是目前收集最多最广并连续出版的图谱集。它包括三部分：Sadtler Standard Spectra（标准图谱集）；Sadtler Commercial Spectra（商业图谱集），包括农药、药物、香料、染料、单体与高分子产品等；Sadtler Biochemical Spectra（生化图谱集），包括生化试剂与甾族化合物等。

1.3.3 主要期刊

① 中国科学（Science China）：有中英文两个版本，中文版创刊于 1950 年 8 月，英文版创刊于 1952 年 10 月，是我国自然科学基础理论研究领域里权威性的学术刊物，在国内外有着长期而广泛的影响。它是由中国科学院主管、中国科学院和国家自然科学基金委员会共同主办的自然科学综合性学术刊物，主要刊载自然科学各领域基础研究和应用研究方面具有创新性、高水平、有重要意义的研究成果，由《中国科学》杂志社出版。

② 科学通报（Chinese Science Bulletin）：有中英文两个版本，中文版创刊于 1950 年，英文版创刊于 1966 年，是由中国科学院和国家自然科学基金委员会共同主办、《中国科学》杂志社出版的自然科学综合性学术刊物。

③ 化学学报（Acta Chimica Sinica）：创刊于 1933 年，原名《中国化学会会志》(Journal of the Chinese Chemical Society)，是我国创刊最早的化学学术期刊，1952 年更名为《化学学报》，并从外文版改成中文版。

④ 高等学校化学学报（Chemical Journal of Chinese Universities）：创刊于 1980 年，是综合性学术刊物，以研究论文、研究快报、研究简报和综合评述等栏目集中报道我国化学学科及其交叉学科、新兴演算产边缘学科等领域中新开展的基础研究、应用研究和开发研究中取得的最新研究成果，坚持以新、快、高为办刊特色，载文学科覆盖面广，信息量大，学术

水平高，创新性强，被SCI收录，在美国化学文摘千种表中居科技期刊前列。

⑤ 无机化学学报（Chinese Journal of Inorganic Chemistry）：创刊于1985年，由中国化学会主办，是展示我国无机化学研究成果的学术性期刊。

⑥ 有机化学（Chinese Journal of Organic Chemistry）：创刊于1980年，是由中国化学会主办、中国科学院上海有机化学研究所承办的专业学术性刊物，反映有机化学领域的最新科研成果、研究动态以及发展趋势，刊登基础研究和应用研究的原始性论文、研究热点和前沿综述，报道重要研究工作的最新进展。

⑦ 化学进展：于1989年创刊，是由中国科学院基础科学局、化学部、文献情报中心和国家自然科学基金委员会化学科学部共同主办，以刊登化学领域综述与评论性文章为主的学术性期刊。读者可从中了解化学专业领域国内外研究动向、最新研究成果及发展趋势。

⑧ 分析化学(Chinese Journal of Analytical Chemistry)：于1972年创刊，是由中国科学院长春应用化学研究所和中国化学会共同主办，国内外公开发行的专业性学术期刊。

⑨ 物理化学学报(Acta Physico-Chimica Sinica)：于1985年创刊，由中国科学技术协会主管，中国化学会主办，北京大学化学学院物理化学学报编辑部编辑出版。主要刊载化学学科物理化学领域具有原创性实验和基础理论研究类文章。

⑩ 高分子学报(Acta Polymerica Sinica)：是1957年创办的中文学术期刊，曾用名《高分子通讯》，月刊，中国化学会、中国科学院化学研究所主办，中国科学院主管。主要刊登高分子化学、高分子合成、高分子物理、高分子物理化学、高分子应用和高分子材料科学等领域中的基础研究和应用基础研究的论文、研究简报、快报和重要专论文章。

⑪ Chinese Journal of Chemistry(中国化学)：于1983年创刊，由中国科学技术协会主管，中国化学会、中国科学院上海有机化学研究所主办，刊载物理化学、无机化学、有机化学和分析化学等各学科领域基础研究和应用基础研究的原始性研究成果。

⑫ Journal of the American Chemical Society(美国化学会志)：是美国化学会发行的学术期刊，于1879年创刊。该期刊已经吸纳了另外两个期刊——the Journal of Analytical and Applied Chemistry(于1893年7月)和the American Chemical Journal(于1914年1月)。该期刊涉及化学领域的所有内容。根据ISI的统计数据，JACS是化学领域内引用最多的期刊，其影响因子为8.091(2008年)。

⑬ Angewandte Chemie International Edition in English（应用化学国际英文版）：由德国化学会出版，由约翰威利公司发行的学术期刊，于1887年创刊(德语版)，1962年英语版的《应用化学》问世。是一本涵盖化学所有方面的同行评审科学期刊，每周出版一期。2011年，该刊的影响因子为13.455，它是发表原创研究的化学期刊中影响因子最高的。有多个期刊被并入《应用化学》，它们包括1947年被并入的Chemische Technik/Chemische Apparatur和1990年被并入的Zeitschrift für Chemie。

1.3.4 文摘

① 全国报刊索引（自然科学版）：由上海图书馆编，创刊于1973年，月刊。原为全国报刊索引，1980年分为社会科学版与自然科学版。收录国内公开或内部发行的期刊与报纸中的文献，按中国图书馆图书分类法分类摘录（即将化学方面的文献分为有机、高分子、物化、无机、分析等进行分类摘录），著录格式为文献题目、著译者姓名、报刊名、年、卷

(期)、页。该刊大约比被摘录的刊物晚 3～4 个月与读者见面，每年第一期与第七期末附有"引用报刊一览表"。该刊是了解国内化学化工文献以及相关学科如生物、农业、医学、物理等的最重要索引刊物，也是了解国内有些什么刊物的途径。近十年来，我国科研论文迅速增长，1989 年美国化学文摘服务社统计，我国化学化工论文数就已经居于世界第七位，因此不能忽视我国的工作。另外，利用该刊可较美国化学文摘更快地了解我国的工作，该刊也可弥补许多没有被 CA 摘录的刊物的文献。

② Chemical Abstracts（美国化学文摘，简称 CA）：CA 创刊于 1907 年，由美国化学会化学文献编辑部编，它摘录全世界 150 多个国家近 15000 种有关化学化工刊物中的论文、政府出版物、会议录、图书及综述等材料，以及 30 余个国家的专利说明书。每年收录 50 余万篇，是最大的全球性的全面的化学化工文摘索引期刊。CA 检索途径多（有 10 余种索引），现除印刷版外，还有 CD-ROM 版。CA 报道迅速，文章在刊物上发表 3～4 个月，基本上即可见报道。CA 忠实于原文，摘录的内容为原始文献的缩影，不另做评论。文摘内容分为五大部 80 个类目：其中 1～20 类为生物化学；21～34 类为有机化学；35～46 类为高分子化学；47～64 类为应用化学与化工；65～80 类为物理化学、无机化学与分析化学。单号期为生物化学与有机化学，双号期为高分子化学、应用化学、化工、物理化学、无机化学和分析化学。

第2章 大学化学实验基本知识

2.1 基础化学实验室简介

大学基础化学实验室下设无机化学实验室、分析化学实验室、有机化学实验室、物理化学实验室、仪器分析实验室。主要承担应用化学、化学工程与工艺、高分子化学等相近专业的基础化学实验教学、部分专业实验教学任务，承担着对教师和学生开放实验室的工作任务。同时基础化学实验室还独立设置了大学生创新实验室，为相关专业学生的实践创新能力的训练提供实验条件。

2.1.1 无机化学实验室简介

无机化学实验室配置的主要仪器设备有离心泵、干燥箱、酸度计、电导率仪、水浴锅、浊度仪、电子天平等。开设的主要课程有《大学化学实验——基本操作》、《大学化学实验（Ⅰ）——无机化学实验》、《普通化学实验》等。主要承担如下六个方面的实验。

① 基本操作实验。

② 溶液的配制实验。

③ 常数的测定实验。

④ 无机化合物性质实验。

⑤ 无机物的分离与提纯实验。

⑥ 无机化合物的制备实验。

2.1.2 分析化学实验室简介

分析化学实验室配置的主要仪器设备有万分之一电子天平、离心泵、水浴锅、马弗炉、干燥箱、滴定管等。开设的主要课程有《大学化学实验(Ⅱ) ——分析化学实验》、《无机及分析化学实验》等。主要承担如下六个方面的实验。

① 无机、有机定性分析实验。

② 定量分析基础实验。

③ 酸碱滴定实验。

④ 配位滴定实验。

⑤ 氧化还原滴定实验。

⑥ 重量分析实验。

2.1.3 有机化学实验室简介

有机化学实验室配置的主要仪器设备有离心泵、电动搅拌器、干燥箱、旋转蒸发器、显微熔点测定仪、阿贝折射仪、真空干燥箱、加氢反应釜、集热式磁力加热搅拌器、有机化学实验常用磨口玻璃仪器等。开设的主要课程有《大学化学实验(Ⅲ)——有机化学实验》、《药物合成实验》等。主要承担如下五个方面的实验。

① 基本操作实验。

② 有机化合物性质实验。

③ 有机物的分离与提纯实验。

④ 有机化合物的合成实验。

⑤ 药物合成实验。

2.1.4 物理化学实验室

物理化学实验室配置的主要仪器设备有双通道金属相图实验装置、饱和蒸气压实验装置、数字电位差计综合实验装置、双液系沸点测定仪、电泳测定装置、乙酸乙酯皂化反应实验装置、黏度法测高聚物摩尔质量、燃烧热实验装置、溶解热测定实验装置、阿贝折射仪、电导率仪等。开设的主要课程有《大学化学实验(Ⅳ)——物理化学实验》。主要承担如下六个方面的实验。

① 物理化学参数测定实验。

② 物系特性实验。

③ 物质结构实验。

④ 电化学实验。

⑤ 光谱学实验。

⑥ 色谱及其他实验。

2.1.5 仪器分析实验室简介

分子光谱、原子光谱、色谱、电化学实验室(简称仪器分析实验室)由实验室和样品处理室共同组成。配置的主要仪器设备有 HP5890Ⅱ型气相色谱仪、FT-IR 红外分光光度计、AA-6501 原子吸收分光光度计、810 型高效液相色谱仪、UV-2100 紫外分光光度计、LS-55 荧光/磷光/发光分光光度计、酸度计、电导率仪、万分之一电子天平、马弗炉、真空干燥箱、鼓风干燥箱等。开设的主要课程有《仪器分析实验》。主要承担如下四个方面的实验。

① 紫外、可见分光光度法。

② 分子荧光光度法。

③ 红外吸收光谱法。

④ 原子发射光谱分析法。

2.2 化学仪器的管理与使用

2.2.1 玻璃仪器的管理与使用

① 每年根据实验项目的要求,申报玻璃仪器的采购计划,详细注明规格、产地、数量、要求,硬质中性玻璃仪器应经计量验证合格。

② 大型器皿建立账目,每年清查一次,一般低值易耗器皿损坏后应随时填写损耗登记清单。

③ 玻璃器皿使用前应除去污垢,并用清洁液或 2% 的稀盐酸溶液浸泡 24h 后,用清水冲洗干净备用。

④ 器皿使用后随时清洗，染菌后应严格高温灭菌，不得乱弃乱扔。

2.2.2 其他仪器的管理与使用

① 实验室所使用的仪器、容器应符合标准要求，保证准确可靠，凡计量器具须经计量部门检定合格方能使用。

② 实验室仪器安放合理，贵重仪器有专人保管，建立仪器档案，并备有操作方法、保养、维修、说明书及使用登记本，做到经常维护、保养和检查。精密仪器不得随意移动，若有损坏需要修理时，不得私自拆动，应出具报告并报设备管理人员，经科室负责人同意，填报修理申请单，送仪器维修部门。

③ 一切仪器设备未经设备管理人员同意，不得外借，使用后按登记本的内容进行登记。

④ 各种仪器（冰箱、温箱除外）使用完毕后要立即切断电源，旋钮复原归位，待仔细检查后，方可离去。

⑤ 使用仪器时，应严格按操作规程进行。对违反操作规程或管理不善等致使仪器损坏，要追究当事者责任。

⑥ 仪器设备应保持清洁，一般应有仪器套罩。

2.3 化学试剂的管理与使用

2.3.1 化学试剂的分类

化学试剂通常指一类具有一定纯度标准，用于教学、科学研究、分析测试，并可作为某些新兴工业所需的纯净的功能材料和原料的精细化学品。化学试剂种类很多，其分类和分级标准也不尽一致。我国化学试剂的标准有国家标准（GB）、化工部标准（HG）及企业标准（QB）。试剂按用途和化学组成可分为十个大类（表 2.3-1）。

表 2.3-1 化学试剂的分类

序号	名 称	说 明
1	无机分析试剂	用于化学分析的无机化学品，如金属、非金属单质、氧化物等
2	有机分析试剂	用于化学分析的有机化学品，如烃、醛、酮、醚及其衍生物
3	标准物质	用于化学分析、仪器分析中作对比的化学标准品
4	基准试剂	主要用于标定标准溶液的浓度，这类试剂纯度高、稳定性好
5	特效试剂	在无机分析中测定、分离、富集元素所专用的有机试剂
6	高纯物质	用作某些特殊需要的工业材料和一些痕量分析的试剂
7	液晶	是液态晶体的总称，它既有流动性、表面张力等液体特征，又具有各向异性、双折射等固体晶体的特征
8	指示剂和试纸	用于滴定分析中指示滴定终点，或用于检测气体或溶液中某些物质存在的试纸，试纸是用指示剂或指示剂溶液处理过的滤纸条
9	仪器分析试剂	用于仪器分析的试剂
10	生化试剂	用于生命科学研究的试剂

试剂的纯度和杂质含量对实验结果准确度的影响很大，不同的实验对试剂纯度和杂质含量的要求也不相同。我国根据试剂的纯度和杂质含量，将试剂分为五个等级，并规定了试剂包装的标签颜色及应用范围（表 2.3-2）。

表 2.3-2　化学试剂的级别及应用范围

等级	名称	英文符号	标签颜色	应用范围
一级	优级纯(保证试剂)	GR	绿	精密分析研究
二级	分析纯(分析试剂)	AR	红	分析实验
三级	化学纯	CR	蓝	一般化学实验
四级	实验试剂	LR	黄	工业或化学制备
生化试剂	生化试剂(生物染色剂)	BR	咖啡或玫瑰红	生化实验

2.3.2 化学试剂的存放

化学试剂的存放要注意安全，要防水、防火、防挥发和防变质，根据试剂的易燃性、毒性、潮解性和腐蚀性等各不相同的特点，在保存化学试剂时应采用不同的保管方法。

① 易燃液体　实验中常用的有机溶剂（如乙醇、乙醚、苯和丙酮等）极易挥发成气体，遇明火即燃烧，故应将其单独存放于阴凉通风处，并注意远离火源。

② 易燃固体　实验中常用的固体无机物（如红磷、镁粉、硫黄和铝粉等）着火点都很低，应注意单独存放于通风干燥处。白磷在空气中可自燃，应保存在水里，并放于避光阴凉处。

③ 遇水燃烧的物品　如锂、钠、钾、电石和锌粉等。因其遇水会剧烈反应放出可燃性气体，因此，钠和钾应保存在煤油中，锂要用石蜡密封，电石和锌粉等应放在干燥处。

④ 剧毒试剂　如氰化钾、三氧化二砷（砒霜），需妥善保管，取用时应严格做好记录，以免发生事故。

⑤ 强腐蚀性试剂　如浓酸和浓碱。不要把它们洒在皮肤或衣服上；废酸应倒入废液缸中，但不要再向里面倾倒碱液，以免酸碱中和产生大量的热而发生危险。

⑥ 见光分解的试剂　如高锰酸钾、硝酸银等。应存放于棕色瓶中，并放在阴暗避光处。与空气接触易氧化的试剂（如氯化亚锡、硫酸亚铁等），应密封保存。

⑦ 相互易反应的试剂　如氧化剂和还原剂。要分开存放，如浓硝酸和硫粉不能存放于同一柜中。

⑧ 吸水性强的试剂　如无水碳酸钠、无水硫酸镁、过氧化钠等。应放在干燥器中，有些很容易水解的试剂（如无水氯化铝）的瓶盖还需蜡封。

⑨ 易挥发的试剂　如大量有机溶剂。应放在有通风设备的专用试剂柜中，如在较高温度环境下，需将瓶盖拧松些，以防试剂蒸发时在瓶内蒸气压过大引起爆炸。

⑩ 贵重类药品　如单价昂贵的特殊试剂、超纯试剂和稀有元素及其化合物，常见的有钯黑、氯化钯、氯化铂、铂、铱、铂石棉、氯化金、金粉、稀土元素等。这类试剂要分为小包装，与一般试剂分开存放，并加强管理，建立领用制度。

⑪ 指示剂与有机试剂类　指示剂可按酸碱指示剂、氧化还原指示剂、络合滴定指示剂及荧光吸附指示剂分类排列。有机试剂可按分子中碳原子数目多少排列。

⑫ 一般试剂　一般试剂分类存放于阴凉通风、温度低于30℃的柜内即可。

2.4 化学实验室规章制度

由于实验人员在实验室中经常接触到各种化学药品和各种仪器，为了防止诸如爆炸、着火、中毒、割伤、灼烧、触电等意外事故的发生，要求实验人员进入实验室后必须严格遵守实验室规章制度。

① 实验前学生应认真预习有关内容，明确实验目的和要求，了解实验原理，熟悉内容、方法和主要仪器的性能，检查实验所需的药品、仪器是否齐全。对于设计性实验，学生课前必须查阅相关的资料，根据实验要求设计详细的实验方案，并经指导教师同意后方可进行实验。

② 上实验课时，学生必须提前10min进入实验室，不得迟到、早退，进入实验室后先熟悉实验室环境、布置和各种设施的位置，做好实验准备，同时穿好实验服，不得大声喧哗和随意走动。

③ 学生应在教师指导下按实验步骤进行实验，实验中要规范操作，仔细观察、详细记录、积极思考。

④ 爱护仪器，注意节省水、电，试剂和药品不得滥用、浪费。公用仪器进行实验后，应清洗、擦拭干净并放回原处。

⑤ 严禁学生在实验室内进食、吸烟。实验时应穿实验服，不得穿拖鞋，必要时应佩戴防护眼镜。倾注药剂或加热液体时，不要俯视容器，以防溅入眼睛。加热操作时，容器口不能对着自己或别人。实验完毕后必须洗净双手。

⑥ 严禁将有毒试剂（如重铬酸钾、钡盐、铅盐、砷的化合物、汞的化合物、氰化物）入口或接触伤口。凡涉及有毒气体的实验，都应在通风橱中进行。

⑦ 实验室内所有试剂和药品不得带出实验室，用剩的有毒试剂和药品应交还给教师。

⑧ 在实验中发生意外事故，应保持镇静并立即停止实验，及时向教师报告，并采取妥善措施处理。

⑨ 实验完毕，每组学生应整理好仪器、药品和台面，清扫实验室，关好水、电开关和门窗。

⑩ 实验结束时，学生必须提交实验原始数据，实验结束后根据原始数据，独立完成实验报告并及时提交实验报告。

2.5 化学实验室安全知识及应急处理

由于在实验过程中会潜在着诸如着火、爆炸、中毒、割伤、灼烧、触电等事故的危险，因此为避免各种事故的发生，要求实验人员必须高度重视实验安全，掌握实验室的安全知识和应急处理能力。

2.5.1 危险品的使用

① 剧毒药品必须与一般药品分开，设专柜并加锁，由专人管理，并制定保管、使用制度。开启易挥发的试剂瓶时，不可使瓶口对着自己或他人的脸部。

② 对于某些有毒的气体，必须在通风橱内进行操作处理，头部应该在通风橱外面。

③ 因有机溶剂（乙醇、乙醚、苯、丙酮等）易燃，使用时一定要远离明火。用后要把瓶塞塞紧，放在阴凉处。

④ 浓酸和浓碱具有强腐蚀性，不要把它们洒在衣服或皮肤上。废酸应倒入废液缸中，但不要向里面倾倒碱液。

⑤ 强氧化剂（如高氯酸、氯酸钾等）及其混合物（氯酸钾与红磷、碳、硫等的混合物）

不能研磨或撞击，否则易发生爆炸。

⑥ 汞易挥发，在人体会积累，引起慢性中毒。可溶性汞盐、铬的化合物、氰化物、砷盐、钡盐等都有毒，不得进入口内或接触伤口，其废液也不能倒入下水道，应统一回收。

2.5.2 割伤、烧伤、烫伤、化学腐蚀的预防及处理

① 割伤　在切割玻璃管或向木塞、橡胶塞中插入温度计、玻璃管时最容易发生割伤。因此在将温度计或玻璃管插入塞中时，玻璃管的粗细要与塞中的孔径吻合，将玻璃管壁用几滴水或甘油润湿后，用布包住用力部位轻轻旋入，切不可用猛力强行连接。

若被割伤，应先取出伤口处的玻璃碎屑等异物，再用水洗净伤口，涂上红药水后撒些消炎粉并用消毒纱布包扎。

② 烧伤、烫伤　对于正在沸腾的溶液，须先用烧杯夹子夹住摇动后才能取下；对于刚刚加热过的铁圈、三脚架，应等其冷却后再取下；加热后的蒸发皿、坩埚不能用手直接拿取，而应用坩埚钳夹取，热的蒸发皿不能直接放在台面上。

若被蒸气和红热的玻璃、铁器等烫伤时，应立即用大量水冲淋或浸泡伤处，以迅速降温，避免深度烧伤。对轻微烫伤，可在伤处涂些鱼肝油或烫伤油（如獾油、万花油、蓝油烃等），或用浓高锰酸钾溶液润湿伤口至皮肤变为棕色。

③ 化学腐蚀　对黏膜、皮肤、气管产生腐蚀的化学试剂主要有强酸（如浓硫酸、浓硝酸）、强碱（如氢氧化钠）、强氧化剂（如液溴、浓 H_2O_2 溶液）等，硫化钠、三氯化磷、苯酚、冰醋酸、三氯化铝等也有腐蚀作用。

为防止化学腐蚀，在使用上述药品时应尽量戴上橡胶手套和防护眼镜；腐蚀药品不得在烘箱内烘烤；应防止试剂洒在衣服或皮肤上。

2.5.3 化学实验室安全用电常识

化学实验室电器较多，因此要特别注意用电安全，严格遵守实验室用电安全规定，确保实验人员的人身安全。

① 防止触电　不用潮湿的手接触电器或接触电器裸露部分；实验时应连接好电路后再接通电源，实验结束后应先切断电源再拆线路；如有人触电，应迅速切断电源，然后进行抢救。

② 防止引起火灾　实验室内若有氢气、煤气等易燃、易爆气体，应避免产生电火花。继电器工作和开关电闸时，容易产生电火花，需特别小心。如发现电器接触点（如电插头）接触不良时，应及时修理或更换。如遇电线起火，应立即切断电源，用干沙土或二氧化碳灭火器、四氯化碳灭火器灭火，禁止用水等导电液体或泡沫灭火器灭火。

③ 防止短路　电线、电器不能被水淋湿或浸在导电液体中，如实验室加热用的灯泡接口不能浸在水中。

④ 电器仪表的安全使用　在使用前，实验人员需要先了解电器仪表要求使用的电源是直流电还是交流电，是单相电还是三相电以及电压的大小，查看电器的功率是否符合要求及直流电器仪表的正、负极。仪表量程应大于待测量程，当待测量程大小不明时，应从最大量程开始测量。实验前要检查线路连接是否正确，经指导教师核查同意后方可接通电源。在电器仪表使用过程中，如发现有不正常声响、局部升温或嗅到绝缘漆过热产生的焦味等，应立即切断电源，并报告指导教师进行检查。

2.5.4 化学实验室灭火常识

实验室万一发生火灾，要保持镇静，立即切断电源和燃气源，并根据起火的原因，采取针对性的灭火措施。一般的小火用湿布、防火布或沙子覆盖燃烧物灭火。火势大时可用泡沫灭火器。如电器起火，应当立即切断电源，再用1211手提式灭火器灭火。情况紧急时，应立即报警。注意在灭火的同时，要迅速移走易燃、易爆物品，以防火势蔓延。

火灾的发展一般分为初起、发展和猛烈扩展三个阶段。其中初起阶段持续5～10min。实践证明，该阶段是最容易灭火的阶段，所以一旦出现事故，实验室人员应保持冷静，设法制止事态的发展。首先立即报警，然后尽快把火种周围的易燃物品转移，最后采用相应的手段灭火。常用的灭火措施有如下几种，使用时要根据火灾的轻重、燃烧物的性质、周围的环境和现有的条件进行选择。

① 石棉布　适用于小火。用石棉布盖上以隔绝空气，就能灭火。如果火势很小，用湿抹布或石棉板盖上就行。

② 干沙土　一般装于沙箱或沙袋内，只要抛撒在着火物体上就可灭火。适用于不能用水扑救的燃烧，但对火势很猛且面积很大的火焰欠佳。沙土应该用干的。如遇金属钠着火，要用细沙或石棉布扑灭。

③ 水　是常用的灭火物质。它能使燃烧物的温度下降，但一般有机物着火不适用。因溶剂与水不相溶，又比水轻，水浇上后，溶剂还漂在水面上，扩散开来继续燃烧。但若燃烧物与水互溶或用水没有其他危险时，可用水灭火。在溶剂着火时，先用泡沫灭火器把火扑灭，再用水降温是有效的灭火方法。

④ 泡沫灭火器　是实验室常用的灭火器材。由于它生成二氧化碳及泡沫，使燃烧物与空气隔绝而灭火，效果较好，适用于除电器起火外的灭火。使用时可手提筒体上部的提环，迅速奔赴火场。这时应注意，不得使灭火器过分倾斜，更不能横拿或颠倒，以免两种药剂混合而提前喷出。当距离着火点10m左右，即可将筒体颠倒过来，一只手紧握提环，另一只手扶住筒体的底圈，将射流对准燃烧物。在扑救可燃液体火灾时，如已呈现流淌燃烧，则将泡沫由远而近喷射，使泡沫完全覆盖在燃烧液面上；如在容器内燃烧，应将泡沫射向容器的内壁，使泡沫沿着内壁流淌，逐步覆盖着火液面。切忌直接对着液面喷射，以免由于射流的冲击，反而将燃烧的液体冲散或冲出容器，扩大燃烧范围。在扑救固体物质火灾时，应将射流对准燃烧最猛烈处。灭火时随着有效喷射距离的缩短，使用者应逐渐向燃烧区靠近，并始终将泡沫喷在燃烧物上，直到扑灭。使用时，灭火器应始终保持颠倒状态，否则会中断喷射。

泡沫灭火器存放应选择干燥、阴凉、通风且取用方便之处，不可靠近高温或可能受到曝晒的地方，以防止碳酸氢钠分解而失效；冬季要采取防冻措施，以防止冻结；应经常擦除灰尘、疏通喷嘴，使之保持通畅。

⑤ 空气泡沫灭火器　适用于扑救水溶性易燃、可燃液体的火灾，如醇、醚、酮等溶剂燃烧的初始火灾。使用时可手提或肩扛迅速奔赴到火场，在距离燃烧物6m左右，拔出保险销，一手握住开启压把，另一手紧握喷枪，用力捏紧开启压把，打开密封或刺穿储气瓶封片，空气泡沫即可从喷枪口喷出。空气泡沫灭火器使用时，应使灭火器始终保持直立状态，切勿颠倒或横卧使用，否则会中断喷射。同时应一直紧握开启压把，不能松手，否则也会中断喷射。

⑥ 酸碱灭火器　适用于扑救木材、织物、纸张等燃烧的火灾，不能用于扑救液体火灾、可熔化固体物质火灾（如汽油、煤油、柴油、甲醇、乙醇、沥青、石蜡等）、可燃性气体火灾（如煤气、天然气、甲烷）、轻金属火灾（如钾、钠、镁、钛等）及带电物体火灾。使用时应手提筒体上部提环，迅速奔到着火点。绝不能将灭火器扛在背上，也不能过分倾斜，以防两种药液混合而提前喷射。在距离燃烧物 6m 左右，即可将灭火器颠倒过来，并摇晃几次，使两种药液加快混合；一只手握住提环，另一只手抓住筒体下的底圈，将喷出的射流对准燃烧最猛烈处喷射。同时随着喷射距离的缩减，使用人应向燃烧处推近。

⑦ 二氧化碳灭火器　适用于扑救液体火灾、可熔化固体物质火灾、可燃性气体或轻金属火灾。使用时只要将灭火器提到或扛到火场，一只手握住喇叭筒根部的手柄，另一只手紧握启闭阀的压把。这时应注意，不得使灭火器过分倾斜，更不可横拿或颠倒，以免两种药剂混合而提前喷出。当距离着火点 10m 左右，即可将筒体颠倒过来，一只手紧握提环，另一只手扶住筒体的底圈，将射流对准燃烧物。对没有喷射软管的二氧化碳灭火器，应把喇叭筒往上扳 70°～90°。在扑救可燃液体火灾时，如已呈流淌状燃烧，则将泡沫由远而近喷射，使泡沫完全覆盖在燃烧液面上；如在容器内燃烧，应将泡沫射向容器的内壁，使泡沫沿着内壁流淌，逐步覆盖着火液面。切忌直接对准液面喷射，以免由于射流的冲击，反而将燃烧的液体冲散或冲出容器，扩大燃烧范围。在扑救固体物质火灾时，应将射流对准燃烧最猛烈处。灭火时随着有效喷射距离的缩短，使用者应逐渐向燃烧区靠近，并始终将泡沫喷在燃烧物上，直到扑灭。使用时，灭火器应始终保持倒置状态，否则会中断喷射。在使用过程中，不能直接用手抓住喇叭筒外壁或金属连接管，防止手被冻伤。在室外使用二氧化碳灭火器时，应选择上风方向喷射；而在室内窄小空间使用时，灭火后操作者应迅速离开，以防窒息。

⑧ 1211 手提式灭火器　主要适用于扑救易燃、可燃液体、气体、金属及带电设备的火灾。使用时应将灭火器手提或肩扛带到火场。在距离燃烧处 5m 左右，放下灭火器，先拔出保险销，一手握住开启压把，另一手握在喷射软管前端的喷嘴处。如灭火器无喷射软管，可一手握住开启压把，另一手扶住灭火器底部的底圈部分。先将喷嘴对准燃烧处，用力握紧开启压把，使灭火器喷射。当被扑救可燃液体呈现流淌状燃烧时，使用者应将喷流对准火焰根部由近而远左右扫射，向前快速推进，直至火焰全部扑灭。如果可燃液体在容器中燃烧，应对准火焰左右晃动扫射，当被火焰赶出容器时，喷流跟着火焰扫射，直至把火焰全部扑灭。但应注意不能将喷流直接喷射在燃烧液面上，防止灭火剂的冲击力将可燃液体冲出容器而扩大火势，造成灭火困难。如果扑救可燃性固体物质的初始火灾时，则将喷流对准燃烧最猛烈处喷射，当火焰被扑灭后，应及时采取措施，不让其复燃。1211 手提式灭火器使用时不能颠倒，也不能横卧，否则灭火剂不会喷出。因 1211 灭火剂也有一定的毒性，在室外使用时，应选择上风方向喷射；在窄小的的室内灭火时，灭火后操作者应迅速撤离，以防止对人体的伤害。

⑨ 1301 灭火器　1301 灭火器的使用方法和适用范围和 1211 灭火器相同。但由于 1301 灭火剂喷出呈雾状，在室外有风状态下使用时，其灭火能力没有 1211 灭火器高，因此更应在上风方向喷射。

⑩ 干粉灭火器　碳酸氢钠干粉灭火器适用于易燃、可燃液体、气体及带电设备的初起火灾；磷酸铵盐干粉灭火器除可用于上述几类火灾外，还可扑救固体类物质的初起火灾。但都不能扑救金属燃烧火灾。灭火时，可手提或肩扛灭火器快速奔赴火场，在距离燃烧处 5m 左右，放下灭火器。如在室外，应选择在上风方向喷射。使用的干粉灭火器若是外挂式储压式灭火器，操作者应一手紧握喷枪，另一手提起储气瓶上的开启提环。如果储气瓶的开启是

手轮式的，则向逆时针方向旋开，并旋到最高位置，随即提起灭火器。当干粉喷出后，迅速对准火焰的根部扫射。使用的干粉灭火器若是内置式储气瓶灭火器或者储压式灭火器，操作者应先将开启压把上的保险销拔下，然后一手握住喷射软管前端喷射嘴部，另一手将开启压把压下，打开灭火器进行灭火。有喷射软管的灭火器或储压式灭火器在使用时，一手应始终压下压把，不能放开，否则会中断喷射。

干粉灭火器扑救可燃、易燃液体火灾时，应对准火焰腰部扫射，如果被扑救的液体火灾呈流淌燃烧时，应对准火焰根部由近而远，并左右扫射，直至把火焰全部扑灭。如果可燃液体在容器内燃烧，使用者应对准火焰根部左右晃动扫射，使喷射出的干粉流覆盖整个容器开口表面；当火焰被赶出容器时，使用者仍将继续喷射，直至将火焰全部扑灭。在扑救容器内可燃液体火灾时，应注意不能将喷嘴直接对准液面喷射，防止喷流的冲击力使可燃液体溅出而扩大火势，造成灭火困难。如果可燃液体在金属容器中燃烧时间过长，容器内壁温度已高于扑救可燃液体的自燃点，此时极易造成灭火后再复燃的现象，若与泡沫灭火器联用，则灭火效果更佳。

使用磷酸铵盐干粉灭火器扑救固体可燃物火灾时，应对准燃烧最猛烈处喷射，并上下、左右扫射。如条件许可，使用者可提着灭火器沿着燃烧物的四周边走边喷，使干粉均匀地喷在燃烧物的表面，直至将火焰全部扑灭。

⑪ 石墨粉　当钠、钾或锂着火时不能用水、泡沫灭火器灭火，可选用石墨粉灭火。

⑫ 电路或电器着火　扑救的关键首先是要切断电源，防止事态扩大。电器着火的最好灭火器是 1211 手提式灭火器。

在着火和救火时，若衣服着火，千万不要乱跑，因为这会由于空气的迅速流动而加剧燃烧，应当躺在地上翻滚，这样一方面可压熄火焰，另一方面也可避免火烧到头部。立即脱下衣服，以大量的水扑灭也是行之有效的方法。

如果火势已开始蔓延，则应该及时通知有关消防和安全部门，切断所有电源开关，并且尽量疏散那些可能使火灾扩大、有爆炸危险的物品及重要物质，对消防人员进出要道及时清理，在专业消防人员到达后，主动介绍着火部分等有关信息。一些严重的紧急事故，要求进行人员疏散。

2.6 实验室的绿色化学及废物处理

2.6.1 实验室的绿色化学

绿色化学实验室是以绿色化学为指导，对环境无显著毒副作用的实验室，其理想在于不再使用有毒有害的物质，也不产生、处理废物。绿色化学实验室的目标和任务是主动地防止化学污染，而不是被动地治理环境污染。长期以来，高校化学实验完毕后容易发生将一些有害气体排到大气中，将能引起水质污染的废液排到下水道中等情况，造成学生长期处于一种实验—污染—再实验—再污染的模式中，让学生逐渐形成做化学实验理所当然会产生污染的思维方式。虽然每次实验产生的废弃物不多，但由于学生实验的人数和次数很多，所使用的试剂种类及成分很复杂，而且每一个化学实验室都是一个污染源，容易产生很大的污染效应，严重威胁着环境安全。因此建设高校绿色化学实验室不仅能节约大量实验试剂和药品，降低实验成本，而且对有效减少环境污染、保护师生身心健康都具有重要的现实意义。结合化学实验室的具体特点，在建设绿色化学实验室方面要注意以下四个方面。

（1）在教学中注重向学生传递绿色化学的观念，培养学生的环境保护和可持续发展意识，使绿色化学概念扎根于学生的头脑中，并贯穿在他们以后的实验中。

（2）在实验中，尽可能减少“三废”排放，保护环境。培养学生的节约意识，引导学生注意节约药品，加大药品回收力度，实现药品的循环使用，做到资源的再生化，节省实验经费，减少“三废”排放。

（3）教师要主动讲授化学试剂和实验产物的毒性、排放后可能对环境造成的危害以及处理有毒有害物质的原理和方法。学生不仅要掌握有关的化学原理、实验技能，还应具备运用化学原理和实验技能来治理环境污染的能力。

（4）改进化学实验的方法或技术，具体包括以下几个方面。

① 选择环保型实验项目　本着从源头上制止污染的理念，选择低污染又具有代表性，而且与环境保护密切相关的实验项目，来训练学生的基本操作技能。如有机合成实验产品的回收及再利用、废旧电池的回收及利用、水硬度的测定实验等。

② 寻找替代性的试剂　如在阳离子鉴定实验中，用硫代乙酰胺替代硫化氢沉淀阳离子，避免了硫化氢的危害。用“溴乙烷”实验替代“溴苯”实验，避开了苯、溴、吡啶等有毒试剂污染。但即使是无毒无害试剂也应尽量减少用量，因为任何化学物质过度使用都会对环境造成污染。

③ 部分实验使用密闭仪器进行实验　如在酯的合成反应中，如果选用浓硫酸作为催化剂，在反应过程中会产生废酸和酸气，在这种情况下就可以设计封闭实验解决问题。

④ 选择符合环境保护的分析实验　如对工业废水中挥发酚的测定，可采用在水中测定或者用有机溶剂三氯甲烷萃取后再测定，选择前一种方法既可以避免有毒溶剂污染，又可降低实验成本。

⑤ 推广微型、半微型化学实验　微型化学实验是绿色化学实验的重要组成部分，它可以实现用尽可能少的试剂来获取所需要的化学信息的实验原理与技术的目的，而不一定在微型仪器中进行。它的实际用量仅为常规实验的1/100～1/10，有效减少了相关辅助材料、水、电的消耗，既降低了实验成本，又提高了实验的安全性。在实践中，可以采用“性质实验点滴化，分析实验减量化，合成实验微型化”的方法。如滴定实验，将标准溶液浓度由0.1mol·L^{-1}降到0.01～0.02mol·L^{-1}，滴定管使用25mL，锥形瓶改用100mL，有利于培养实验者严谨的科学态度。

⑥ 设计组联实验　如在合成苯甲酸实验中得到粗产品苯甲酸，成为基本操作“重结晶”的材料，重结晶实验之后得到的纯苯甲酸产品又变成熔点测定的材料。这种方法既可以节省实验时间和原料，同时实验人员还能亲自检验所得产品的纯度。

⑦ 使用微波、超声波等现代化仪器　微波作为一种新型的能量形式可用于许多有机化学反应，它的优点是：条件温和、能耗低、反应速率快；可瞬时达到反应温度，时间短，有机合成中可实现分子水平意义的搅拌；微波输出功率可调，便于自动控制和连续操作；加热时微波设备本身几乎不辐射能量，可避免影响环境温度，改进工作环境等。超声波化学利用超声波的空化作用，可提高许多反应的速率，改善目的产物的选择性和催化剂的表面形态，提高催化活性组分在载体上的分散性等。

⑧ 利用多媒体技术进行仿真化学实验　利用多媒体仿真技术，可模拟原子、原子团、分子等结构和变化机理，使化学反应过程生动、形象，帮助学生理解基本原理。学生可以先在计算机上预演练习，再到实验室中去做，这样可以提高实验的成功率，减少试剂的浪费，

降低实验事故的发生率，预防污染产生。还可利用计算机模拟违规操作，将产生的后果展示给学生，使学生看到错误操作的严重性，有效地防止错误操作的发生。同时，学生在计算机前自由操作，反复模拟实验过程，并通过对实验中的各种实验技术和实验条件进行比较，得到最佳反应途径。对一些因设备复杂、危险性大、反应周期长、操作条件苛刻、常规实验条件无法开展但又很重要的实验，可采用多媒体实验演示，以生动、逼真的形式展现。这样既有利于学生掌握知识，又减少了“三废”的产生。

⑨ 开展课外化学创新实验来处理废液、废渣　实验中收集的废液、废渣，如果长期请回收公司来处理，不但增加经费支出，而且无法培养学生处理废液、废渣的能力。因此可以在教师的指导下将学生分组，针对不同的废液、废渣由学生自行设计实验路线和方法，并在组织学生讨论、教师审查后，由学生对废液、废渣进行回收实验和无害化处理，这样不但能减少经费支出，而且又培养了学生解决实际问题的能力和科研能力。

2.6.2 废物处理

根据绿色化学的基本原则，绿色化学实验室应尽可能选择对环境无毒无害的实验项目。对确实无法避免排放出废气、废渣、废液（这些废弃物统称为“三废”）的实验项目，如果对其不加处理而任意排放，不仅对周围空气、水源和环境造成了污染，而且“三废”中的有用或贵重成分未能回收，也造成了经济上的损失，因此说“三废”的处理也是绿色化学实验室所需要解决的重要问题。

（1）实验室的废气处理

实验室中凡可能产生有害废气的操作都应在有通风装置的条件下进行，如加热酸、碱溶液及产生少量有毒气体的实验等应在通风橱中进行。汞的操作室必须有良好的全室通风装置，其抽风口通常在墙的下部。实验室若排放毒性大且较多的气体，可参考工业上废气处理的办法，在排放废气之前，采用吸附、吸收、氧化、分解等方法进行预处理。毒性大的气体可参考工业上废气处理的办法处理后排放。

（2）实验室的废渣处理

实验室产生的有害固体废渣虽然不多，但绝不能将其与生活垃圾混倒。固体废弃物经回收、提取有用物质后，其残渣仍可对环境具有污染，必须进行必要的处理，其处理方法如下。

① 化学处理法　对于有毒的原材料，由于学生在取用过程中不慎撒落在实验台上时，应立即采用化学方法进行处理。

② 集中收集法　对于实验中常出现的废纸、破烂玻璃仪器、火柴梗等杂物，要求学生必须按指定的地方收集，统一倒掉。

③ 回收法　对于实验反应过程中生成的固体物，要求学生统一回收，再根据回收物的化学特性进行统一处理。对于使用的贵重金属，特别是有毒有害的物质，更不允许学生随意丢弃，应统一回收。

总之，实验过程中出现的所有固体废弃物都不能随便乱放，以免发生事故。对于一些能放出有毒气体或能自燃的危险废料更不能丢进废品箱内和排进废水管道中。对于不溶于水的固体废弃物也不能直接倒入垃圾桶，必须将其用化学方法处理成无害物。

（3）实验室的废液处理

实验室废液的处理应根据其化学特性选择合适的容器和存放地点，密闭存放，禁止混合储存。储存废液的容器也要防渗漏，防止挥发性气体逸出而污染环境。容器标签要标明废物种类和储存时间。对于剧毒、易燃、易爆药品的废液，其储存要按危险品管理规定办理。具体的处理方法如下。

① 有机溶剂的回收与提纯 实验过程中使用的有机溶剂有些是可以回收的。回收有机溶剂通常的方法是：先在分液漏斗中进行洗涤，然后将洗涤后的有机溶剂进行蒸馏或分馏处理。对于精制、纯化后的有机溶剂，其纯度较高，可以供实验重复使用。整个回收过程应在通风橱中进行。

② 含汞废液 需要先将废液调至 pH 值为 8～10，再加入过量硫化钠，使其生成硫化汞沉淀，最后再加入硫酸亚铁与过量的硫化钠反应，生成硫化亚铁沉淀，其将悬浮在水中与难以沉降的硫化汞微粒吸附而共沉淀，进行分离。清液可排放，残渣可用焙烧法回收汞或制成汞盐。

③ 含砷废液的处理有两种方法：一种是先在含砷废液中加入氧化钙，调节废液 pH 值为 8，就会生成砷酸钙和亚砷酸钙沉淀，如有 Fe^{3+} 存在时可起共沉淀作用；另一种是将含砷废液 pH 值调至 10 以上，再加入硫化钠，生成难溶、低毒的硫化物沉淀。如实验过程有少量含砷气体产生，那么必须在通风橱中进行，使有毒有害气体及时排出室外。

④ 含苯废液的处理 对于含苯废液可进行回收利用，也可采用焚烧法处理。对于少量的含苯废液，可将其置于铁器内，放到室外空旷地方点燃；操作者必须站在上风方向，持长棒点燃，并监视至完全燃尽为止。

⑤ 含铅、镉废液的处理 镉可以在 pH 值高的溶液中沉淀下来，而含铅废液的处理通常采用中和沉淀法、混凝沉淀法。可用碱先将废液 pH 值调至 8～10，将废液中的 Pb^{2+}、Cd^{2+} 生成 $Pb(OH)_2$ 和 $Cd(OH)_2$ 沉淀，可加入硫酸亚铁作为共沉淀剂，沉淀物可与其他无机物混合进行烧结处理，清液可排放。

⑥ 含铬废液的处理 铬酸洗液经多次使用后，Cr(Ⅵ) 将逐渐被还原为 Cr^{3+}，同时洗液也被稀释，酸度降低，氧化能力逐渐降低至不能使用。此废液可在 110～130℃下不断搅拌，加热浓缩除去水分，冷却至室温后，边搅拌边缓缓加入高锰酸钾粉末，直至溶液呈深褐色或微紫色，再加热至有二氧化锰沉淀出现，稍冷，用玻璃砂芯漏斗过滤，除去二氧化锰沉淀后即可使用。

⑦ 含酸、碱、盐类废液的处理 将酸、碱废液分别进行收集，如查明酸、碱废液互相混合无危险时，可分次少量将其中一种废液倒入另一种废液中，将其互相中和。当溶液的 pH 值约等于 7 时，可用水稀释，使溶液浓度降到 5%以下然后排放。对于磷化氢、卤氧化磷、黄磷、硫化磷等的废液，在碱性情况下，先用 H_2O_2 将其氧化后，再作为磷酸盐废液处理。对于缩聚磷酸盐的废液，先用硫酸进行酸化，然后将其煮沸 2～3h 进行水解处理。对于互不作用的盐类废液可用铁粉处理。调节 pH 值为 3～4，加入铁粉，搅拌 30min，用碱调 pH 值至 9 左右，继续搅拌 10min，加入高分子混凝剂进行混凝沉淀，清液可排放，沉淀物作废渣处理。

第3章 实验基本操作技术

3.1 常用玻璃仪器的介绍与使用

3.1.1 计量类仪器

（1）量杯

量杯（图 3.1-1）属于量出式量器，它用于量度从量器中排出液体的体积。排出液体的体积为该液体在量器内时从刻度值读取的体积数。量杯有两种形式：面对分度表时，量杯倾液嘴向右，便于左手操作，称为左执式量杯；倾液嘴向左，则称为右执式量杯。250mL 以内的量杯均为左执式，500mL 以上者，则属于右执式。量杯的分度不均匀，上密下疏，最大容积值刻于上方，最低标线为最小容积值的，无零刻度。它是量器中精度最差的一种仪器。其规格以容积区分，常用的有 20mL、250mL 和 500mL 等几种。

使用注意事项如下。

① 量取液体应在室温下进行。读数时，视线应与液体弯月面底部相切。

② 量杯不能加热，也不能盛装热溶液，以免炸裂。

③ 当物质溶解时，其热效应不大者，可将其直接放入量杯内配制溶液。

（2）量筒

量筒（图 3.1-2）有无塞、有塞两类，其定量方式分为量出式和量入式两种。量入式量器用于量度注入量器中液体的体积。当液体在量器内时，其体积为从量器分度表直接读取的数值。有塞量筒仅为量入式。无塞量筒两种定量方式都有。常用量出式无塞量筒。量筒的分度均匀，其数值按从下到上、递增排列在分度右侧。最低标线也是最大容积值的，无零刻度。它的测量精度比量杯稍高。量筒的规格以容积大小区分，常用的有 10mL、20mL、50mL、100mL 等多种。

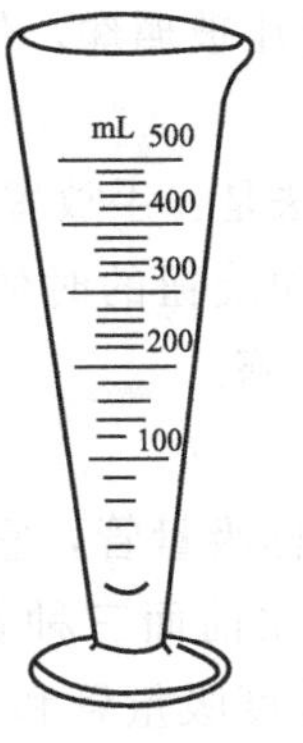

图 3.1-1 量杯

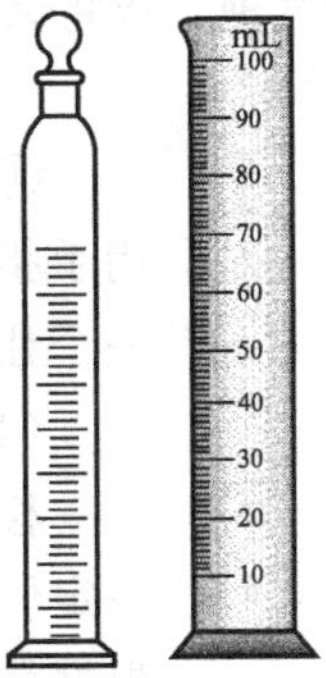

图 3.1-2 量筒

使用注意事项如下。

① 量取液体应在室温下进行。读数时，视线应与液体弯月面底部相切。

② 量筒不能加热，也不能盛装热溶液，以免炸裂。

③ 当物质溶解时，其热效应不大者，可将其直接放入量筒内配制溶液。

(3) 滴定管

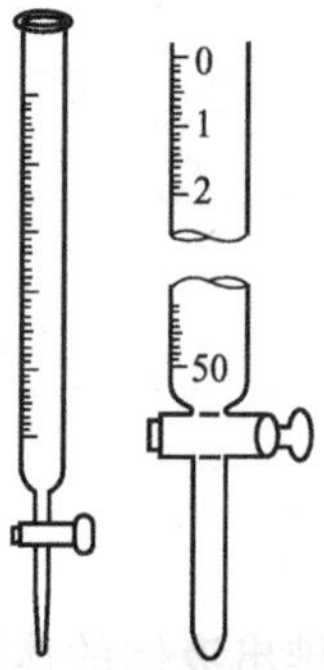

图 3.1-3 酸式具活塞滴定管

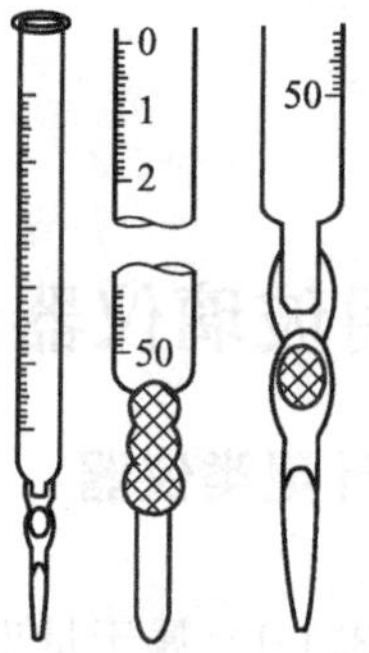

图 3.1-4 碱式皮头滴定管

滴定管（图 3.1-3 和图 3.1-4）是容量分析中专用于滴定操作的较精密的玻璃仪器，它属于量出式。滴定管的种类较多。有的无色透明滴定管在背面涂有一条白底蓝线，便于观察、读数。酸碱中和滴定时常使用无阀滴定管和有阀滴定管两种。无阀滴定管的下部用一小段橡胶管将管身与滴头连接，在橡胶管内放入一个外径略大于橡胶管内径的玻璃珠，起封闭液体的作用。因用于盛装碱性溶液，所以常称它为碱式滴定管。有阀滴定管的下部带有磨砂活动玻璃阀（常称活塞），因用于盛装酸性溶液，所以又称它为酸式滴定管。所有滴定管的分度表数值都是由上而下、均匀地递增排列在表的右侧，零刻度在上方，最大容积值在下方，每 10 条分度线有一个数字。常用的有 25mL 和 50mL 两种规格，酸式滴定管和碱式滴定管都有白色和棕色两种。

使用注意事项如下。

① 酸式滴定管可盛除碱性以及对玻璃有腐蚀作用以外的液体，碱式滴定管只盛碱液。

② 滴定管在使用之前应检查玻璃活塞是否转动良好，玻璃珠挤压是否灵活。有无漏液现象及阻塞情况。

③ 向滴定管注入溶液时，应用所盛的溶液润洗 2～3 次，以保证其浓度不被稀释。注入溶液后，管内不能留有气泡。若有气泡，必须排出。其方法是：打开酸式滴定管活塞，让溶液急速下流冲出气泡，或将碱式滴定管的橡胶管向上弯曲、挤压玻璃珠，使溶液从滴头喷出而排出气泡。

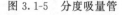

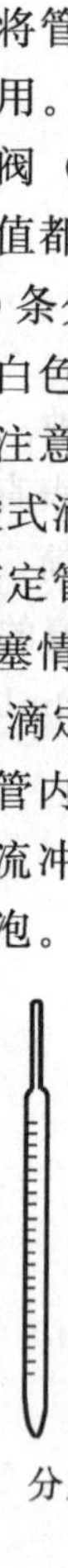
图 3.1-5 分度吸量管

④ 操作酸式滴定管阀门的标准手法是：手放置在阀门旋钮对侧，用手指绕过整个阀门去旋动旋钮，旋动旋钮的时候，应该同时施加一个让活塞塞紧的力，不得双手操作活塞。

(4) 移液管

移液管（图 3.1-5 和图 3.1-6）又称吸量管，它是用来准确移取一定体积液体的量器，属于量出式，比前面三种量器的精度要高。根据移液管有无分度，可将其分为无分度吸量管和分度吸量管两类。无分度吸量管常为大肚吸量管，它只有一条位于管上方的环形标线，标志吸量管的最大容积量。它属于完全流出式。分度吸量管常为直形，它有完全流出式、不完全流出式和吹出式三种，分度表的刻法也不尽相同。其中不完全流出式的分度表与滴定管相似，而吹出式的管上标有“吹”字，只有吹出式移液管在溶液放尽后，才须将尖嘴部分残留液吹入容器内。实验室中常用完全流出式移液管，其规格以最大吸液容积量区分，常用的有 2mL、5mL、20mL 等多种。

图 3.1-6 无分度吸量管

使用注意事项如下。

① 使用前需用移取液润洗 2～3 次。

② 移取液体时，管尖应插入液面下，并始终保持在 1cm 左右。用吸气橡皮球（又称洗耳球）抽吸液体至刻度线以上 2cm 处时，迅速用食指按住上口，辅以拇指和中指配合，保持吸管垂直，并左或右旋动，同时稍松食指，使液面下降至所需刻度（弯月面底部与标线相切）。若管尖挂有液滴，可使其与容器壁接触让其落下。

③ 放出液体时，保持吸管垂直，其下端伸入倾斜的容器内，管尖与容器内壁接触。放开食指，使液体自然流出。除吹出式移液管外，残留在管尖的液滴均不能用外力使之移入容器内。

④ 移液管使用后，若短期内不再使用它吸取同一溶液，应及时用水洗净并上下各加一个纸套后存放在架上。

（5）容量瓶

容量瓶（图 3.1-7）又称量瓶，它是用来配制一定体积、一定物质的量浓度溶液的一件精密计量仪器。容量瓶为细颈、梨形、平底容器。带有磨砂玻璃瓶塞或塑料塞，其颈部刻有一条环形标线，以示液体定容到此处时的体积数。其细颈便于定容，平底则便于移放桌上。容量瓶属于量入式量器，有棕色和无色两种，其中棕色容量瓶用来配制见光易分解的溶液。容量瓶的规格以容积表示，常用的有 100mL、250mL、500mL 和 1000mL 等多种。

使用注意事项如下。

① 容量瓶使用前应检查是否漏水。其方法是：加水至环形标线处，把瓶口和瓶塞擦干，不涂任何油脂而塞紧瓶塞。将瓶颠倒静置 10s 以上，反复 10 次。然后用滤纸条在塞紧瓶塞的瓶口处检查，若不渗水，则可使用。瓶塞不能互换，常将瓶塞用绳拴在瓶颈上。

② 配制溶液时，应先将溶质在烧杯中完全溶解，并与室温一致后，移入容量瓶，将烧杯冲洗 2～3 遍，全都移入容量瓶。再分次加水，每加一次，都要摇匀。当加水近环形标线 2～3cm处时，要改用胶头滴管小心加水，至瓶内凹液面底部与环形标线相切为止，避免加水过量。禁止直接在容量瓶中配制溶液。

③ 容量瓶不能用直火加热，也不能在烘箱内烘烤，以免影响其精度。

④ 容量瓶只能用来配制溶液，不能久储溶液，更不能长期存放碱液。用后应及时洗净，塞上塞子，最好在塞子与瓶口之间夹一张白纸条，以防粘结。

（6）温度计

温度计（图 3.1-8）是用于测量温度的仪器。其种类很多，有数码式温度计、热敏温度计等。实验室中常用玻璃液体温度计。温度计可根据用途和测量精度分为标准温度计和实用温度计两类。标准温度计的精度高，它主要用于校正其他温度计。实用温度计是指所供实际测温用的温度计，主要有实验用温度计、工业温度计、气象温度计、医用温度计等。其中酒精温度计的量程为100℃，水银温度计的量程有150℃、200℃和300℃等几种规格。

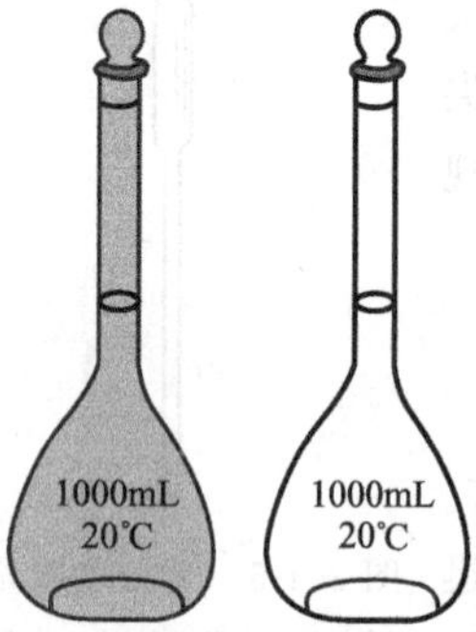

图3.1-7 容量瓶

图3.1-8 温度计

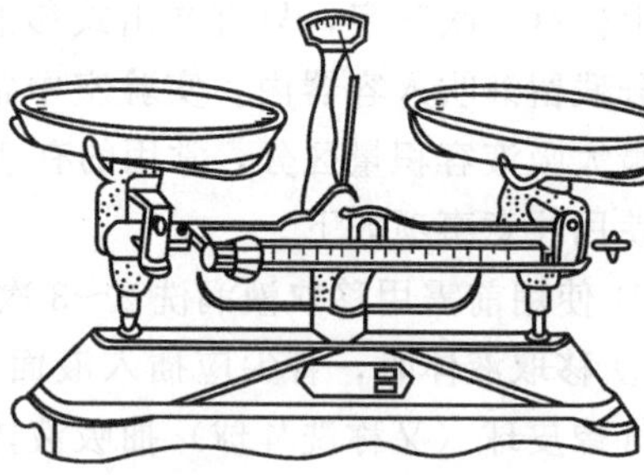

图3.1-9 架盘天平

使用注意事项如下。

① 应选择适合测量范围的温度计。严禁超量程使用温度计。

② 测液体温度时，温度计的液泡应完全浸入液体中，但不得接触容器壁；测蒸汽温度时，液泡应在液面以上；测蒸馏馏分温度时，液泡应略低于蒸馏烧瓶支管。

③ 在读数时，视线应与液柱弯月面最高点（水银温度计）或最低点（酒精温度计）水平。

④ 禁止用温度计代替玻璃棒用于搅拌。用完后应擦拭干净，装入纸套内，远离热源存放。

（7）架盘天平

架盘天平（图3.1-9）是用来粗略称量物质质量的一种仪器，每架天平都成套配备砝码一盒。实验室中常用载重100g（感量为0.1g）和200g（感量为0.2g）两种。载重又称载物量，是指能称量的最大限度。感量是指天平的称量误差（±），例如感量为0.1g的架盘天平，表示其误差为±0.1g，因此它就不能用来称量质量小于0.1g的物品。

使用注意事项如下。

① 称量前应将天平放置平稳，并将游码左移至刻度尺的零处。检查天平的摆动是否达到平衡。当达到平衡时，指针摆动时先后指示的标尺上左、右两边的格数接近相等，指针静止时则指在标尺的中央。如果天平的摆动不能达到平衡，可以调节左、右螺母使摆动达到平衡。

② 称量物不能直接放在托盘上，应在两个托盘上分别放一张大小相同的同种纸，然后把要称量的试剂放在纸上称量。潮湿的或具有腐蚀性的试剂必须放在玻璃容器（如表面皿、烧杯或称量瓶）里称量。

③ 把称量物放在左盘，砝码放在右盘，砝码要用镊子夹取。先加质量大的砝码，再加质量小的砝码，最后可移动游码，直至指针摆动达到平衡为止。

④ 称量完毕后，应将砝码依次放回砝码盒中。把游码移回零处。

3.1.2 反应类仪器

（1）试管

试管（图3.1-10）可用作少量试剂的反应容器，也可用于收集少量气体。试管根据其

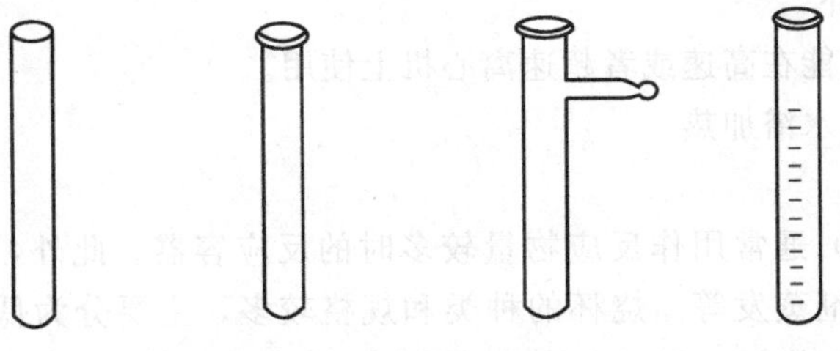

(a) 平口试管　(b) 翻口试管　(c) 具支试管　(d) 刻度试管

图 3.1-10　试管

用途常分为平口试管、翻口试管和具支试管等。平口试管适宜于一般化学反应，翻口试管适宜加配橡胶塞，具支试管可作气体发生器，也可作洗气瓶或少量蒸馏用。试管的大小一般用管外径与管长的乘积来表示，常用的为 10mm×100mm、12mm×100mm、15mm×150mm、18mm×180mm、20mm×200mm 和 32mm×200mm 等。

使用注意事项如下。

① 使用试管时，应根据不同用量选用大小合适的试管。徒手使用试管应用拇指、食指、中指三指握持试管上沿处。振荡时要腕动臂不动。

② 盛装液体加热时，液体不应超过容积的 1/3，试管与桌面成 45°角，管口不要对着自己或别人。若要保持沸腾状，可在液面附近加热。

③ 盛装粉末状试剂时，要用纸槽送入管底；盛装粒状固体时，应将试管倾斜，使粒状物沿试管壁慢慢滑入管底。

④ 用试管夹夹持试管，应在距管口 1/3 处或中上部。加热时试管外部应擦干水分，不能手持试管加热。加热后，要注意避免骤冷以防止炸裂。

⑤ 加热固体试剂时，管底应略高于管口。加热完毕时，应继续固定或放在石棉网上，让其自然冷却。

(2) 离心管

离心管（图 3.1-11）的种类按照其容量来分，有大量离心管（500mL、250mL）、普通离心管（50mL、15mL）和微量离心管（2mL、1.5mL、0.5mL、0.2mL）。按材料来分，有塑料离心管、玻璃离心管和钢质离心管。实验室中常用玻璃普通离心管。离心管可以用作少量试剂的反应容器，但是主要用于离心技术，与离心机配套使用，达到样品的分离。样品的悬浮液盛放在离心管中，在高速旋转下，由于巨大的离心力作用，使悬浮的微小颗粒以一定的速度沉降，从而与溶液分离。

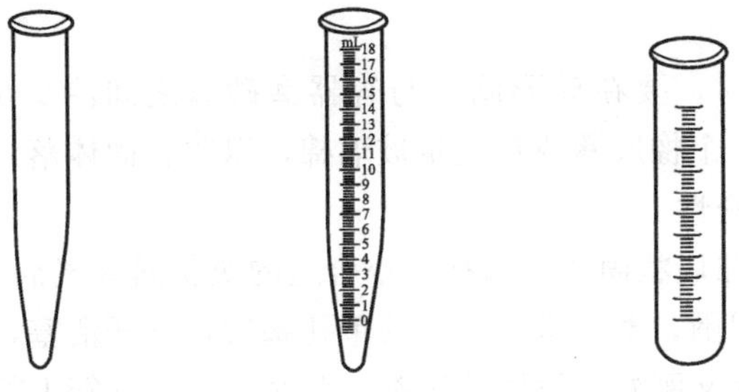

(a) 尖底离心管　(b) 尖底刻度离心管　(c) 圆底刻度离心管

图 3.1-11　离心管

使用注意事项如下。

① 玻璃离心管不能在高速或者超速离心机上使用。

② 离心管只能用水浴加热。

(3) 烧杯

烧杯（图 3.1-12）通常用作反应物量较多时的反应容器。此外，也用来配制溶液，加速物质溶解，促进溶剂蒸发等。烧杯的种类和规格较多，主要分为低型烧杯和高型烧杯两种。实验室中常用低型烧杯，便于在使用时添加一定量的液体。

使用注意事项如下。

① 给烧杯加热时要垫上石棉网。不能用火焰直接加热烧杯。因为烧杯底面大，用火焰直接加热，只能烧到局部，使玻璃受热不均匀而引起炸裂。

② 用烧杯加热液体时，液体的量以不超过烧杯容积的 1/3 为宜，以防沸腾时液体外溢。加热时，烧杯外壁需要擦干。

③ 加热腐蚀性药品时，可将一个表面皿盖在烧杯口上，以免液体溅出。

④ 不可用烧杯长期盛放化学药品，以免落入尘土和溶液中的水分蒸发。

(4) 启普发生器

启普发生器（图 3.1-13）常称气体发生器，因 1862 年由荷兰化学家启普发明而得名。它用作不需加热、由块状固体与液体反应制取难溶性气体的发生装置。启普发生器由上部的球形漏斗、下部的容器和用单孔橡胶塞与容器相连的带活塞的导气管三部分组成。若加酸量较大时，为防止酸液从球形漏斗溢出，可在球形漏斗上口通过单孔塞连接一个安全漏斗（若加酸量不大时，可以不加配安全漏斗）。启普发生器使用非常方便，当打开导气管的活塞，球形漏斗中的液体落入容器与窄口上的固体接触而产生气体；当关闭活塞，生成的气体将液体压入球形漏斗，使固体、液体试剂脱离接触而反应暂时停止，可供较长时间反复使用。启普发生器的规格以球形漏斗的容积大小区别，常用的为 250mL 或 500mL。

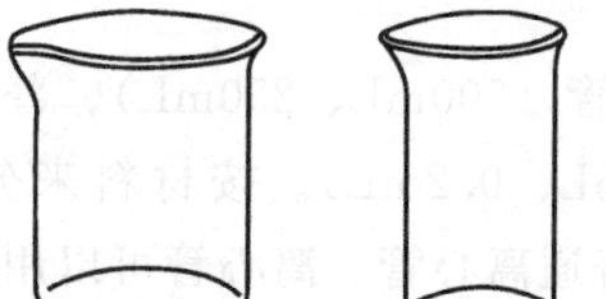

(a) 低型烧杯　(b) 高型烧杯

图 3.1-12 烧杯

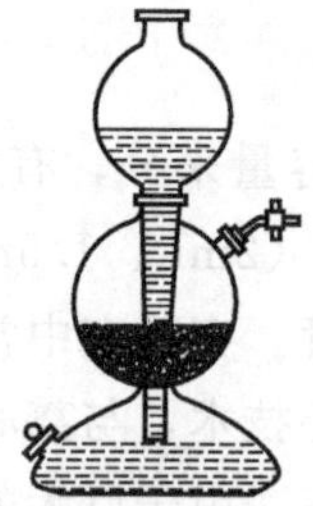

图 3.1-13 启普发生器

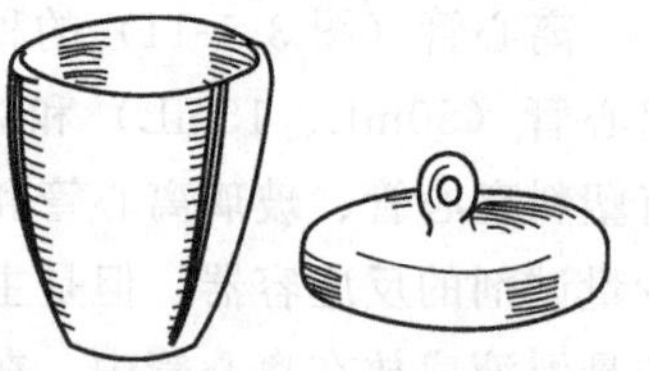

图 3.1-14 瓷坩埚

使用注意事项如下。

① 装配启普发生器时，要在球形漏斗与容器磨砂口之间涂少量凡士林，以防止漏气。在容器中部窄口上面加一个橡胶圈或垫适量玻璃棉，以防止固体落入容器下部，造成事故。

② 使用前要检查气密性。

③ 加入试剂时，先加块状固体。选择大小合适的块状固体试剂从容器上部排气孔放入，均匀置于球形漏斗颈的周围，塞上带导气管的单孔塞后，打开活塞，再从球形漏斗口加入液体试剂，直至进入容器后又刚好浸没固体试剂，此时关闭导气管上的活塞待用。

④ 启普发生器禁止加热使用。

⑤ 若需更换液体试剂时，可将启普发生器放置在实验桌边，使容器下部塞子朝外伸出

桌边缘，下面用一个容积大于球形漏斗的容器接好，再小心打开塞子，务必使液体流进承接容器，待快流尽液体时，可倾斜仪器使液体全部倒出，塞紧塞子后，方可重新加液。

⑥ 启普发生器常用于制取氢气、二氧化碳、硫化氢气体。不能用来制取乙炔和氮的氧化物等气体。

(5) 坩埚

瓷坩埚（图 3.1-14）属于瓷质化学仪器，在分析实验中用来灼烧沉淀，也可用来灼烧结晶水合物、熔化不腐蚀瓷器的盐类，及燃烧某些有机物。瓷坩埚用于定量分析实验时，常需称量，为方便起见常在坩埚上注明其质量。用于灼烧实验的定量分析前，要做灼烧失重的空白实验，若失重超过实验允差时，该坩埚就不能使用。坩埚的规格以容积大小区别，实验室中常用的为 30mL。

使用注意事项如下。

① 做定量实验时，称量过的坩埚和坩埚盖在使用过程中切勿张冠李戴。

② 瓷坩埚可放在泥三角上用酒精灯直接加热，加热时要用坩埚钳均匀转动。

③ 热坩埚不要直接放在实验桌面上，要放在石棉网上，并盖好坩埚盖或连同坩埚盖移入干燥器中冷却。

(6) 燃烧匙

燃烧匙（图 3.1-15）是用来检验物质的可燃性或盛放少量物质在气体中进行燃烧反应的仪器。燃烧匙有铜质、铁质等几种，还有玻璃燃烧匙，使用时应根据反应情况选用不同质料的燃烧匙。燃烧匙有定型产品出售，有时也用玻璃棒加工自制。

使用注意事项如下。

① 当进行物质在盛于集气瓶里气体中的燃烧实验时，燃烧匙要由瓶口慢慢下移，以保证反应进行完全。手要尽量握持燃烧匙的上端。

② 用后应立即处理干净附着物，以免腐蚀燃烧匙或影响以后的燃烧实验。

图 3.1-15 燃烧匙

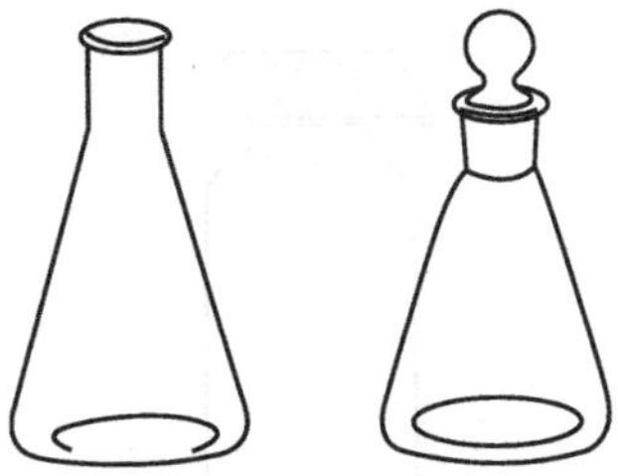

(a) 锥形瓶 (b) 具塞锥形瓶

图 3.1-16 锥形瓶

(7) 锥形瓶

锥形瓶（图 3.1-16）又称三角烧瓶、依氏烧瓶、锥形烧瓶、鄂伦麦尔瓶。是一种化学实验室常见的玻璃仪器，由德国化学家理查•鄂伦麦尔（Richard Erlenmeyer）于 1861 年发明。外观呈平底圆锥状，下阔上狭，有一个圆柱形颈部，有利于滴定过程进行振荡时，反应充分而液体不易溅出，并方便加软木或橡胶制作成的塞子进行封闭。该容器可以在水浴或电炉上加热。此外，还有带磨砂口的具塞锥形瓶。锥形瓶除用于滴定外，也可用于盛装反应物、定量分析、回流加热。锥形瓶常见的容量由 50mL 至 250mL 不等。

使用注意事项如下。

① 注入的液体最好不超过其容积的1/2，过多容易造成喷溅。

② 加热时使用石棉网（电炉加热除外）。

③ 锥形瓶外部要擦干后再加热。

④ 在一般情况下，不可用来储存液体。

3.1.3 容器类仪器

(1) 集气瓶

集气瓶（图3.1-17）是专门收集气体的容器，常配磨砂玻璃片或称毛玻璃片。集气瓶与广口瓶的形状相似，但为了增强集气瓶的气密性，玻璃片与瓶口应保证严密。所以集气瓶的瓶口要进行磨平处理，而广口瓶的瓶口则不需磨平。由于集气瓶一般不需要有塞，所以其瓶颈内沿不采用磨砂工艺。集气瓶的规格以容积大小表示，常用的为30mL、60mL、125mL和250mL几种。

使用注意事项如下。

① 使用集气瓶收集气体时，磨砂玻璃片与瓶口都应均匀薄涂一层凡士林。磨砂玻璃片应紧贴瓶口推拉进行开、闭操作。

② 当集满气体待用时，有两种放置方式。若收集的气体比空气密度大时，瓶口应向上放置；反之，则向下放置。

③ 集气瓶不能加热。当进行某些燃烧实验时，瓶底还应铺一层细沙或盛少许水，以免高温固体生成物溅落瓶底引起集气瓶炸裂。

(2) 水槽

玻璃水槽（图3.1-18）是用来储水的容器，它常与集气瓶配合使用进行排水法收集气体。玻璃水槽常为圆柱形，具有透明度，便于排水法收集气体时进行观察。为克服其易碎、易损坏的缺点，现在已有各型塑料水槽面市。玻璃水槽的规格以口径大小表示，常用的为150mm、180mm、210mm、250mm、300mm等多种。

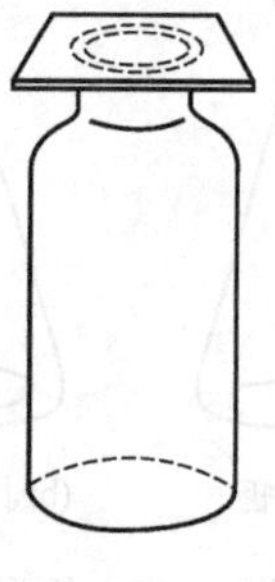

图3.1-17 集气瓶（具磨砂玻璃片）

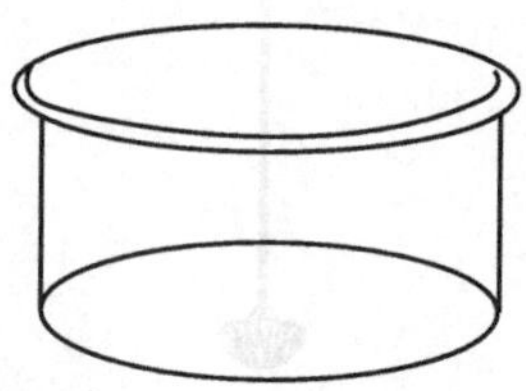

图3.1-18 水槽

使用注意事项如下。

① 玻璃水槽不能加热，也不能盛装温度过高的热水。

② 收集气体时，也可根据气体的性质选用不同的液体。例如，可用排饱和食盐水法收集氯气等。

③ 若以硬脂酸为主要原料如用单分子膜法做测定阿伏伽德罗常数的实验时，不用塑料水槽而用较规则的玻璃水槽为宜。

(3) 洗瓶

洗瓶（图3.1-19）是用以喷注细股水流达到冲洗试剂、沉淀以及洗涤器皿的一种盛水

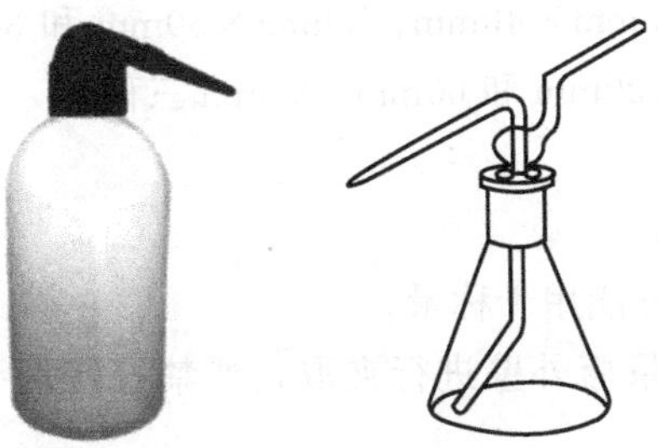

(a) 塑料洗瓶　(b) 自制玻璃洗瓶

图 3.1-19　洗瓶

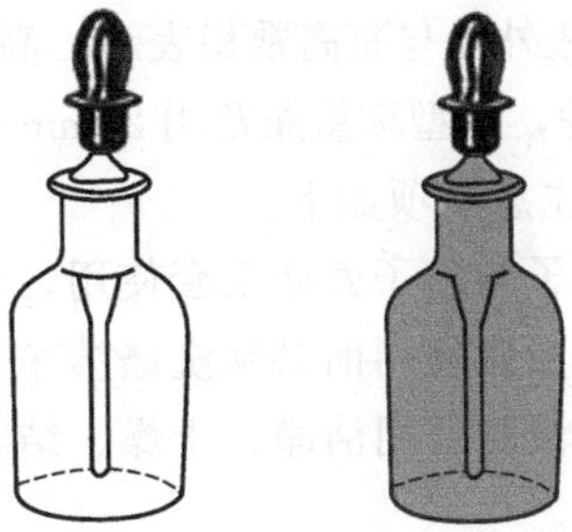

(a) 白色滴瓶　(b) 棕色滴瓶

图 3.1-20　滴瓶

容器。洗瓶有各种式样、规格的定型产品。而实验室中也常用带进气管、出液管的双孔塞和平底烧瓶或锥形瓶配套使用。有的洗瓶喷液嘴还用橡胶管与出液管连接，便于从不同角度进行洗涤，并利于尖嘴破损后进行更换。近年来为克服其易破损的缺点，而更多使用结构和操作都较简便的塑料洗瓶。洗瓶的规格以容量表示，常用的为 125mL 和 250mL 两种。

使用注意事项如下。

① 使用玻璃洗瓶时，在检查气密性后，打开塞子加满蒸馏水。用食指、中指轻夹橡胶管，尖嘴对准洗涤物，另外三指握持瓶颈上部，务必不使吹气时塞子发生松动现象。

② 洗瓶多在常温使用，若需热水温度不太高，则可换用塑料洗瓶。

（4） 滴瓶

滴瓶（图 3.1-20）是盛装实验时需按滴数加入液体的容器。实验室中常用带胶头的滴瓶。滴瓶是由带胶帽的磨砂滴管和内磨砂瓶颈的细口瓶组成的。最适宜存放指示剂和各种非碱性液体试剂。滴瓶有白色（或称无色）、茶色（或称棕色）两种，其中棕色滴瓶用来盛装见光易分解的液体试剂。其规格均以容积大小表示，常用的为 30mL、60mL、125mL、250mL 等几种。

使用注意事项如下。

① 棕色滴瓶用于盛装见光易变质的液体试剂。

② 滴管不能互换使用。滴瓶不能长期盛放碱性液体，以免腐蚀、黏结。

③ 使用滴管加液时，滴管不能伸入容器内，以免污染试液及撞伤滴管尖。

④ 胶帽老化后不能吸液，要及时更换。

（5） 称量瓶

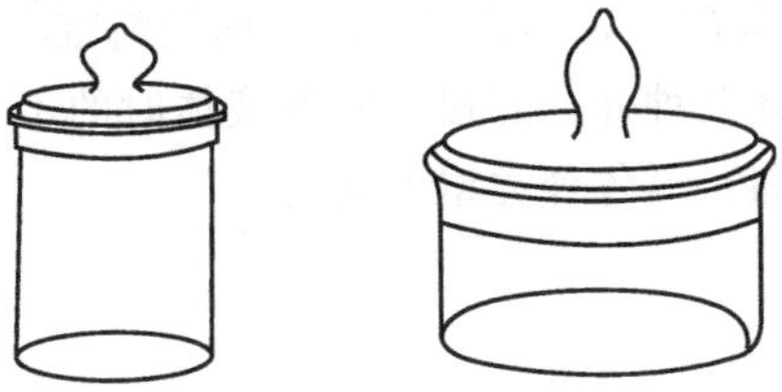

(a) 高型称量瓶　(b) 低型称量瓶

图 3.1-21　称量瓶

称量瓶（图 3.1-21）是用于使用分析天平称量固体试剂的容器。常用的有高型称量瓶和低型称量瓶两种。无论哪种称量瓶都成套配有磨砂盖，以保证被称量物不被散落或污染。称量瓶的规格以瓶外径与瓶高乘积表示。高型称量瓶常用 25mm×40mm、30mm×50mm 和 30mm×60mm 三种，低型称量瓶常用 25mm×25mm、50mm×30mm 和 60mm×30mm 三种。

使用注意事项如下。

① 盖子与瓶子务必配套使用，切忌互换。

② 称量瓶使用前必须洗涤洁净、烘干、冷却后方能用于称量。

③ 称量时要用洁净、干燥、结实的纸条围在称量瓶外壁进行夹取，严禁直接用手拿取称量瓶。

(6) 试剂瓶

试剂瓶（图 3.1-22）是实验室里专用来盛放各种液体、固体试剂的容器。形状主要有细口、广口之分。因为试剂瓶只用作常温存放试剂使用，一般都用钠钙普通玻璃制成。为了保证具有一定强度，瓶壁一般都比较厚。试剂瓶除分细口、广口外，还有白色、茶色（棕色）两种，有塞、无塞两类。其中有玻璃塞者，无论细口还是广口，均应有内磨砂处理工艺。无塞者可不做内磨砂处理，而配以一定规格的非玻璃塞，如橡胶塞、塑料塞、软木塞等。试剂瓶的规格以容积大小表示，小至 30mL、60mL，大至几千毫升至几万毫升不等。

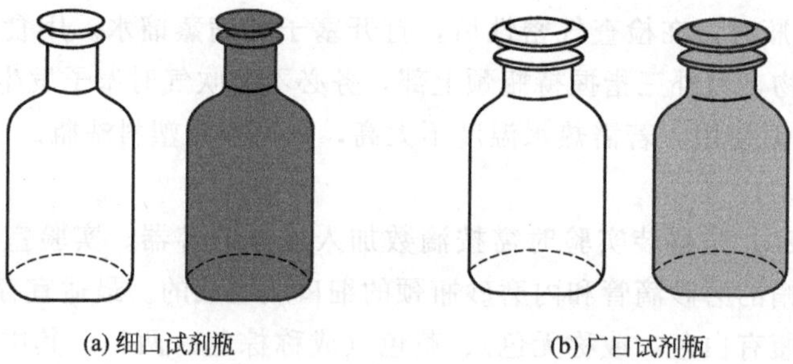

(a) 细口试剂瓶　(b) 广口试剂瓶

图 3.1-22　试剂瓶

使用注意事项如下。

① 有塞试剂瓶不使用时，要在瓶塞与瓶口磨砂面之间夹上纸条，防止粘连。如前所述，所有试剂瓶都不能用于加热。

② 根据盛装试剂的理化性质选用所需试剂瓶的一般原则是：盛装固体试剂，选用广口瓶；盛装液体试剂，选用细口瓶；盛装见光易分解或变质的试剂，选用棕色瓶；盛装低沸点易挥发的试剂，选用有磨砂口的玻璃试剂瓶；盛装碱性试剂，选用带橡胶塞的试剂瓶等。若试剂具有上述多项理化指标时，则可根据以上原则综合考虑，选用适宜的试剂瓶。

③ 有些特殊试剂，如氢氟酸等，不能用任何玻璃试剂瓶而选用塑料试剂瓶盛装。

容器类玻璃仪器，除上述几种外，还根据取存液体时的不同要求另有二口瓶、三口瓶、四口瓶、下口瓶（又称龙头瓶）等各种类型供选用。

3.1.4 分离类仪器

(1) 漏斗

漏斗（图 3.1-23）又称三角漏斗，它是用于向小口径容器中加液或配上滤纸作为过滤器而将固体和液体混合物进行分离的一种仪器。漏斗有短颈、长颈之分，但都是圆锥体，圆锥角一般在 57°～60°之间，投影图式为一个三角形，故称三角漏斗。做成圆锥体是为了既便

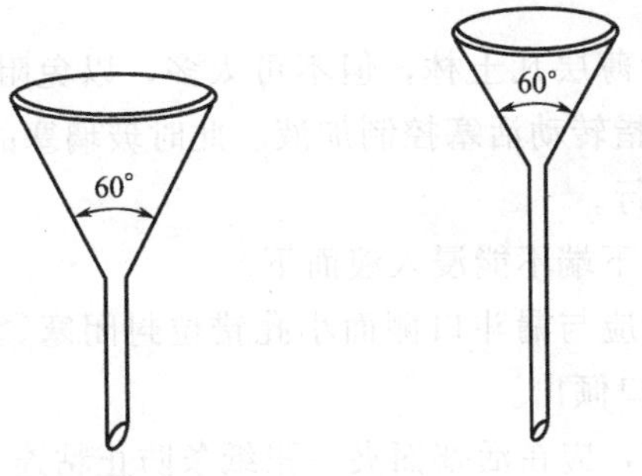

(a) 短颈漏斗　(b) 长颈漏斗

图 3.1-23　漏斗

于折放滤纸，同时便于过滤时保持漏斗内液体具一定深度，从而保持滤纸两边有一定压力差，有利于滤液通过滤纸。为了使滤液通过滤纸的速度加快，还有的漏斗在圆锥内壁制有数条直渠或弯渠，这类漏斗又称波纹漏斗。实验室中常用一般三角漏斗。漏斗的规格以上口直径表示，常见的为 40mm、60mm 和 90mm 三种。

使用注意事项如下。

① 过滤时，漏斗应放在漏斗架上，其漏斗颈下端要紧贴承接容器内壁，滤纸应紧贴漏斗内壁，滤纸边缘应低于漏斗边缘约 5mm，事先用蒸馏水润湿使其不残留气泡。

② 倾入分离物时，要沿玻璃棒引流入漏斗，玻璃棒下端与滤纸三层处紧贴，分离物的液面要低于滤纸边缘。

③ 漏斗内的转移液不得超过滤纸高度的 2/3，防止滤液不通过滤纸而由壁间流出。

④ 漏斗不能直火加热。若需趁热过滤时，应将漏斗置于金属加热夹套中进行，若无金属夹套时，可事先把漏斗用热水浸泡预热方可使用。

(2) 分液漏斗

分液漏斗（图 3.1-24）用于气体发生器中控制加液，也常用于互不相溶的几种液体的分离。分液漏斗有球形、梨形（或锥形）、筒形三种，分为常压分液漏斗和恒压分液漏斗两类。梨形分液漏斗及筒形分液漏斗多用于分液操作使用，球形分液漏斗既作加液时使用，也常用于分液时使用。恒压分液漏斗可以保证内部压力不变，一是可以防止倒吸，二是可以使漏斗内液体顺利流下，三是减小增加的液体对气体压力的影响，从而在测量气体体积时更加准确。分液漏斗的规格以容积大小表示，常用的为 60mL、125mL 两种。

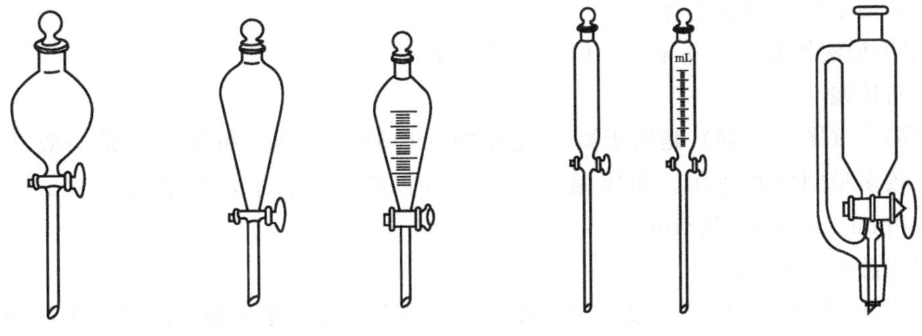

(a) 球形分液漏斗　(b) 梨形分液漏斗　(c) 筒形分液漏斗　(d) 恒压分液漏斗

图 3.1-24　分液漏斗

使用注意事项如下。

① 使用前玻璃活塞应涂薄层凡士林，但不可太多，以免阻塞流液孔。使用时，左手虎口顶住漏斗球，用拇指、食指转动活塞控制加液。此时玻璃塞的小槽要与漏斗口侧面小孔对齐相通，才便于加液顺利进行。

② 作为加液器时，漏斗下端不能浸入液面下。

③ 振荡时，塞子的小槽应与漏斗口侧面小孔错位封闭塞紧。分液时，下层液体从漏斗颈流出，上层液体要从漏斗口倾出。

④ 长期不用分液漏斗时，应在活塞面夹一张纸条防止粘连。并用一根橡皮筋套住活塞，以免失落。

(3) 滴液漏斗

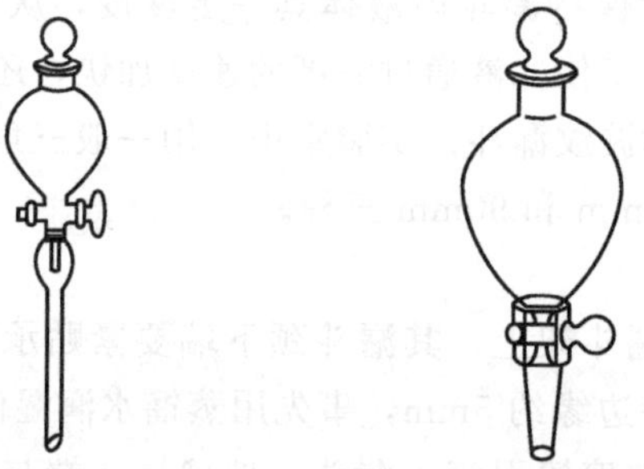

(a) 滴液漏斗　(b) 标准磨口滴液漏斗

图 3.1-25　滴液漏斗

滴液漏斗（图 3.1-25）的主体是一只球，在球的上口配有磨砂玻璃塞，瓶塞与漏斗颈有一个小孔相通，用以放液时让空气流通，使液体自然地流出。在球的下端中心处有一只活塞，活塞的下端有一只小球，球内有一只小滴嘴，它是在活塞孔径的控制下，调节液滴的速度和液滴的大小。在小球的下端接一个漏斗管柄，便于与整个装置连接。适于在制备气体装置中，用作逐滴计量加液，保证气体反应缓慢、持续地进行。滴液漏斗的规格以球形的直径大小来表示。

使用注意事项如下。

① 使用前玻璃活塞应涂薄层凡士林，但不可太多，以免阻塞流液孔。使用时，左手虎口顶住漏斗球，用拇指、食指转动活塞控制加液。此时玻璃塞的小槽要与漏斗口侧面小孔对齐相通，才便于加液顺利进行。

② 作为加液器时，漏斗下端不能浸入液面下。

(4) 布氏漏斗

布氏漏斗（图 3.1-26）是用于减压过滤的一种瓷质仪器。布氏漏斗常与吸滤瓶配套，用于吸滤较多量固体时使用。布氏漏斗的规格以直径大小表示，常用的为 10mm、12mm、15mm、20mm、25mm、30mm。

使用注意事项如下。

① 使用布氏漏斗进行减压过滤时，要在漏斗底上平放一张比漏斗内径略小的圆形滤纸，使漏斗底上细孔被全部盖住。滤纸事先用蒸馏水润湿，特别要注意滤纸边缘与底部紧贴。

② 布氏漏斗要用一个大小相宜的单孔橡胶塞紧套在漏斗颈上，与配套使用的吸滤瓶相连。

图 3.1-26 布氏漏斗

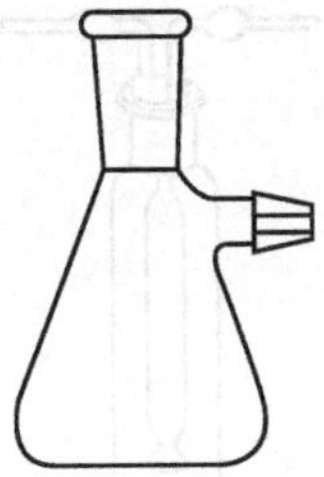

图 3.1-27 吸滤瓶

(5) 吸滤瓶

吸滤瓶（图 3.1-27）又称抽滤瓶，它与布氏漏斗配套组成减压过滤装置时作为承接滤液的容器。吸滤瓶的瓶壁较厚，能承受一定压力。它与布氏漏斗配套后，一般用抽气机或水流抽气管（又称水流泵、射水泵，俗名水吹子）减压。在抽气管与吸滤瓶之间也常再连接一个二口瓶作为缓冲器，以防止倒流现象。吸滤瓶的规格以容积表示，常用的为 250mL、500mL 及 1000mL 等几种。

使用注意事项如下。

① 安装时，布氏漏斗颈的斜口要远离且面向吸滤瓶的抽气嘴。抽滤时速度（用流水控制）要慢且均匀，滤液不能超过抽气嘴。

② 在抽滤过程中，若漏斗内沉淀物有裂纹时，要用玻璃棒及时压紧消除，以保证吸滤瓶的低压，便于吸滤。

(6) 干燥管

干燥管（图 3.1-28）是用来干燥气体，或用作从混合气体中除去杂质气体的分离器。干燥管除直形单球干燥管外，还有直形双球干燥管、斜形干燥管、U 形干燥管、具支 U 形干燥管、带活塞具支 U 形干燥管等多种。其中带活塞具支 U 形干燥管使用非常方便，不用时，可将活塞关闭，防止干燥剂受潮。干燥管的规格以管外径×全长表示，例如，常用直形单球干燥管为 16mm×100mm、17mm×140mm 和 17mm×160mm 等几种。

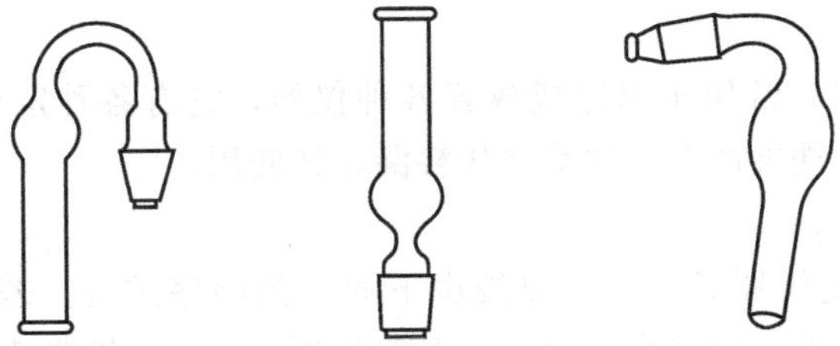

(a) U形干燥管　(b) 直形干燥管　(c) 斜形干燥管

图 3.1-28 干燥管

使用注意事项如下。

① 干燥管内一般应盛放固体干燥剂。选用干燥剂时要根据被干燥气体的性质和要求确定。

② 使用直形干燥管时，干燥剂应放置在球体内，两端还应填充少许棉花或玻璃棉。

(7) 洗气瓶

洗气瓶（图 3.1-29）是除去气体中所含杂质的一种仪器。含有杂质的气体通过洗气瓶时，在通气鼓泡的过程中，杂质被洗去，同时气体中所含少量固体微粒或液滴也被液体试剂

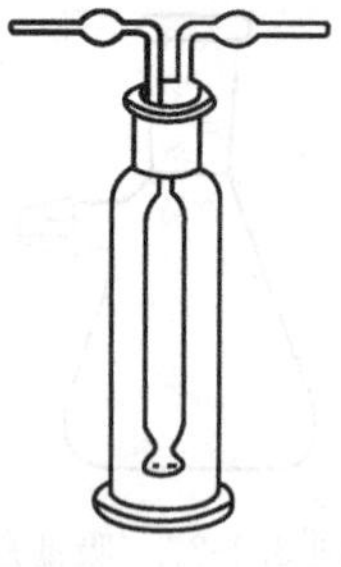

图 3.1-29 洗气瓶

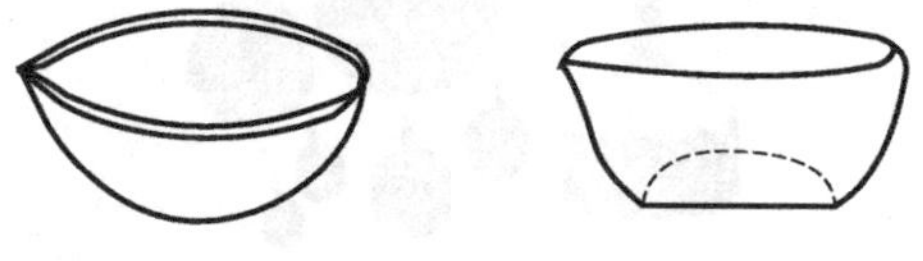

(a) 圆底蒸发皿　(b) 平底蒸发皿

图 3.1-30 蒸发皿

阻留下来，从而达到净化气体的目的。洗气瓶的规格以容积大小表示，常用的为 125mL、250mL 和 500mL 几种。

使用注意事项如下。

① 应根据净化气体的性质及所含杂质的性质和要求选用适宜的液体洗涤剂。洗涤剂的量一般不超过洗气瓶容积的 1/2。

② 使用前应检验洗气瓶的气密性。要特别注意不要把进、出气体的导管接反。

③ 洗气瓶不能长时间盛放碱性液体洗涤剂，用后及时将该洗涤剂倒入有橡胶塞的试剂瓶存放待用，并用水清洗干净放置。

(8) 蒸发皿

蒸发皿（图 3.1-30）是用来蒸发、浓缩溶液或灼烧固体的一种瓷质仪器。蒸发皿有带柄和不带柄的两种形式。实验室中常用不带柄的蒸发皿。蒸发皿的规格以口径表示，常用的为 60mm、90mm 两种。

使用注意事项如下。

① 蒸发皿可用油浴或砂浴加热，也可用酒精灯直火均匀加热。

② 蒸发皿加热到高温时，不可骤冷。

3.1.5 固定夹持类仪器

(1) 铁架台

铁架台（图 3.1-31）常用于固定或放置各种仪器，它有各种定型产品。铁架台通常附有大、小铁圈各一个，铁夹两个。铁圈常代替漏斗架使用。

使用注意事项如下。

① 在铁架台上固定仪器时，一般要按由下而上的顺序进行。若要用铁夹夹持试管时，应夹持在靠管口的 1/3 处。固定烧瓶时，应夹在瓶颈 1/3 处，松紧适宜。

② 铁夹、铁圈所持方向应保持与铁架台底座一致，以增大稳度。

③ 使用中要避免与酸、碱接触，如不慎接触，应及时冲洗并擦净。螺旋处应常用少量油脂润滑，务必保持旋转灵活，使用方便。

(2) 三脚架

三脚架（图 3.1-32）用于放置加热容器。三脚架一般为铁质制品，有高型、低型和大小之分，构造简单，牢固实用。

使用注意事项如下。

① 使用时应根据加热容器及酒精灯选用三脚架。它常与泥三角、铁丝网、石棉网配合使用。

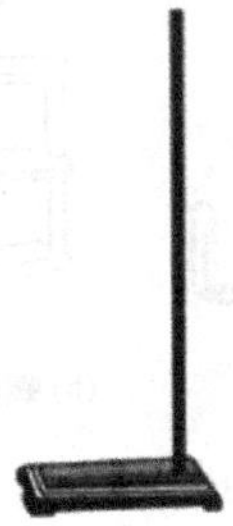

图 3.1-31 铁架台

图 3.1-32 三脚架

图 3.1-33 滴定台

② 避免与腐蚀性物质接触，以免生锈。

(3) 滴定台

滴定台（图 3.1-33）专用于固定滴定管做分析实验用，滴定台均附有滴定管夹（又称蝴蝶夹），滴定台面为耐腐蚀的白色材料，已有不同型号的定型产品。一般为白色大理石台面。

使用注意事项如下。

① 滴定管夹持在滴定夹上时，务必保持滴定管垂直于滴定台。台面保持清洁。

② 若无滴定台时，则可在铁架台上配滴定夹或固定两个烧瓶夹代用，滴定时，锥形瓶下最好衬上白纸。

(4) 坩埚钳

坩埚钳（图 3.1-34）用于夹持受高热的坩埚或蒸发皿。坩埚钳也常用于夹持燃烧或受强热的物质或其他器皿。

使用注意事项如下。

① 使用前若有铁锈或易落黏结物时，应先除掉，以防落入容器中污染试剂。

② 保持清洁、干燥，防止生锈。

(5) 试管夹

试管夹（图 3.1-35）用于加热时夹持试管用。试管夹有木质、竹质和钢质。现多用木质试管夹，它由短柄、长柄及固定弹簧组成，使用非常方便。

使用注意事项如下。

① 使用试管夹时，应手握长柄，同时大拇指按开或放开短柄。夹持试管时，大拇指按开短柄，将试管夹从试管底部套上后，夹持在离管口 1/3 处，放开大拇指。

② 注意不要烧坏试管夹。

(6) 橡皮管夹

橡皮管夹又称止水夹（图 3.1-36），用于控制橡皮管中气体或液体的流量，橡皮管夹由弹性钢丝弯成者又称弹簧止水夹。

使用注意事项如下。

① 使用橡皮管夹有两种止水方式：一种是将橡皮管穿过橡皮管夹；另一种是将橡皮管对折后用橡皮管夹夹住。若控制流体的流量则使用前种方式。

② 螺旋止水夹比弹簧止水夹易于控制流量，但弹簧止水夹操作更为迅速方便。

③ 长久夹持的橡皮管，可能老化，注意更换。

3.1.6 加热类仪器

(1) 酒精灯

图 3.1-34　坩埚钳

图 3.1-35　试管夹

(a) 弹簧止水夹　(b) 螺旋止水夹

图 3.1-36　止水夹

酒精灯（图 3.1-37）是通常用于加热的仪器。酒精灯由灯帽、灯壶和灯芯管组成。灯帽和灯壶由玻璃加工成型且经磨砂处理，灯芯管一般由素烧瓷制成。近来玻璃酒精灯的灯帽多采用塑料制品，其优点是防碎、防黏结。酒精灯的规格以酒精安全灌注量表示，常用的为100mL、150mL 和 200mL 三种。

使用注意事项如下。

① 使用时，首先在灯芯管中穿入棉纱灯芯，上端剪平，并用酒精浸润。多次燃烧后，若灯芯炭化太多，可用剪刀剪去。如果长期使用时发现灯芯不易点燃，或燃烧时火苗不旺，则应检查是否酒精浓度不够，若是则需及时更换酒精。

② 用漏斗向酒精灯中灌注酒精时，不应超过容积的 2/3，否则燃烧过程中，酒精受热膨胀，易造成酒精溢出而发生事故，也不能少于容积的 1/3，否则灯壶内酒精蒸气过多，易引起爆燃。

③ 严禁用燃着的酒精灯去点燃另一盏酒精灯，严禁向燃着的酒精灯添加酒精，严禁用嘴吹灭酒精灯。

④ 加热时需用酒精灯外焰，它的温度最高。如需提高酒精灯的火焰温度时，可加铁丝网或白铁皮做成的筒形灯罩。

(2) 石棉网

石棉网（图 3.1-38）用于加热时使物体受热均匀，不致造成局部高温而保护仪器不会炸裂。石棉网是用方形铁丝网做成的，其中部两面粘有石棉绒。常用的规格为 125mm×125mm。

使用注意事项如下。

① 不要与水接触，以免石棉脱落或铁丝网生锈。

② 石棉网应轻拿轻放，避免用硬物撞击而使石棉绒脱落，严禁折叠。

(3) 泥三角

泥三角（图 3.1-39）是灼烧时放置坩埚用的工具。泥三角由三根铁丝弯成，套有三截素烧瓷管，因形如三角形而得名，它有大、小之分，视坩埚大小而选用。

使用注意事项如下。

① 常与三脚架配合使用。

② 不能强烈撞击，以免损坏瓷管。

3.1.7　配套类仪器、用品

配套类仪器、用品种类繁多，有各种玻璃活塞、管件、二通、三通、橡胶管、橡胶塞

图 3.1-37 酒精灯

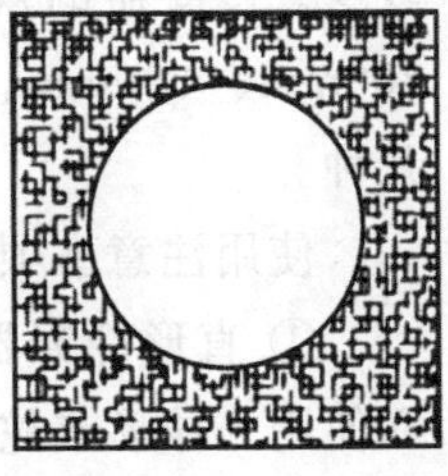

图 3.1-38 石棉网

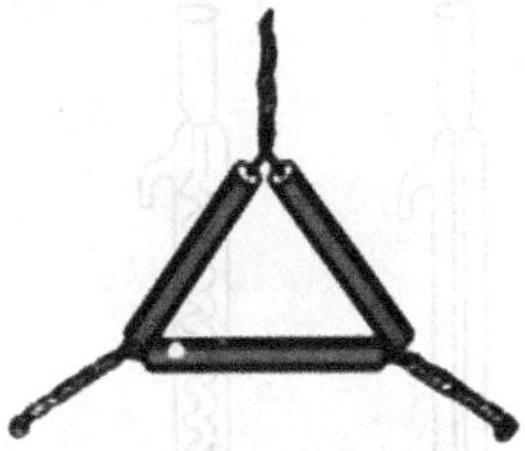

图 3.1-39 泥三角

等。有的用品，一见便知用途。这里仅对常用的橡胶塞、橡胶管进行简要介绍。

(1) 橡胶塞

橡胶塞是用来塞住容器口或钻孔后安装其他仪器的常用配件。塞子的质料较多，一般有玻璃、软木、橡胶三种，近年来也有各种塑料塞面市。选用哪种质料的塞子，要由所接触的物质来决定。如果几种塞子都可使用时，最好选用橡胶塞，因为它具有一定弹性，不仅便于加工，而且可以使仪器连接得更牢固、严密。实验室通用白胶塞的规格是按大小端直径和轴向长度由小到大以对应的编号表示，最小的是 000 号，其次是 00 号和 0 号，以后从 1 号逐渐递增至 15 号，工业上使用的白胶塞号数还有更大的，无论软木塞还是橡胶塞，都是编号号数越大者，塞径也越大。一般大试管适配 3 号或 4 号橡胶塞，而烧瓶宜配 5 号或 6 号橡胶塞。

使用注意事项如下。

① 一般使用橡胶塞时，要以橡胶塞塞进容器 1/3～2/3 为宜。选用橡胶塞，还要估计到钻孔插入玻璃管或容器后会膨大一些。

② 盛汽油、乙醚、苯、四氯化碳、二硫化碳等有机试剂及液氯、液溴、浓硝酸等无机试剂时都不宜用橡胶塞。

③ 橡胶塞要用滑石粉拌和并用塑料袋密封保存，防止老化。

(2) 橡胶管

橡胶管用于仪器部件的连接或输导气体、液体时使用。常用的有普通橡胶管和医用乳胶管两种，实验室多用医用乳胶管。其规格以外径表示，常用的为 6mm、7mm、9mm 三种。

使用注意事项如下。

① 选用乳胶管时，应根据所连仪器管径大小而定，连接时不能太松，以免漏气或渗液。

② 向管件导入乳胶管时，可先将管端部分用水润湿，然后将乳胶管先套进管件口径一半处时，再以手指用力套进，并左右旋转乳胶管使之进入一定深度。

③ 未用的乳胶管要保持清洁、干燥，防止老化黏结。

3.1.8 其他类仪器及用品

(1) 冷凝器

冷凝器（图 3.1-40）又称冷凝管，是用来将蒸气冷凝为液体的仪器。冷凝器根据不同使用要求，有多种结构不同的类型。内管有直形、蛇形和球形三种。直形冷凝器构造简单，常用于冷凝沸点较高（大于 140℃）的液体，蛇形冷凝器特别适用于沸点低、易挥发的有机溶剂的蒸馏回收，而球形冷凝器两种情况都适用。另外，还有内冷式蛇形冷凝器，但是使用

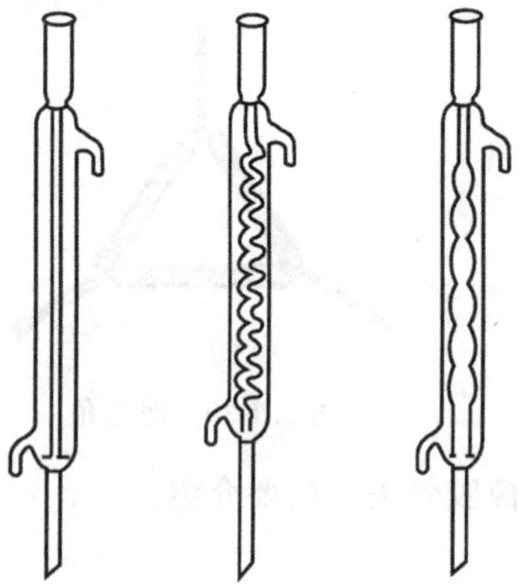

图 3.1-40 冷凝器

较少。冷凝器的规格以外套管长度表示，常用的有 200mm、300mm、400mm、500mm 和 600mm 等几种。

使用注意事项如下。

① 直形冷凝器使用时，既可倾斜安装，又可直立使用。球形或蛇形冷凝器必须垂直安装，否则会因球内积液或冷凝液形成断续液柱而造成局部液封，致使导气不畅，冷凝液不能全部流出等，不但会降低冷凝效果，严重时会引发实验事故。

② 冷凝水的走向要从低处流向高处，务必不能将进水口与出水口接反（注意：对于绝大多数冷凝或者回流实验，冷水要下进上出，这样操作简单，且有利于节约用水）。但是对于温度很高的反应的回流，应该使用空气冷凝，如果一定要使用水冷，则应该上进下出，先把冷凝器灌满水，再通水，否则局部温差太大容易引起断裂，在一些实验中会引起严重事故。

(2) 接收管

接收管或称接引管，又名牛角管（图 3.1-41）。它与冷凝器配套使用，将蒸馏液导入承接容器。接收管的弯角约为 105°，便于和蒸馏烧瓶支管 75°角相配，安装后两者保持平行。接收管的规格以上口外径×长度表示，常用的为 18mm×150mm、25mm×180mm 和 30mm×200mm 三种。

使用注意事项如下。

① 使用时，接收管的上口与钻孔套在冷凝器下管外的橡胶塞组合。

② 接收管的下口部分直接伸入锥形瓶等承接容器内。

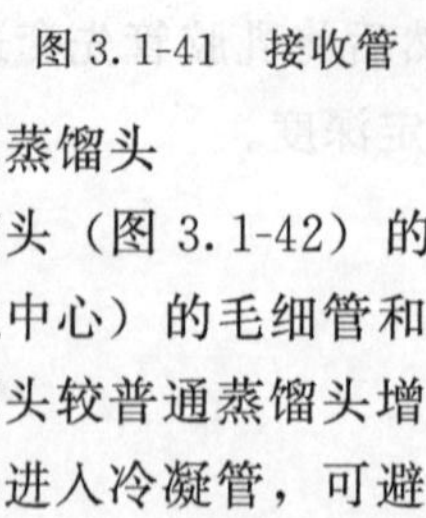

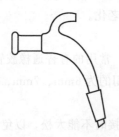

图 3.1-41 接收管

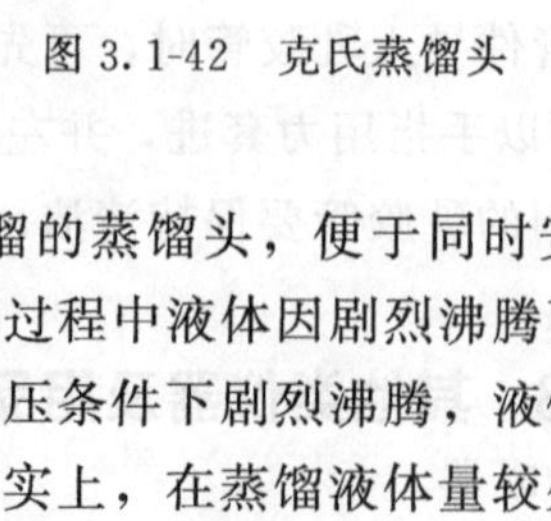

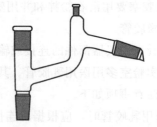

图 3.1-42 克氏蒸馏头

(3) 克氏蒸馏头

克氏蒸馏头（图 3.1-42）的主要用途是作为减压蒸馏的蒸馏头，便于同时安装提供微量气体（气化中心）的毛细管和温度计，并防止减压蒸馏过程中液体因剧烈沸腾而冲入冷凝管。克氏蒸馏头较普通蒸馏头增加一个弯管，液体若在减压条件下剧烈沸腾，液体仅能冲入此弯管而难以进入冷凝管，可避免对收集产物的污染。事实上，在蒸馏液体量较少的减压蒸馏过程中，也可不使用克氏蒸馏头而使用普通蒸馏头，仅安装温度计即可。这是因为克氏蒸馏头的管路较长，少量液体的挂壁损失非常明显。

使用注意事项如下。

① 在使用前应对磨口进行涂凡士林等密封工作。

② 使用时要注意标准接口的型号。

（4）蒸馏头

在有机合成中连接烧瓶与蒸馏管的标准口玻璃仪器，有各种规格，满足不同的有机合成实验需要（图 3.1-43）。

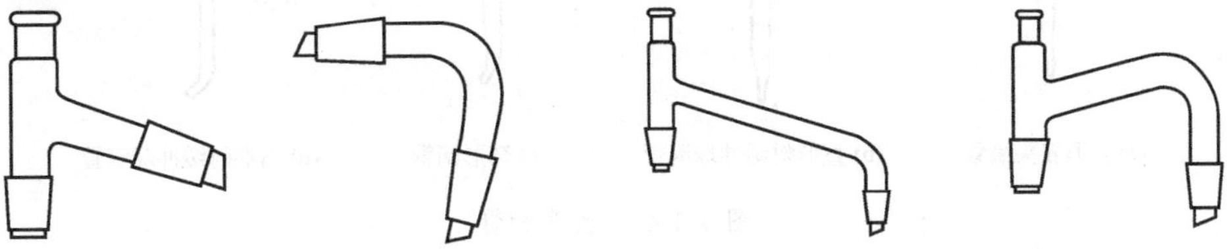

(a) 蒸馏头　(b) 75°蒸馏头　(c) 下斜式蒸馏头　(d) 上斜式蒸馏头

图 3.1-43　蒸馏头

使用注意事项如下。

① 在使用前应对磨口进行涂凡士林等密封工作。

② 使用时要注意标准接口的型号。

（5）烧瓶

烧瓶（图 3.1-44）是一种常用的化学玻璃仪器，在有机化学实验中被广泛使用。通常与蒸馏头、冷凝管、温度计等配套使用组装成分馏装置、蒸馏装置或回流装置，完成较为复杂的有机合成反应，或进行较复杂的煮沸、分馏、提纯操作。有单口、二口、三口和四口烧瓶之分。其规格以容积大小表示。250～3000mL 用于常量分析，5000～10000mL 用于工业小批量生产。若需要搅拌时，可以手握瓶口微转手腕，即可顺利搅拌均匀，或是使用专用搅拌机。若加热回流时，则可于瓶内放入磁力搅拌子，以加热搅拌器加以搅拌。

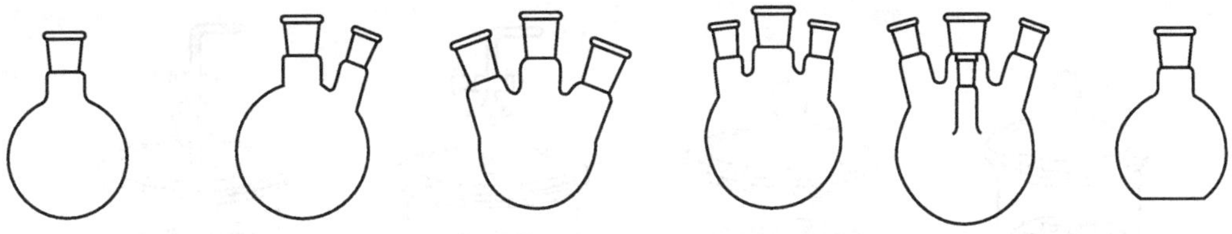

(a) 短颈圆底烧瓶　(b) 斜形二口烧瓶　(c) 斜形三口烧瓶　(d) 直形三口烧瓶　(e) 四口烧瓶　(f) 短颈平底烧瓶

图 3.1-44　烧瓶

使用注意事项如下。

① 在使用前应对磨口进行涂凡士林等密封工作。

② 注入的液体不超过其容积的 2/3。

③ 烧瓶的开口没有像烧杯般的突出缺口，倾倒溶液时更易沿外壁流下，所以通常都会用玻璃棒轻触瓶口导流，以防止溶液沿外壁流下。

（6）胶头滴管

胶头滴管（图 3.1-45）又称胶帽滴管，它是用于吸取或滴加少量液体试剂的一种仪器。胶头滴管由胶帽和玻璃滴管组成。有直形、直形附缓冲球及弯形、弯形附缓冲球等几种形式。滴管中间的球一方面是增加吸取量，另一方面可以防止液体吸入乳胶帽内；弯形是用于吸取容器死角处的液体，并可吸取密度较大的液体。胶头滴管的规格以管长表示，常用的为

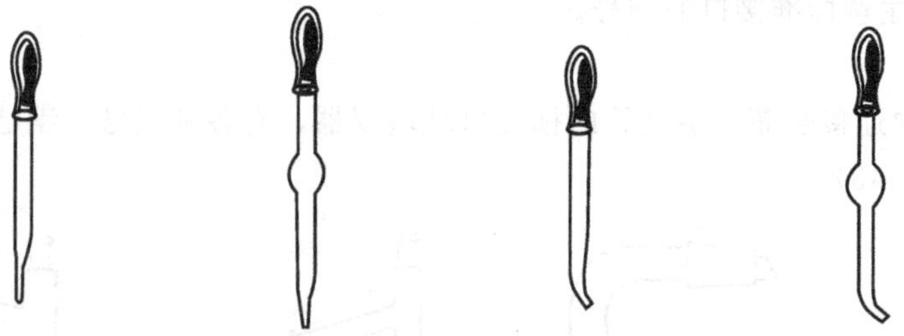

(a) 直形胶头滴管　(b) 直形附缓冲球滴管　(c) 弯形滴管　(d) 弯形附缓冲球滴管

图 3.1-45　胶头滴管

90mm、100mm 两种。

使用注意事项如下。

① 握持方法是用中指和无名指夹住玻璃管部分以保持稳定，用拇指和食指挤压胶头以控制试剂的吸入或滴加量。

② 胶头滴管加液时，不能伸入容器，更不能接触容器。

③ 胶头滴管不能倒置，也不能平放于桌面上。应插入干净的瓶中或试管内。

④ 用完之后，立即用水洗净。严禁未清洗就吸取另一试剂。

⑤ 胶帽与玻璃滴管要结合紧密而不漏气，若胶帽老化，要及时更换。

(7) 干燥器

干燥器（图 3.1-46）又称保干器，它是保持物质干燥的一种仪器。干燥器有常压干燥器和真空干燥器两种。真空干燥器的盖顶具有抽气支管与抽气机相连。两种干燥器的器体均分为上下两层。下层（又称座底）放干燥剂，中间放置有孔瓷板，上层（又称座身）放置欲干燥的物质。

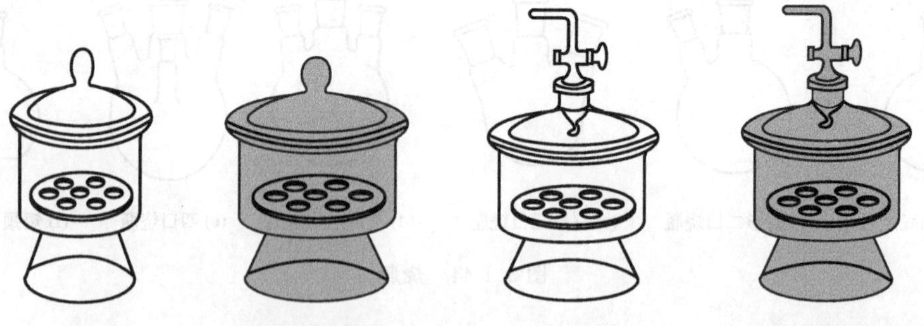

(a) 干燥器（附瓷板）　(b) 棕色干燥器（附瓷板）　(c) 真空干燥器（附磨砂活塞及瓷板）　(d) 棕色真空干燥器（附磨砂活塞及瓷板）

图 3.1-46　干燥器

使用注意事项如下。

① 干燥器的盖子和座身上口磨砂部分需涂少量凡士林，使盖子滑动数次以保证涂抹均匀，当盖住后严密而不漏气。

② 干燥器在开启、闭合盖子时，左手按住器体，右手握住盖顶“玻璃球”，沿器体上沿轻推或拉动。切勿用力上提。盖子取下后要仰放在桌上，使玻璃球在下，但要注意盖子会滚动。

③ 要干燥的物质首先盛在容器中，再放置于有孔瓷板上面，盖好盖子。

④ 根据干燥物的性质和干燥剂的干燥效率，选择适宜的干燥剂放在瓷板下面的容器中，所盛量约为容器容积的一半。

(8) 温度计套管

温度计套管（图 3.1-47）是有机化学中标准口仪器之一，用于玻璃仪器接口与一般直形实验室温度计相连接的工具，相当于传统的橡胶塞，一般有磨口、螺口、汞封等几种，由于汞封的诸多不便，现已不用。

使用注意事项如下。

① 在使用前应对磨口进行涂凡士林等密封工作。

② 使用时要注意标准接口的型号。

③ 必要时要专门固定一下温度计，防止在实验中温度计滑落。

(9) 表面皿

表面皿（图 3.1-48）常用于覆盖容器口，以防止液体损失或固体溅出。表面皿也常用于用热气流蒸发少量液体。在用天平称取固体试剂时，可以用表面皿作为容器。在分析化学中也用两个相同大小的表面皿作为气室使用。其规格以表面直径表示，常用的为 60mm 和 100mm 两种。

使用注意事项如下。

① 覆盖容器时，凹面要向上，以免滑落。

② 表面皿不可直火加热。

(10) 研钵

研钵（图 3.1-49）是用来研磨硬度不大的固体的仪器。研钵有普通型（浅型）和高型（深型）两种。其质料也因用途和研磨固体的硬度不同有铁质、氧化铝、玛瑙、瓷质和玻璃等数种。各种研钵都附有配套的研杵。

使用注意事项如下。

① 研磨时，应使研杵在研钵内缓慢而稍加压力地转动，不能用研杵上下或左右敲击。

② 禁止用研钵研磨撞击时易燃易爆的氧化剂等。

图 3.1-47 温度计套管

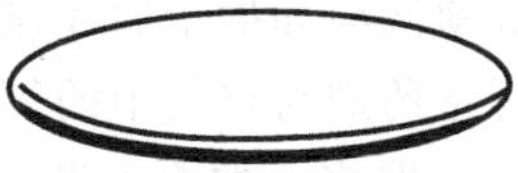

图 3.1-48 表面皿

图 3.1-49 研钵（附研杵）

3.1.9 有机实验标准接口类玻璃仪器

有机化学实验室玻璃仪器可分为普通玻璃仪器和标准接口玻璃仪器。标准接口玻璃仪器是具有标准化磨口或磨塞的玻璃仪器。由于仪器口塞尺寸的标准化、系统化、磨砂密合化，凡属于同类规格的接口，均可任意连接，各部件能组装成各种配套仪器。与不同类型规格的部件无法直接组装时，可使用转换接头连接。使用标准接口玻璃仪器，既可免去配塞子的麻烦，又能避免反应物或产物被塞子沾污的危险。口塞磨砂性能良好，高密合性可达较高真空度，对蒸馏尤其是减压蒸馏有利，对于毒物或挥发性液体的实验较为安全。标准接口玻璃仪器，均按国际通用的技术标准制造，当某个部件损坏时，可以选购。标准接口玻璃仪器的每个部件在其口塞的上面或下面显著部位均具有烤印的白色标志，表明规格。常用的有 10、12、14、16、19、24、29、34、40 等。有的标准接口玻璃仪器有两个数字，如 10/30，10 表示磨口大端的直径为 10mm，30 表示磨口的高度为 30mm。

使用注意事项如下。

① 磨砂口塞应保持清洁，使用前宜用软布揩拭干净，但不能附上棉絮。

② 使用前在磨砂口塞表面涂以少量凡士林或真空油脂，以增强磨砂口的密合性，避免磨面的相互磨损，同时也便于接口的装拆。

③ 装配时，把磨口和磨塞轻轻地对旋连接，不宜用力过猛。但不能装得太紧，只要达到润滑密闭要求即可。

④ 用后应立即拆卸洗净，否则对接处常会粘牢，以致拆卸困难。

⑤ 装拆时应注意相对的角度，不能在角度偏差时进行硬性装拆，否则极易造成破损。

3.2 试剂的取用与处理

3.2.1 药品取用的基本原则

(1) 使用药品要做到“三不”

不能用手直接接触药品；不要把鼻孔凑到容器口去闻药品的气味；更不得尝任何药品的味道。

(2) 取用药品注意节约

取用药品应严格按实验规定的用量，如果没有说明用量，一般取最少量，即液体 1～2mL，固体只要盖满试管底部。

(3) 用剩的药品要做到“三不”

用剩的药品不能放回原瓶；不要随意丢弃；不能拿出实验室。用剩的药品要放在指定的容器里。

3.2.2 固体试剂的取用

(1) 固体试剂的取用规则

① 要用干净的药勺取用。药勺必须洗净和擦干后才能使用，以免沾污试剂。

② 取用试剂后立即盖紧瓶盖，防止药剂与空气中的氧气等起反应。

③ 称量固体试剂时，必须注意不要取多，取多的药品，不能倒回原瓶。因为取出后已经接触空气，有可能已经受到污染，再倒回去容易污染瓶里的其他试剂。

④ 一般的固体试剂可以放在干净的纸或表面皿上称量。具有腐蚀性、强氧化性或易潮解的固体试剂不能在纸上称量，应放在玻璃容器内称量。如氢氧化钠有腐蚀性，又易潮解，最好放在烧杯中称取，否则容易腐蚀天平。

⑤ 有毒的药品称取时要做好防护措施。如戴好口罩、手套等。

(2) 固体试剂的取用方法

① 粉末状固体药品，将试管倾斜或横放，用药勺或纸槽将药品送入试管中约 2/3 处，再慢慢竖起试管，使药品放下去［图 3.2-1 (a)、(b)］要求试管要干燥。

② 块状或片状固体药品，将试管横放或斜放，用镊子夹取固体放在试管口，再慢慢竖

立试管，使固体慢慢滑入试管底部。严禁垂直悬空投入，以免击破管底［图 3.2-1（c）］。对于较大的固体颗粒，可在洁净、干燥的研钵中研碎，然后取用。

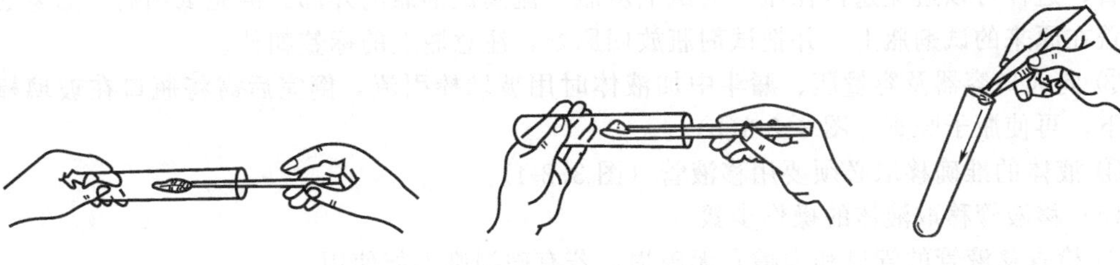

图 3.2-1　固体药品的取用

3.2.3　液体试剂的取用

（1）液体试剂的取用规则

① 从滴瓶中取液体试剂时，要用滴瓶中的滴管，滴管绝不能伸入所用的容器中，以免接触器壁而沾污药品。从试剂瓶中取少量液体试剂时，则需使用专用滴管。

② 从细口瓶中取出液体试剂时，用倾倒法。瓶塞取下后要反放在桌面上，手握住试剂瓶上贴标签的一面。用完后要将试剂瓶放回原处。

③ 在做某些不需要准确体积的实验时，可以估计取出液体的量。一般滴管的一滴液体约为 0.05mL，即 1mL 为 20～25 滴。倒入的溶液的量，一般不超过其容积的 1/3。

④ 定量取用液体时，用量筒或移液管取。量筒用于量度一定体积的液体，可根据需要选用不同量度的量筒，而取用准确的量时就必须使用移液管。

⑤ 取用挥发性强的试剂时要在通风橱中进行，做好安全防护措施。

（2）液体试剂的取用方法

① 取用少量液体药品，可以用胶头滴管吸取或直接倾倒（图 3.2-2）。从滴瓶中取用少量试剂的方法是提起滴管，使管口离开液面。用手指紧捏滴管上部的橡皮胶头，赶出滴管中的空气，然后把滴管伸入试剂瓶中，放开手指，吸入试剂。再提起滴管，垂直地放在试管口或烧杯的上方将试剂逐滴滴入。滴加试剂时绝对禁止将滴管伸入试管中，滴管从滴瓶中取出试剂后，应保持橡皮胶头在上，不能平放或斜放，以防滴管中的试剂流入腐蚀胶头，沾污试剂。

② 取用较多液体药品，可以采用倾倒法［图 3.2-3(a)］。取下细口瓶的瓶塞，倒放在实验桌

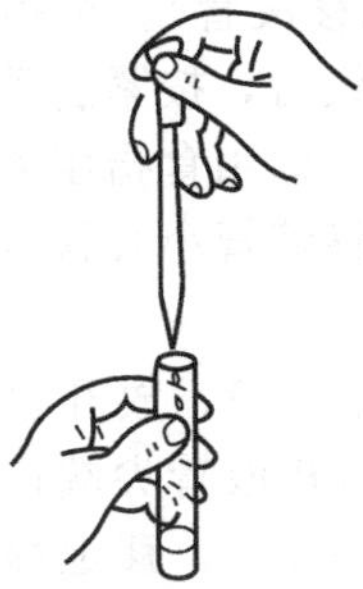

图 3.2-2　用滴管取用液体试剂

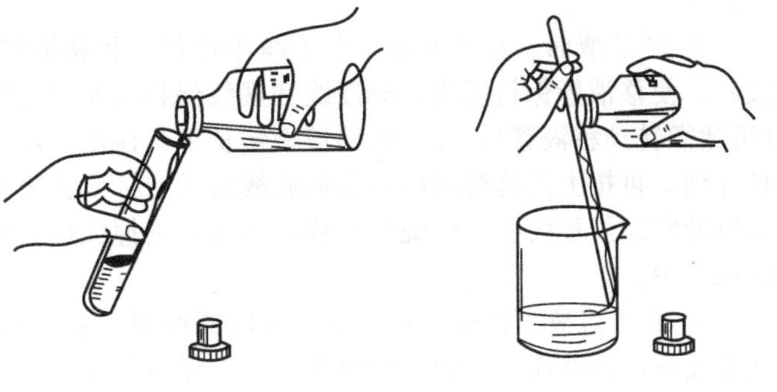

(a) 往试管中倒取液体试剂　　(b) 往烧杯中倒取液体试剂

图 3.2-3　用倾倒法取用液体试剂

上，然后将标签向着手心拿起瓶子，用左手的大拇指、食指和中指拿住容器（如量筒或试管），瓶口紧挨着试管口，将液体倒入容器中。倒完后将试剂瓶口在容器上靠一下，再使瓶子竖直，这样可以避免遗留在瓶口的试剂从瓶口流到试剂瓶的外部。倒完试剂后，瓶塞必须立即盖在原来的试剂瓶上，并把试剂瓶放回原处，注意瓶上的标签朝外。

③ 向大口容器及容量瓶、漏斗中加液体时用玻璃棒引流，倒完后需将瓶口在玻璃棒上靠一下，再使瓶子竖直［图 3.2-3(b)］。

④ 液体的准确移取必须要用移液管（图 3.2-4）。

(3) 移液管移取液体的操作步骤

① 检查移液管的管口和尖嘴有无破损，若有破损则不能使用。

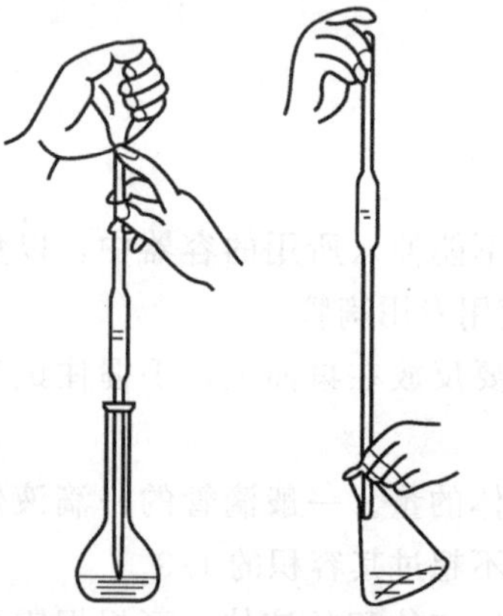

图 3.2-4　液体的准确移取

移液所用洗耳球

② 洗净移液管。先用自来水淋洗后，用铬酸洗涤液浸泡，操作方法如下：用右手拿住移液管上端合适位置，食指靠近管上口，中指和无名指张开握住移液管外侧，拇指在中指和无名指中间位置握在移液管内侧，小指自然放松；左手拿洗耳球，持握拳式，将洗耳球握在掌中，尖口向下，握紧洗耳球，排出球内空气，将洗耳球尖口插入或紧接在移液管上口，注意不能漏气。慢慢松开左手手指，将洗涤液慢慢吸入管内，直至刻度线以上部分，移开洗耳球，迅速用右手食指堵住移液管上口，等待片刻后，将洗涤液放回原瓶。并用自来水冲洗移液管内、外壁至不挂水珠，再用蒸馏水洗涤 3 次，控干水备用。

③ 润洗。摇匀待吸溶液，将待吸溶液倒一小部分于一个洗净并干燥的小烧杯中，用滤纸将清洗过的移液管尖端内外的水分吸干，并插入小烧杯中吸取溶液，当吸至移液管容量的 1/5 时，立即用右手食指按住管口，取出，横持并转动移液管，使溶液流遍全管内壁，将溶液从下端尖口处排入废液杯内。如此操作，润洗 3～4 次后即可吸取溶液。

④ 移液。将用待吸溶液润洗过的移液管插入待吸液面下 1～2cm 处，用洗耳球按上述操作方法吸取溶液（注意移液管插入溶液不能太深，并要边吸边往下插入，始终保持此深度）。当管内液面上升至标线以上 1～2cm 处时，迅速用右手食指堵住管口（此时若溶液下落至标线以下，应重新吸取），将移液管提出待吸液面，并使管尖端接触待吸溶液容器内壁片刻后提起，用滤纸擦干移液管下端沾附的少量溶液（在移动移液管时，应将移液管保持垂直，不能倾斜）。

⑤ 调节液面。左手另取一个干净小烧杯，将移液管管尖紧靠小烧杯内壁，小烧杯保持倾斜，使移液管保持垂直，刻度线和视线保持水平（左手不能接触移液管）。稍稍松开食指（可微微转动移液管），使管内溶液慢慢从下口流出，液面将至刻度线时，按紧右手食指，停顿片刻，再按上法将溶液的弯月面底线放至与标线上缘相切为止，立即用食指压紧管口。将尖口处紧靠烧杯内壁，向烧杯口移动少许，去掉尖口处的液滴。将移液管小心移至承接溶液的容器中。

⑥ 放出溶液。将移液管直立，接收器倾斜，管下端紧靠接收器内壁，放开食指，让溶液沿接收器内壁流下，管内溶液流完后，保持放液状态停留 15s，将移液管尖端在接收器靠点处靠壁前后小距离滑动几下（或将移液管尖端靠接收器内壁旋转一周），移走移液管（残留在管尖内壁处的少量溶液，不可用外力强使其流出，因校准移液管时，已考虑了尖端内壁

处保留溶液的体积。除非在管身上标有“吹”字的，可用洗耳球吹出，不允许保留)。

⑦ 洗净移液管，放置在移液管架上。

使用注意事项如下。

① 移液管不应在烘箱中烘干。

② 移液管不能移取太热或太冷的溶液。

③ 同一实验中应尽可能使用同一支移液管。

④ 移液管在使用完毕后，应立即用自来水及蒸馏水冲洗干净，置于移液管架上。

⑤ 移液管和容量瓶常配合使用，因此在使用前常做两者的相对体积校准。

⑥ 在使用刻度吸量管时，为了减少测量误差，每次都应从最上面刻度（零刻度）处为起始点，往下放出所需体积的溶液，而不是需要多少体积就吸取多少体积。

3.2.4 气体试剂

3.2.4.1 气体发生装置

表 3.2-1 制备气体装置的几种类型

装置类型	固体反应物(加热)	固液反应物(不加热)	固液反应物(加热)
装置		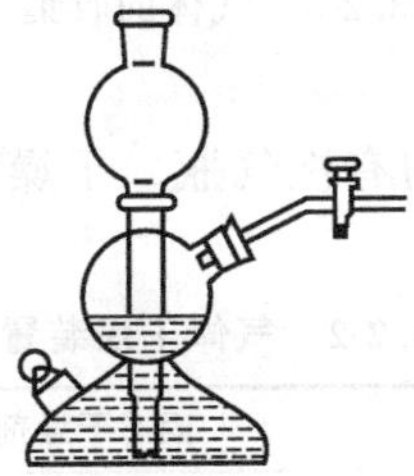 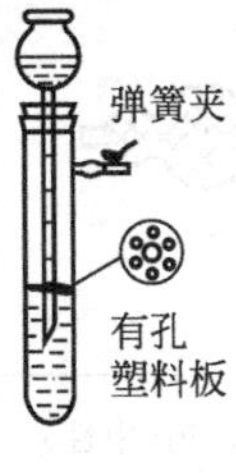	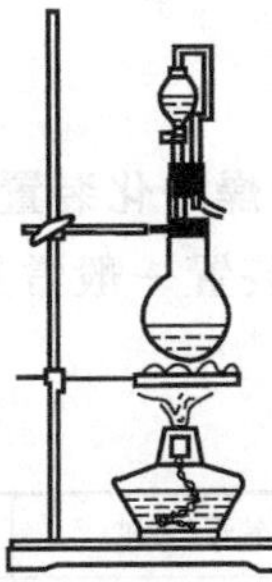 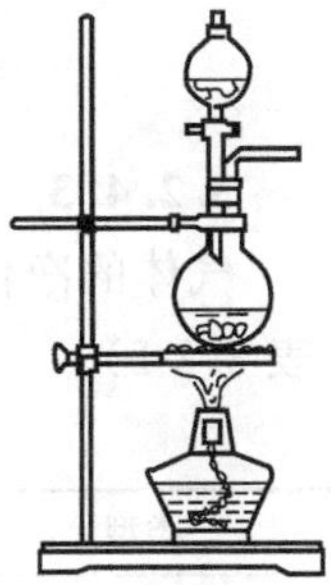 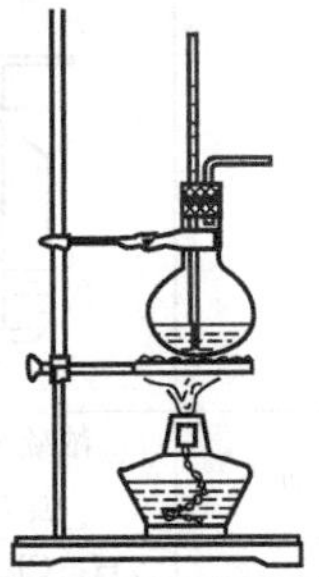
主要仪器	酒精灯、试管	启普发生器	酒精灯、烧瓶、分液漏斗、温度计、恒压漏斗
典型气体	O_2、NH_3 等	H_2、CO_2、H_2S 等	Cl_2、HCl、$CH_2{=}CH_2$ 等
操作要点	(1)试管口应稍向下倾斜，以防止产生的水蒸气在管口冷凝后倒流而引起试管破裂； (2)铁夹应夹在距试管口1/3处； (3)胶塞上的导管伸入试管里面不能太长，否则会妨碍气体的导出	(1)在用简易装置时，如用长颈漏斗，长颈漏斗的下口应伸入液面以下，否则起不到液封的作用； (2)加入的液体反应物(如酸)要适当； (3)块状固体与液体的混合物在常温下反应制备气体可用启普发生器制备	(1)先把固体药品加入烧瓶，然后加入液体药品； (2)要正确使用分液漏斗

实验室中需要少量气体时，可自行制备一些气体。一般是根据反应原理、反应物状态和反应所需条件等因素来选择反应装置（表 3.2-1）。

3.2.4.2 气体的收集方法和装置

根据气体的密度、溶解性、稳定性，可将气体的收集方法分为两类。

（1）排水法

凡难溶于水或微溶于水，又不与水反应的气体都可用排水法收集［图 3.2-5(a)］。

（2）排空气法

一种是向上排空气法，凡是气体的分子量大于空气的可用此法［图 3.2-5(b)］；若气体的分子量小于空气的平均分子量，则用向下排空气法［图 3.2-5（c)］。

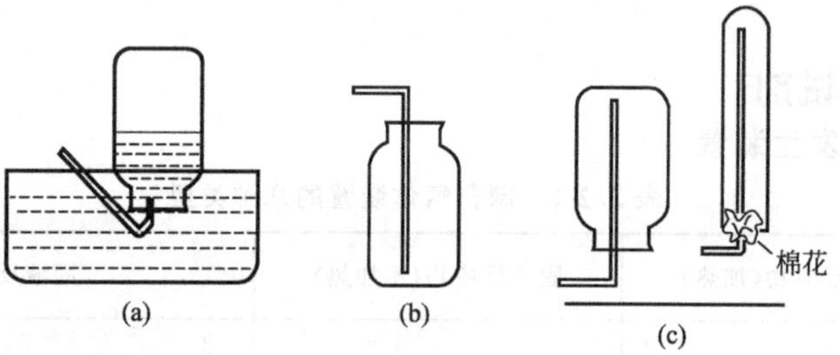

图 3.2-5 气体的收集

3.2.4.3 气体的干燥净化装置

气体的净化、干燥装置一般常用的有洗气瓶、干燥管、U 形干燥管和双通加热管几种（表 3.2-2）。

表 3.2-2 气体干燥装置

类型	液态干燥剂	固态干燥剂		固体，加热
装置	 甲	 乙	 丙	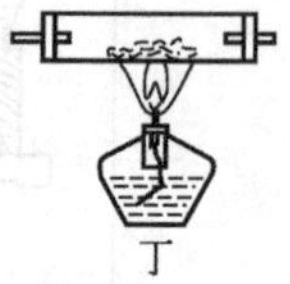 丁
常见干燥剂	浓硫酸（酸性、强氧化性）	无水氯化钙（中性）	碱石灰（碱性）	除杂试剂：Cu、CuO、Mg 等
可干燥的气体	H_2、Cl_2、O_2、SO_2、N_2、CO_2、CO、CH_4	H_2、Cl_2、O_2、SO_2、N_2、CO_2、CO、CH_4	H_2、O_2、N_2、CO、CH_4、NH_3	可除去 O_2、H_2、N_2、CO
不可干燥的气体	HBr、NH_3、HI	NH_3	Cl_2、SO_2、CO_2、NO_2 等	—

（1）洗气瓶

洗气瓶中一般装入液体除杂试剂，除杂试剂应通过化学反应将杂质吸收或将杂质气体转化为所制取的气体。常见的液体除杂试剂有以下几种。

① 强碱溶液，如 NaOH 溶液可吸收 CO_2、SO_2、H_2S、Cl_2、NO_2 等呈酸性的气体。

② 饱和的酸式盐溶液，可将杂质气体吸收转化。例如，饱和 $NaHCO_3$ 溶液能除去 CO_2 中混有的 HCl、SO_2 等强酸性气体。饱和 $NaHSO_3$ 溶液能除去 SO_2 中混有的 HCl、SO_3 等气体。饱和 NaHS 溶液能除去 H_2S 中混有的 HCl 气体。

③ 浓 H_2SO_4，利用它的吸水性，可除去 H_2、SO_2、HCl、CO、NO_2、CH_4 等气体中混有的水蒸气。但由于浓 H_2SO_4 有强氧化性，不能用来干燥具有强还原性的气体，如

H_2S、HBr、HI 等。

④ 酸性 $KMnO_4$ 溶液，利用它的强氧化性，可以除去具有还原性的气体，如除去混在 CO_2 气体中的 SO_2、H_2S 等。

(2) 干燥管、U 形干燥管

干燥管、U 形干燥管一般装入固体干燥剂。常见的固体干燥剂有以下几种。

① 酸性干燥剂，用来干燥酸性气体。如 P_2O_5、硅胶等。

② 碱性干燥剂，用来干燥碱性气体。如 CaO、碱石灰、固体 NaOH 等。

③ 中性干燥剂，既能干燥碱性气体又能干燥酸性气体。如 $CaCl_2$（但 $CaCl_2$ 不能干燥 NH_3，因易形成 $CaCl_2 \cdot 8NH_3$ 氨合物）。

(3) 双通加热管

双通加热管一般装入固体除杂试剂，除杂试剂和混合气体中的某一组分反应。例如，Cu 和混合气体中的 O_2 反应而将 O_2 除去。

另外，还常用固体无水 $CuSO_4$ 装入干燥管中，通过颜色变化检验水蒸气的存在（但不能用 $CuSO_4$ 作为干燥剂，因 $CuSO_4$ 吸水率低）。用 Na_2O_2 固体也可将 CO_2、H_2O（气）转化为 O_2。

3.2.4.4 尾气处理装置

图 3.2-6（a）中装置吸收极易溶于水的气体，如 HCl、NH_3 等。图 3.2-6（b）中装置吸收溶解度较小的气体，如 Cl_2 等。图 3.2-6（c）中装置除去可燃的有毒气体，如 CO 等。不需要吸收直接排放的气体有 O_2、N_2、H_2、CO_2、C_xH_y，其中 H_2 和 C_xH_y 必须排放到室外。

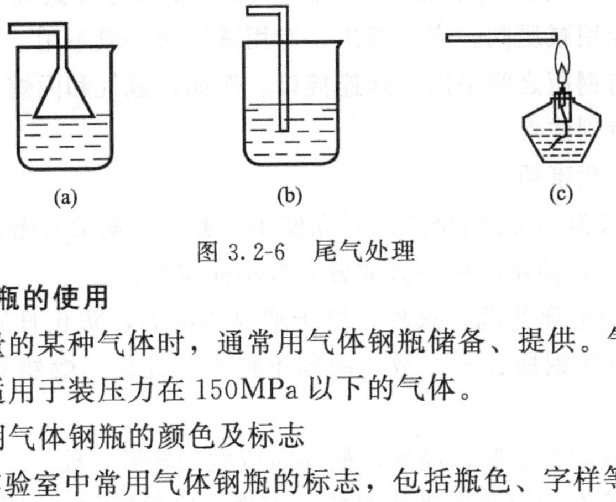

图 3.2-6 尾气处理

3.2.4.5 气体钢瓶的使用

实验室如需要大量的某种气体时，通常用气体钢瓶储备、提供。气体钢瓶是由无缝碳素钢或合金钢制成的，适用于装压力在 150MPa 以下的气体。

(1) 实验室中常用气体钢瓶的颜色及标志

表 3.2-3 列出了实验室中常用气体钢瓶的标志，包括瓶色、字样等。

表 3.2-3 常用气体钢瓶的标志

序号	充装气体名称	化学式	瓶色	字样	字色	色环
1	氢气	H_2	淡绿	氢	大红	$P=20$，淡黄色单环；$P=30$，淡黄色双环
2	氧气	O_2	淡蓝	氧	黑	$P=20$，白色单环；$P=30$，白色双环
3	氮气	N_2	黑	氮	浅黄	
4	空气		黑	空气	白	
5	二氧化碳	CO_2	白	液化二氧化碳	黑	$P=20$，黑色单环
6	乙炔	$CH \equiv CH$	白	乙炔不可近火	大红	

(2) 气体钢瓶的使用

气体钢瓶是储存压缩气体的特制的耐压钢瓶。使用时，通过减压阀（气压表）（图 3.2-7）有控制地放出气体。由于钢瓶的内压很大，而且有些气体易燃或有毒，所以在使用钢瓶时要注意安全。

(a) 氢气减压阀　　(b) 氧气减压阀

图 3.2-7　气体减压阀

使用前检查连接部位是否漏气，可涂上肥皂液进行检查，调整至确实不漏气后才进行操作。使用时先逆时针打开钢瓶总开关，观察高压表读数，记录高压瓶内总的气压，然后顺时针转动低压表压力调节螺杆，使其压缩主弹簧将活门打开。高压气体由高压室经节流减压后进入低压室，并经出口通往工作系统。使用结束后，先顺时针关闭钢瓶总开关，放尽余气后，再逆时针旋松减压阀。

有些气体，如氮气、空气、氩气等永久性气体，可以采用氧气减压阀。但还有一些气体，如氨等腐蚀性气体，则需要专用减压阀。市面上常见的有氮气、空气、氢气、氨、乙炔、丙烷、水蒸气等专用减压阀。应该指出，专用减压阀一般不用于其他气体。为了防止误用，有些专用减压阀与钢瓶之间采用特殊连接口。例如，氢气和丙烷均采用左牙螺纹，也称反向螺纹，安装时应特别注意。

(3) 使用钢瓶的注意事项

① 压缩气体充装量为 50kg 的钢瓶应直立使用，务必用框架或栅栏围护固定；充装量为 500kg 和 1000kg 的钢瓶，使用时应卧式放置，并牢靠定位。

② 压缩气体钢瓶应远离热源、火种，置于通风阴凉处，防止日光曝晒，严禁受热；可燃性气体钢瓶必须与氧气钢瓶分开存放；周围不得堆放任何易燃物品，易燃气体严禁接触火种。

③ 禁止随意搬动或敲打钢瓶，经允许搬动时应做到轻搬轻放。

④ 使用时要注意检查钢瓶及连接气路的气密性，确保气体不泄漏。使用钢瓶中的气体时，要用减压阀（气压表）。各种气体的气压表不得混用，以防爆炸。

⑤ 使用完毕按规定关闭阀门，主阀应拧紧不得泄漏。养成离开作业现场时检查气瓶的习惯。

⑥ 不可将钢瓶内的气体全部用完，一定要保留 0.05MPa 以上的残留压力（减压阀表压）。可燃性气体如乙炔应剩余 0.2～0.3MPa。

⑦ 绝不可使油或其他易燃性有机物沾在气瓶上（特别是气门嘴和减压阀）。也不得用棉、麻等物堵住，以防燃烧引起事故。

(4) 几种特殊气体的性质和安全

① 氢气密度小，易泄漏，扩散速度很快，易和其他气体混合。氢气与空气混合气的爆炸极限浓度是4%～75%，此时，极易引起自燃自爆，燃烧速度约为2.7m/s。氢气应单独存放，最好放置在室外专用的小屋内，以确保安全。严禁放在实验室内，严禁烟火。不用时应旋紧气瓶开关阀。

② 氧气是强烈的助燃烧气体，在高温下，纯氧十分活泼。温度不变而压力增加时，可以和油类发生急剧的化学反应，并引起发热自燃，进而产生强烈爆炸。氧气瓶一定要防止与油类接触，并绝对避免让其他可燃性气体混入氧气瓶；禁止用（或误用）盛其他可燃性气体的气瓶来充灌氧气。氧气瓶禁止放于太阳光曝晒的地方。

3.3 加热与冷却技术

在实验室中加热常用酒精灯、电加热套、马弗炉、管式炉、烘箱及恒温水浴等。

3.3.1 加热技术

(1) 酒精灯

酒精灯是以酒精为燃料的加热工具，广泛用于实验室、工厂、医疗和科研机构等。由于其燃烧过程中不会产生烟雾，因此也可以通过对器械的灼烧达到灭菌的目的。又因酒精灯燃烧过程中产生热量，可以对其他实验材料加热。它的加热温度达到400～1000℃，且安全可靠。酒精灯又分为挂式酒精喷灯和坐式酒精喷灯以及本书所提到的常规酒精灯。实验室等一般以玻璃材质最多。其主要由灯壶、棉灯绳（棉灯芯）、瓷灯芯、灯帽和酒精构成（图3.3-1）。其火焰温度通常可达400～500℃，外焰最高，内焰次之，焰心最低（图3.3-2）。酒精灯用于温度不需太高的实验，点燃时，切勿用点燃的酒精灯直接点火；添加酒精时，必须将火焰熄灭，且加入的量不能超过灯容量的2/3；熄灭酒精灯时必须用灯罩罩熄，切勿用嘴去吹。

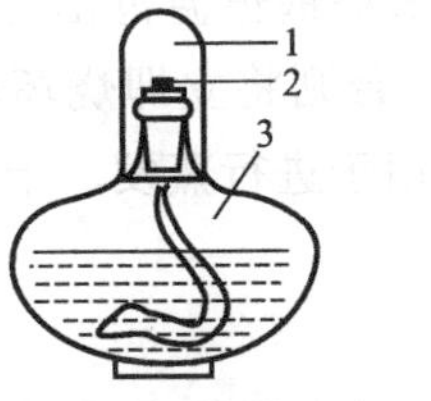

图3.3-1 酒精灯的构造

1—灯帽；2—灯芯；3—灯壶

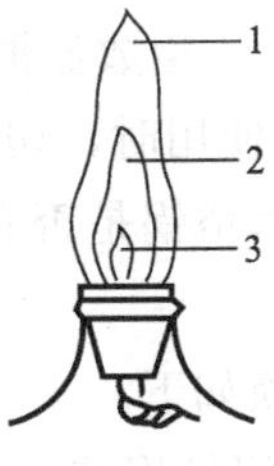

图3.3-2 酒精灯的火焰

1—外焰；2—内焰；3—焰心

使用注意事项如下。

① 给物质加热，若被加热的玻璃容器外壁有水，应擦拭干净再加热，以免容器炸裂；加热时玻璃容器底部不能与灯芯接触，也不能离得太远。烧得很热的玻璃容器，不要立即用冷水冲洗，也不要直接放在实验台上。

② 给试管里的药品加热时，应先使试管均匀受热，然后对准药品部位加热。

③ 给试管中的固体加热，将固体试剂装入试管底部，铺平，管口略向下倾斜，以免凝结在管口的水珠倒流到灼热的试管底部而使试管炸裂。加热试管可以用试管夹夹住加热，也可用铁架台固定加热。加热时先用火焰来回加热试管，然后固定在有固体物质的部位加热。

④ 给试管中的液体加热，加热时，不要用手拿，应该用试管夹夹住试管的中上部，试管与桌面约成45°倾斜，试管口不能对着别人和自己。先加热液体的中上部，慢慢往下移动试管，然后不停地移动或振荡试管，从而使液体各部分受热均匀，避免试管内液体因局部沸腾而迸溅，引起烫伤。

(2) 搅拌电热套

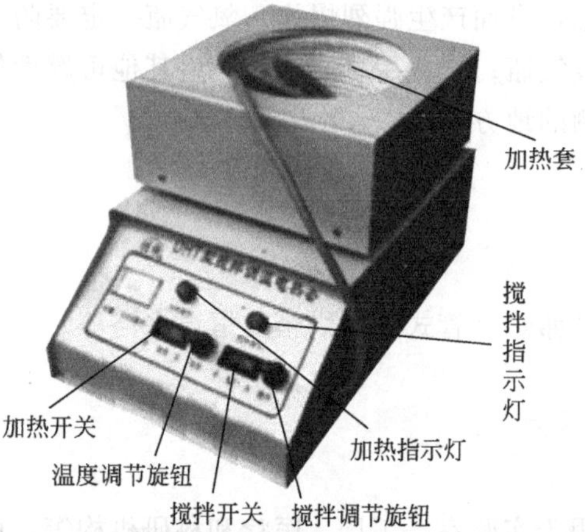

图 3.3-3　搅拌电热套

搅拌电热套如图 3.3-3 所示。磁力搅拌电热套为配合学校、工厂及科研单位实验室使用研制的新产品。它使用方便，具有加热和搅拌的双效功能。加热功率连续可调且显示直观，能方便观察和控制加热状态。使用搅拌子双向搅拌，可以快速搅拌达到快速混匀的目的。

使用注意事项如下。

① 由于加热套表面涂有油质，第一次使用时冒白烟是正常现象，随即表面变成棕色，数分钟后可恢复原色。

② 加热和搅拌既可以同时使用，也可以单独使用。

③ 加热套工作时，注意不要接触电热套，以免烫伤。

④ 搅拌调速时应由低挡开始。

⑤ 操作使用时，注意不要将溶液溅到机器上。

⑥ 使用完毕时，应关闭电源开关，冷却后在通风干燥处存放。

(3) 数显恒温水浴锅

电热恒温水浴锅有两孔、四孔、六孔等不同规格。其构造分为内外两层。内层用铝板制成，外壳用薄板制成，表面烤漆覆盖，槽底安装铜管。内装电炉丝用瓷接线柱连通双股导线至控制器；控制器表面有电源开关、调温旋钮和指示灯。水浴锅左下侧有放水阀门，右上侧可插温度计。HH-4 型数显恒温水浴锅如图 3.3-4 所示。水浴锅恒温范围为 37～100℃，电源电压为 220V。使用时，切记水位一定不得低于电热管，否则将立即烧坏电热管。注意防潮，且随时检查水浴锅是否有渗漏现象。电热恒温水浴锅用于进行蒸发、干燥、浓缩、恒温加热等。

使用注意事项如下。

① 恒温水浴锅使用前一定要注入适量净水。在使用过程中要留意及时增补净水，因炉丝套管是焊接密封的，无水时加热会烧坏套管，使水进入套管毁坏炉丝或发生漏电现象。

② 温度自动控制盒中有双金属片弹簧式装置，通过双金属片的膨胀或收缩，或接通或堵截电源，达到控制温度的目的。应留意勿使盒溅上水或受潮，以防控制失灵、漏电或损坏。

③ 水浴箱内要保持清洁，按期洗刷，防止生锈，防止漏水、漏电。箱内水要常常更换。如较长时间停用，箱内水要全部放掉并用布擦干，以免生锈。

④ 加热温度低于 80℃时，容器受热部分可浸入水中，但不接触浴底。在 80℃以上者，可利用水蒸气加热。在 100℃以上时，则改用油浴。

(4) 集热式恒温加热搅拌器

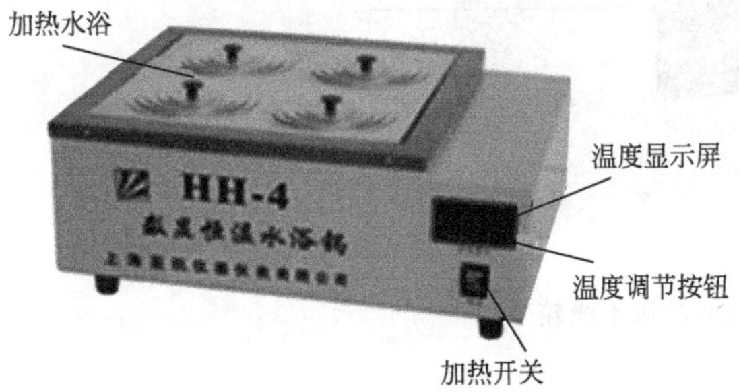

图 3.3-4 HH-4 型数显恒温水浴锅

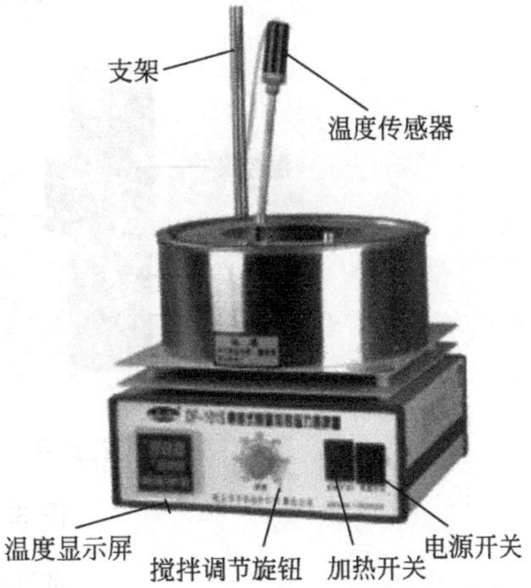

图 3.3-5 DF-101S 型集热式恒温加热搅拌器

DF-101S 型集热式恒温加热搅拌器如图 3.3-5 所示。集热式恒温加热搅拌器是经改进设计的较先进的仪器，解决了一般搅拌器不可长时间连续加热的弊病。不锈钢内胆耐腐蚀、易清洗。由聚四氟乙烯与优质磁钢精制而成的搅拌子，耐高温、耐磨、耐化学腐蚀、旋转力强，并可在密闭的容器中进行调混工作。该仪器还增加了自动恒温装置，使化学实验向自动化又迈进了一步。使用方法比较简单，具体的步骤如下。

① 接通电源，盛杯准备就绪，打开不锈钢容器盖，将盛杯放置于不锈钢容器中间，往不锈钢容器中加入导热油或硅油至恰当高度，将搅拌子放入盛杯溶液中。开启电源开关，指示灯亮，将调速旋钮按顺时针方向旋转，搅拌转速由慢到快，调节到要求转速为止。

② 要加热时，连接温度传感器探头，将探头夹在支架上，移动支架使温度传感器探头插入溶液中不少于 5cm，但不能影响搅拌，开启温控开关，设定所需温度，按温控仪上“+”、“−”设置需恒温温度，表头数字显示数值为盛杯中实际温度，加热停止，自动恒温，集热式磁力搅拌器可长时间连续加热恒温。

使用注意事项如下。

① 集热式磁力搅拌器应使用三相安全插座，妥善接地。

② 仪器使用时应保持整洁，长期不用应切断电源。

③ 不锈钢容器在没有加入导热油以及没有连接温度传感器时，千万不要开启温控开关，以免电热管及恒温表损坏。

(5) 烘箱

干燥箱又名烘箱，分为鼓风干燥箱和真空干燥箱两种。鼓风干燥箱就是通过循环风机吹出热风，保证箱内温度平衡（图 3.3-6）。真空干燥箱是采用真空泵将箱内的空气抽出，让箱内大气压低于常压，使产品在一个很干净的状态下干燥，是一种常用的仪器设备（图 3.3-7）。真空干燥箱是专为干燥热敏性、易分解和易氧化物质而设计的，工作时可使工作室内保持一定的真空度，并能够向内部充入惰性气体，特别是一些成分复杂的物品也能进行快速干燥。干燥箱都采用智能型数字温度调节仪进行温度的设定、显示与控制。

实验室中常用的恒温鼓风干燥箱最高温度可达 200℃或 300℃，称为干燥箱或工业烘箱。最常使用的温度为 100～150℃，多用于烘干试样或干燥玻璃容器。

使用注意事项如下。

图 3.3-6 恒温鼓风干燥箱

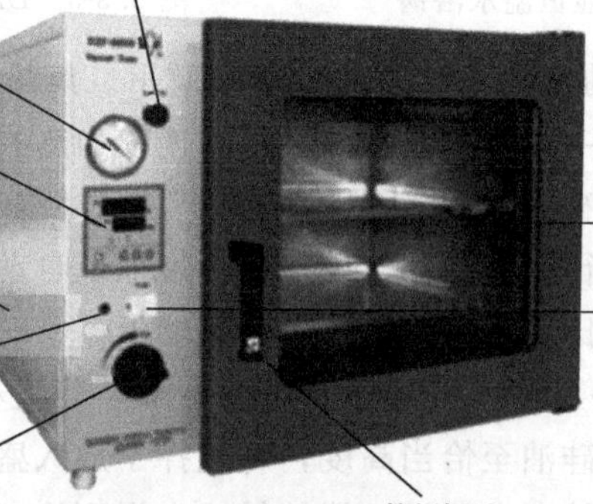

图 3.3-7 真空干燥箱

① 干燥箱应放在室内工作，安装在平稳水平处，要保持干燥，做好防潮和防湿，并要防止腐蚀。

② 干燥箱使用前要检查电压，较小的烘箱所需电压为 220V，较大的烘箱所需电压为 380V（三相四线）。根据烘箱耗电功率安装足够容量的电源闸刀，并且选用合适的电源导线。还应做好接地线工作。

③ 以上工作准备就绪后，方可将样品放入干燥箱内，然后连接电源，开启烘箱开关，带鼓风装置的烘箱，在加热和恒温的过程中必须将鼓风机开启，否则影响工作室温度的均匀性，并且可能损坏加热元件。随后调节好适宜样品烘干的温度，烘箱即进入工作状态。

④ 需要烘干的物品排列不能太密。干燥箱底部（散热板）上不可放物品，以免影响热风循环，禁止烘干易燃易爆物品及有挥发性和有腐蚀性的物品。

⑤ 烘干完毕后先切断电源，然后方可打开工作室门，切记不能直接用手接触烘干的物品，要用专用的工具或戴隔热手套取烘焙的物品，以免烫伤。

⑥ 干燥箱工作室内要保持干净。

⑦ 使用干燥箱时，温度不能超过它的最高使用温度。

(6) 马弗炉

马弗炉（图 3.3-8）是一种通用的加热设备。有高温马弗炉和低温马弗炉之分。低温马弗炉一般用电阻丝或硅碳棒加热，温度最高到 1000℃左右；高温马弗炉用硅钼棒加热，最高可到 1600～1800℃。它们都属于电阻加热。可以做重量分析、有机物及煤炭的灰分测定等。马弗炉的加热元件设置于内部四壁，加快温度的上升和均匀受热。并且加热元件用特殊的耐火材料制造，并完全隐蔽在内壁里，有效地避免与腐蚀性气体等接触，而延长了其使用寿命。马弗炉与控制部分是分开设置的，数字设置和显示盘指示精确的温度。即使在长时间的运作情况下，电子温度控制器也能准确地掌握温度。马弗炉的外壳为双层构造，其间空气的循环可保持表面的低温，以防止烫伤人。

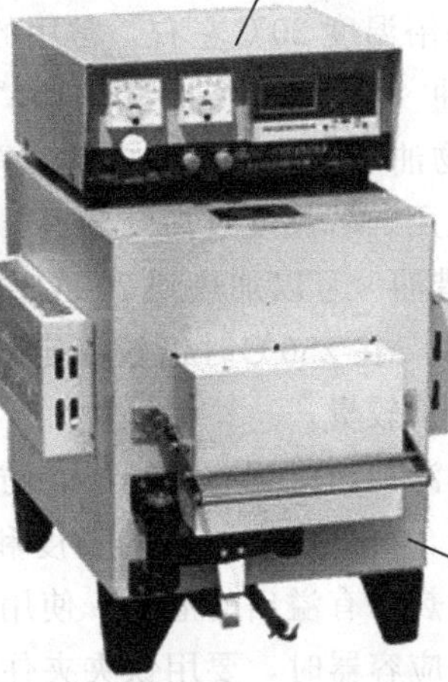

图 3.3-8 马弗炉

使用注意事项如下。

① 当马弗炉第一次使用或长期停用后再次使用时，必须进行烘炉干燥。在 20～200℃打开炉门烘 2～3h，200～600℃关门烘 2～3h。实验前，温控器应避免震动，放置位置与电炉不宜太近，防止过热使电子元件不能正常工作。搬动温控器时应将电源开关置于“关”。使用前，将温控器调至所需工作温度，打开启动按钮，使马弗炉通电，此时电流表有读数产生，温控表实测温度值逐渐上升，表示马弗炉、温控器均在正常工作。

② 工作环境要求无易燃易爆物品和腐蚀性气体，禁止向炉膛内直接灌注各种液体及熔解金属，经常保持炉膛内的清洁。

③ 使用时炉膛温度不得超过最高炉温，也不得在额定温度下长时间工作。在实验过程中，使用人员不得离开，随时注意温度的变化，如发现异常情况，应立即断电，并由专业维修人员检修。

④ 使用时炉门要轻关轻开，以防损坏机件。坩埚钳取放样品时要轻拿轻放，以保证安全和避免损坏炉膛。

⑤ 温度超过 600℃后不要打开炉门。实验完毕后，样品退出加热并关掉电源，在炉膛内取放样品时，应先微开炉门，待样品稍冷却后再小心夹取样品，防止烫伤。

⑥ 加热后的坩埚宜转移到干燥器中冷却，放置在缓冲耐火材料上，防止吸潮炸裂，然后称量。

⑦ 搬运马弗炉时，注意避免严重振动，放置处远离易燃易爆物品、水等，严禁抬炉门，避免炉门损坏。

3.3.2 几种加热方法

(1) 直接加热

在较高温度下不分解的溶液或纯液体可装在烧杯、烧瓶中放在石棉网上直接加热。

(2) 水浴

当加热的温度不超过 100℃时，最好使用水浴加热较为方便。但是必须指出，当用到金属钾、钠的操作以及无水操作时，绝不能在水浴上进行，否则会引起火灾或使实验失败。使用水浴时勿使容器触及水浴器壁及其底部，由于水浴的不断蒸发，适当时要添加热水，使水浴中的水面经常保持稍高于容器内的液面。

（3）油浴

当加热温度在 100～200℃时，宜使用油浴，优点是使反应物受热均匀，反应物的温度一般低于油浴温度 20℃左右。常用的油浴有以下几种。

① 甘油　可以加热到 140～150℃，温度过高时则会炭化。

② 植物油　如菜籽油、花生油等，可以加热到 220℃，常加入 1%的对苯二酚等抗氧剂，便于久用。若温度过高则分解，达到闪点时可能燃烧起来，所以使用时要小心。

③ 石蜡油　可以加热到 200℃左右，温度稍高并不分解，但较易燃烧。

④ 硅油　在 250℃时仍较稳定，透明度好，安全，是目前实验室里较为常用的油浴之一，但其价格较贵。

使用油浴加热时要特别小心，防止着火，当油浴受热冒烟时，应立即停止加热。油浴中应挂温度计，可以观察油浴的温度和有无过热现象，同时便于调节控制温度，温度不能过高，否则受热后有溢出的危险。使用油浴时要竭力防止产生可能引起油浴燃烧的因素。加热完毕取出反应容器时，要用铁夹夹住反应容器，使容器离开油浴液面悬置片刻，待容器壁上附着的油滴完后，再用纸片或干布擦干容器壁。

3.3.3 冷却技术

在化学实验中，许多反应、分离、提纯要求在低温下进行，这需要采用合适的制冷方法。实验室中常用的制冷方法有以下几种。

（1）自然冷却

将热的物质在空气中放置一段时间，使其自然冷却至室温。

（2）吹风冷却

需要快速冷却时，可用吹风机或鼓风机吹冷风来冷却。

（3）水冷却

最简便的水冷却是将需要冷却的物质放在水中。如果要求温度在室温以下，可用水和碎冰的混合物作为制冷剂。

实验室中常用冰（雪）盐冷却剂来维持 0℃以下的低温。将盐与冰按照一定的质量分数混合，其混合物可达到 0℃以下的温度。盐和冰混合后的温度见表 3.3-1。

表 3.3-1　盐和冰混合后的温度

物质	无水物质的质量分数/%	最低温度/℃
$MnSO_4$	47.5	－10.5
$Na_2S_2O_3$	30.0	－11.0
NH_4Cl	22.9	－15.8
$NaNO_3$	37.0	－18.5
$NaCl$	28.9	－21.2
$NaOH$	19.0	－28.0
$MgCl_2$	20.6	－33.6
K_2CO_3	39.5	－36.5
$CaCl_2$	29.9	－55
$ZnCl_2$	52.0	－62
KOH	32.0	－65

制备冰盐冷却剂时，需要把盐充分磨细，将冰用刨冰机刨成粗砂糖状，再按一定比例均匀混合。

(4) 气体冷却

在某些情况下，也可以用液态气体作为冷却剂，以达到更低的温度，见表 3.3-2。

使用液态气体作为制冷剂的注意事项如下。

① 使用液态气体时，液态气体经过减压阀先进入一个耐压的大橡皮袋和气体缓冲瓶，再由此进入要使用的仪器，这样可防止液态气体因减压而突然沸腾气化、压力猛增而发生爆炸。

② 使用液态氧，绝对不允许与有机化合物接触，以防止燃烧。

③ 使用液态氢时，对已气化放出的氢气必须极为谨慎地把它燃烧掉或放入高空，因在空气中含有少量氢气（约 5%）也会发生猛烈爆炸。

④ 使用干冰时注意，因二氧化碳在钢瓶中是液体，使用时先在钢瓶出口处接一个既保温又透气的棉布袋，将液态二氧化碳迅速而大量地放出时，因压力降低，二氧化碳在棉布袋中结成干冰。然后再将其他液体混合使用，如与二氯乙烯混合温度达－60℃，与乙醇混合达－72℃，与乙醚混合达－77℃，与丙酮混合达－78.5℃。

⑤ 在使用液态气体时必须戴皮（棉）手套，防止低温冻伤，同时对钢瓶的存放有特殊要求。

表 3.3-2 一般用以制冷的液态气体

物质	沸点/℃	三相点温度①/℃	三相点压力/kPa
二氧化碳(固)	－78.5②	—	—
氧化亚氮	－89.8	－102.4	—
甲烷	－161.4	－183.1	93
氧	－183.0	－218.4	0.27
氮	－195.8	－209.9	13
氢	－252.8	－286.1	6.8
氦	－268.9	—	—

① 表示气、液、固三相平衡时温度。

② 表示固体二氧化碳的升华温度。

3.4 分离与提纯技术

分离是将混合物中各物质用物理或化学方法将各成分彼此分开的过程。每一组分都要保留下来，若原来是固体，最后还是固体。提纯是保留混合物中的某一主要组分，把其余杂质通过一定方法都除去。分离和提纯物质时要注意八个字“不增、不减、易分、复原”。不增是指提纯过程中不增加新的杂质。不减是指不减少欲被提纯的物质。易分是指被提纯物质与杂质容易分离。复原是指被提纯物质要复原。同时还要做到“三必须”：除杂试剂必须过量；过量试剂必须除尽（因为过量试剂带入新的杂质）；除杂途径必须选最佳途径。

分离与提纯按照方法分为物理方法和化学方法两大类。物理方法有蒸发、过滤、结晶、萃取、分液、蒸馏、色谱分离等。化学方法有灼烧、洗气、固体试剂吸收、生成沉淀、生成气体等。按照混合物质形态分为五种。①固体与固体：加热灼烧、升华、结晶；②固体与液体：过滤、离心分离、蒸发；③液体与液体：萃取、分液、蒸馏；④气体与气体：洗气、固体试剂吸收；⑤其他混合物：分馏、色谱分离。

3.4.1 过滤

过滤是利用物质的溶解性差异，将液体和不溶于液体的固体分离开来的方法。当将混合物进行过滤时，得到的澄清液体是滤液，留在过滤介质上面的固体颗粒称为滤渣。过滤分为常压过滤、热过滤和减压过滤三种。

3.4.1.1 滤纸

滤纸是一种具有良好过滤性能的纸，纸质疏松，对液体有强烈的吸收性能。实验室常用滤纸作为过滤介质，使溶液与固体分离。目前我国生产的滤纸主要有定量分析滤纸、定性分析滤纸和色谱定性分析滤纸三类。

定量分析滤纸和定性分析滤纸这两个概念都是纤维素滤纸才有的，不适用于其他类型的滤纸，如玻璃微纤维滤纸。定性分析滤纸用于定性化学分析和相应的过滤分离。

定性分析滤纸一般用于过滤溶液，做氯化物、硫酸盐等不需要计算数值的定性实验；而定量分析滤纸是用于精密计算数值的过滤，如测定残渣、不溶物等，一般定量分析滤纸过滤后，还需进入高温炉做处理。

（1）定量分析滤纸

定量分析滤纸在制造过程中，纸浆经过盐酸和氢氟酸处理，并经过蒸馏水洗涤，将纸纤维中大部分杂质除去，所以灼烧后残留灰分很少，对分析结果几乎不产生影响，适于做精密定量分析。

目前国内生产的定量分析滤纸，分为快速、中速、慢速三类，在滤纸盒上分别用白带（快速）、蓝带（中速）、红带（慢速）作为标志分类。滤纸的外形有圆形和方形两种。圆形定量滤纸的规格按直径分有 ϕ9cm、ϕ11cm、ϕ12.5cm、ϕ15cm 和 ϕ18cm 数种。方形定量滤纸的规格有 60cm×60cm 和 30cm×30cm 两种。

（2）定性分析滤纸

定性分析滤纸一般残留灰分较多，仅供一般的定性分析和用于过滤沉淀或溶液中悬浮物用，不能用于质量分析。定性分析滤纸的类型和规格与定量分析滤纸基本相同，盒子上印有快速、中速、慢速字样。

（3）色谱定性分析滤纸

色谱定性分析滤纸主要是在纸色谱分析法中用作载体，进行待测物的定性分离。色谱定性分析滤纸有 1 号和 3 号两种，每种又分为快速、中速和慢速三种。

在使用滤纸过滤沉淀时应注意以下几点。

① 一般采用自然过滤，利用滤纸体和截留固体微粒的能力，使液体和固体分离。

② 由于滤纸的机械强度和韧性都较小，尽量少用抽滤的办法过滤，如必须加快过滤速度，为防止穿滤而导致过滤失败，在用气泵抽滤时，可根据抽力大小在漏斗中叠放 2～3 层滤纸，在用真空抽滤时，在漏斗中先垫一层致密滤布，上面再放滤纸过滤。

③ 滤纸最好不要过滤热的浓硫酸或硝酸溶液。

3.4.1.2 常压过滤

（1）常压过滤操作

常压过滤也称普通过滤，是最为常用的过滤方法。采用普通玻璃漏斗作为过滤器，用滤纸作为过滤介质。所需实验仪器有漏斗、滤纸、烧杯、玻璃棒、铁架台（铁圈）。过滤装置

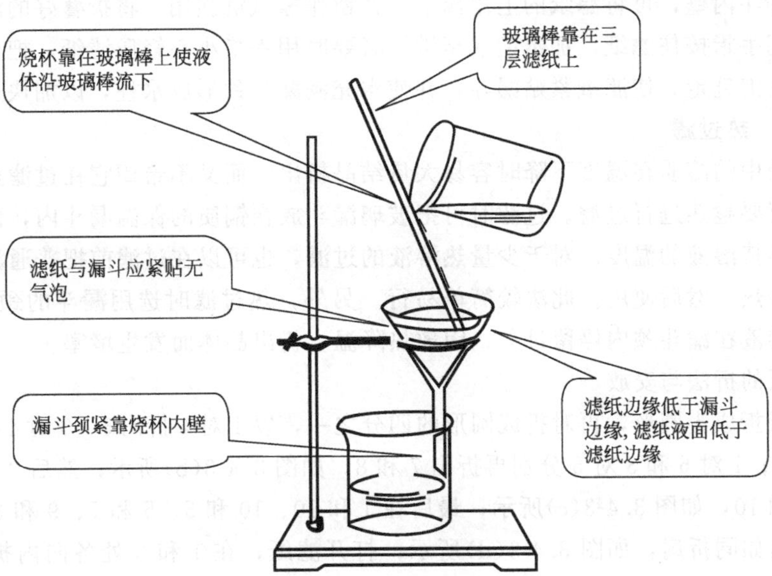

烧杯靠在玻璃棒上使液体沿玻璃棒流下
玻璃棒靠在三层滤纸上
滤纸与漏斗应紧贴无气泡
漏斗颈紧靠烧杯内壁
滤纸边缘低于漏斗边缘，滤纸液面低于滤纸边缘

图 3.4-1 过滤装置

如图 3.4-1 所示。操作要点是：一贴，二低，三靠。若滤液浑浊应再过滤一次，过滤后一定要洗涤烧杯及沉淀。

一般多采用倾泻法过滤。将滤纸置于漏斗之上，接收滤液的洁净烧杯放在漏斗下面，使漏斗颈下端在烧杯边沿以下 3～4cm 处，并与烧杯内壁靠紧。先将烧杯倾斜静置，然后将上层清液小心倾入漏斗滤纸中，使清液先通过滤纸，而沉淀尽可能地留在烧杯中，尽量不搅动沉淀。操作时一只手拿住玻璃棒，使与滤纸近于垂直，玻璃棒位于三层滤纸上方。另一只手拿住盛沉淀的烧杯，烧杯嘴靠住玻璃棒，慢慢将烧杯倾斜，使上层清液沿着玻璃棒流入滤纸中，随着滤液的流注，漏斗中液体的体积增加，至滤纸高度的 2/3 处，停止倾注（切勿注满）。停止倾注时，可沿玻璃棒将烧杯嘴往上提一小段，扶正烧杯，在扶正烧杯以前不可将烧杯嘴离开玻璃棒，并注意不让沾在玻璃棒上的液滴或沉淀损失，把玻璃棒放在烧杯内，但切勿把玻璃棒靠在烧杯嘴部。最后不要忘记用少量蒸馏水冲洗玻璃棒和盛待过滤溶液的烧杯，以及最后用少量蒸馏水冲洗滤纸和沉淀。

(2) 滤纸的折叠法与安放

滤纸的折叠与安放如图 3.4-2 所示。先将滤纸沿直径对折成半圆，再根据漏斗角度的大小折叠（可以大于 90°）。折好的滤纸，一个半边为三层，另一个半边为单层，为使滤纸三

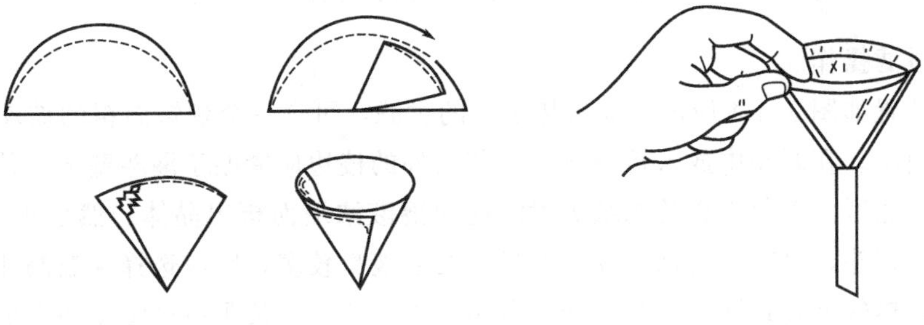

(a) 折叠　　(b) 安放

图 3.4-2 滤纸的折叠与安放

层部分紧贴漏斗内壁，可将滤纸的上角撕下，并留作擦拭沉淀用。将折叠好的滤纸放在洁净的漏斗中，用手指按住滤纸，加蒸馏水至满，必要时用手指小心轻压滤纸，把留在滤纸与漏斗壁之间的气泡赶走，使滤纸紧贴漏斗，并使水充满漏斗颈形成水柱，以加快过滤速度。

3.4.1.3 热过滤

如果溶液中的溶质在温度下降时容易大量结晶析出，而又不希望它在过滤过程中留在滤纸上，这时就要趁热进行过滤。过滤时可把玻璃漏斗放在铜质的保温漏斗内，保温漏斗内装有热水，以维持溶液的温度。对于少量热溶液的过滤，也可以在过滤前把普通漏斗放在水浴上用水蒸气加热，然后使用。此法较简单易行。另外，热过滤时选用漏斗的颈部越短越好，以免过滤时溶液在漏斗颈内停留过久，因散热降温，析出晶体而发生堵塞。

(1) 滤纸的折法与安放

将圆滤纸折成半圆形，再对折成圆形的四分之一，以1对4折出5，3对4折出6，如图3.4-3(a)所示；1对6和3对5分别再折出7和8，如图3.4-3(b)所示；然后3对6和1对5分别折出9和10，如图3.4-3(c)所示；最后在1和10、10和5、5和7、9和3之间各反向折叠，稍压紧如同折扇，如图3.4-3(d)所示；打开滤纸，在1和3处各向内折叠一个小折面，如图3.4-3(e)所示。折叠时在近滤纸中心不可折得太重，因该处最易破裂，使用时将折好的滤纸打开后翻转，放入漏斗。在安放滤纸时，其向外的棱边应紧贴于漏斗壁上。过滤时溶液切勿对准滤纸底尖倒下去，因底尖无所依托，极易被冲破。用该法折叠而成的菊花形滤纸具有有效表面积大、过滤速度快的特点。

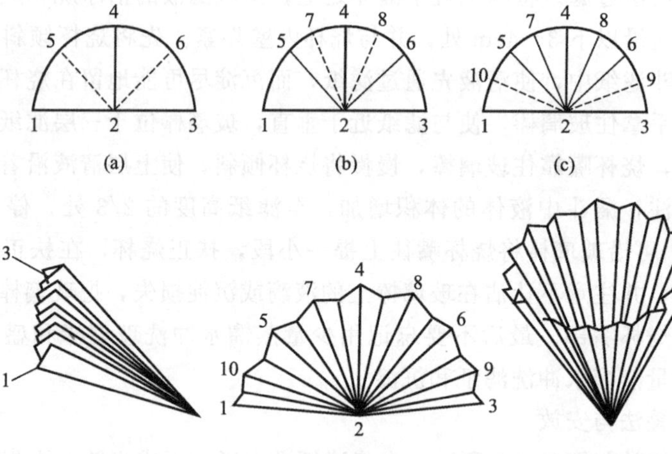

图3.4-3 热过滤滤纸的折叠方法

(2) 热过滤操作

热过滤装置如图3.4-4所示。少量热溶液的过滤，可选一个颈短而粗的玻璃漏斗放在烘箱中预热后使用。在漏斗中放入折叠滤纸，其向外的棱边应紧贴于漏斗壁上。使用前先用少量热溶剂润湿滤纸，以免干燥的滤纸吸附溶剂使溶液浓缩而析出晶体。然后迅速倾倒液体，用表面皿盖好漏斗，以减少溶剂挥发。如过滤的溶液量较多，则应选择保温漏斗。保温漏斗是一种减少散热的夹套式漏斗，其夹套是金属套内安装一个长颈玻璃漏斗而形成的。使用时将热水（通常是沸水）倒入夹套，加热侧管（如溶剂易燃，过滤前务必将火熄灭）。在漏斗中放入折叠滤纸，用少量热溶剂润湿滤纸，立即把热溶液分批倒入漏斗，不要倒得太满，也

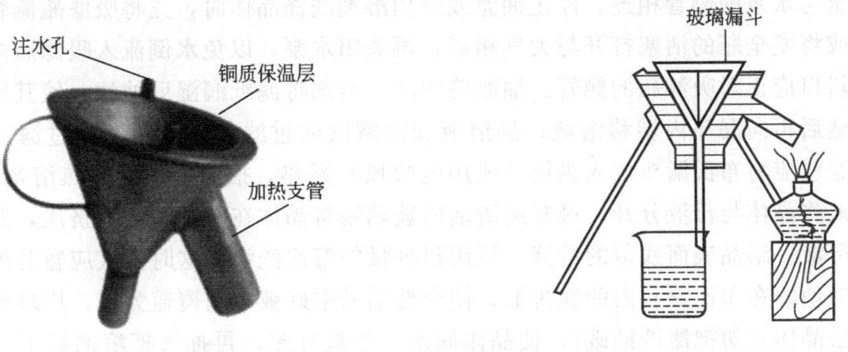

图 3.4-4　热过滤装置

不要等滤完再倒，未倒的溶液和保温漏斗用小火加热，保持微沸。热过滤时一般不要用玻璃棒引流，以免加速降温；接收滤液的容器内壁不要贴紧漏斗颈，以免滤液迅速冷却析出晶体，晶体沿器壁向上堆积，堵塞漏斗口，使之无法过滤。

若操作顺利，只会有少量结晶在滤纸上析出，可用少量热溶剂洗下，也可弃之，以免得不偿失。若结晶较多，可将滤纸取出，用刮刀刮回原来的瓶中，重新进行热过滤。滤毕，将溶液加盖放置，自然冷却。进行热过滤操作要求准备充分、动作迅速。

3.4.1.4　减压过滤

减压过滤也称抽滤，通过水泵带走空气让吸滤瓶中压力低于大气压，使布氏漏斗的液面上与瓶内形成压力差，从而提高过滤速度。因为是在较低压强下将晶体析出，所以具有快速、充分地将晶体和母液分离的优点。

(1) 滤纸的安放

将滤纸以布氏漏斗内径为标准，做记号。沿记号将滤纸剪裁后放入漏斗，试大小是否合适。如滤纸稍大于漏斗内径，则剪小些，使滤纸比漏斗内径略小，但又能把全部瓷孔盖住。如滤纸大了，滤纸的边缘不能紧贴漏斗而产生缝隙，过滤时沉淀穿过缝隙，造成沉淀与溶液不能分离。并且空气会穿过缝隙，使吸滤瓶内不能产生负压，过滤速度慢，沉淀抽不干。若滤纸小了，不能盖住所有的瓷孔，则不能过滤。因此剪裁一张合适的滤纸是减压过滤成功的关键。

(2) 抽滤操作

减压抽滤装置如图 3.4-5 所示。在水泵和吸滤瓶之间往往安装安全瓶，以防止因关闭水阀或水流量突然变小时自来水倒吸入吸滤瓶，如果滤液有用，则被污染。布氏漏斗通过橡皮塞与吸滤瓶相连，橡皮塞与瓶口之间必须紧密而不漏气。吸滤瓶的侧管用橡皮管与安全瓶相

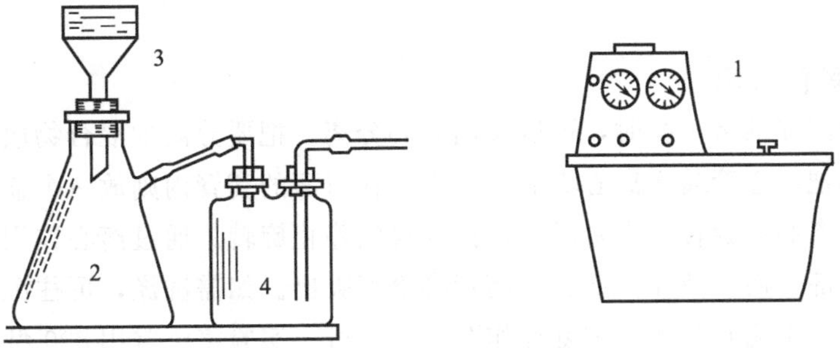

图 3.4-5　减压抽滤装置

1—循环水泵；2—抽滤瓶；3—布氏漏斗；4—安全瓶

连，安全瓶与水泵的侧管相连。停止抽滤或需用溶剂洗涤晶体时，先将吸滤瓶侧管上的橡皮管拔开，或将安全瓶的活塞打开与大气相通，再关闭水泵，以免水倒流入吸滤瓶内。布氏漏斗的下端斜口应正对吸滤瓶的侧管。抽滤前用同一溶剂将滤纸润湿后抽滤，使其紧贴于漏斗的底部，然后再向漏斗内转移溶液，热溶液和冷溶液的过滤都可选用减压过滤。若为热过滤，则过滤前应将布氏漏斗放入烘箱（或用电吹风）预热，抽滤前用同一热溶剂润湿滤纸。为了更好地将晶体与母液分开，最好用清洁的玻璃塞将晶体在布氏漏斗上挤压，并随同抽气尽量除去母液。结晶表面残留的母液，可用很少量的溶剂洗涤，这时抽气应暂时停止。把少量溶剂均匀地洒在布氏漏斗内的滤饼上，使全部结晶刚好被溶剂覆盖为宜。用玻璃棒或不锈钢刮刀搅松晶体（勿把滤纸捅破），使晶体润湿。稍候片刻，再抽气把溶剂抽干。如此重复两次，就可把滤饼洗涤干净。

从漏斗上取出结晶时，为了不使滤纸纤维附于晶体上，常与滤纸一起取出，待干燥后，用刮刀轻敲滤纸，结晶即全部落下。

3.4.1.5 沉淀的洗涤和转移

洗涤沉淀一般采用倾泻法，为提高洗涤效率，按“少量多次”的原则进行。倾泻法洗涤沉淀步骤如图 3.4-6 所示。即加入少量洗涤液，充分搅拌后静置，待沉淀下沉后，倾泻上层清液，再重复操作数次后，将沉淀转移到滤纸上。转移沉淀时，在烧杯中加入少量洗涤液，将沉淀充分搅起，立即将悬浊液一次转移到滤纸中。然后用洗瓶吹洗烧杯内壁和玻璃棒，再重复以上操作数次。这时在烧杯内壁和玻璃棒上可能仍残留少量沉淀，可用撕下的滤纸角擦拭，放入漏斗中。然后进行最后冲洗。沉淀全部转移完全后，再在滤纸上进行洗涤，以除尽全部杂质。注意在用洗瓶冲洗时是自上而下螺旋式冲洗，以使沉淀集中在滤纸锥体最下部，重复多次，直至检查无杂质为止。

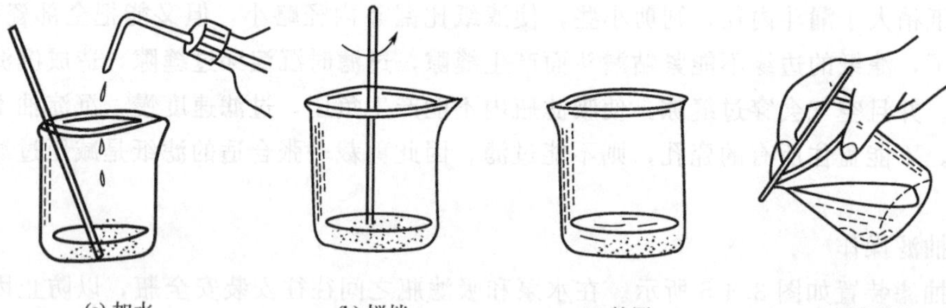

(a) 加水　(b) 搅拌　(c) 静置　(d) 倾去清液

图 3.4-6 倾泻法洗涤沉淀步骤

3.4.2 离心分离

当被分离的沉淀的量很少时，可以应用离心分离。把要分离的混合物放在离心管（而不是试管）中，再把离心管装入离心机的套管内。在对面的套管内则放一个盛有与其等体积溶液的离心管。使离心机旋转一个阶段后，让其自然停止旋转。通过离心作用，沉淀就紧密地聚集在离心管底部，而溶液在上部。用滴管将溶液吸出。如需洗涤，可往沉淀中加入少量洗涤剂，充分搅拌后再离心分离。重复操作两三遍即可。实验室中常用 800 型离心机（图 3.4-7）来进行分离操作。操作注意事项如下。

① 离心管内盛放溶液与沉淀混合物的量，不得超过 2/3。

图 3.4-7 800 型离心机

图 3.4-8 倾泻法分离沉淀

② 为使离心机旋转时，不发生振动或摇动，几个离心管应放在相对称的位置上，离心管内所盛溶液量应相等。

③ 使用离心机时，开始旋转要慢，然后逐渐加快。

④ 绝不能用任何外力使其突然停止，否则，会使离心机损坏，且易发生危险。

当沉淀的密度较大或结晶的颗粒较大，静置后能很快沉降至容器的底部时，常用倾泻法进行分离（图 3.4-8）。倾泻法就是将沉淀上部的溶液倾入另一个容器中而使沉淀与溶液分离。倾泻溶液时，要用玻璃棒紧贴烧杯（试管）口，让玻璃棒将溶液引入承接容器中。

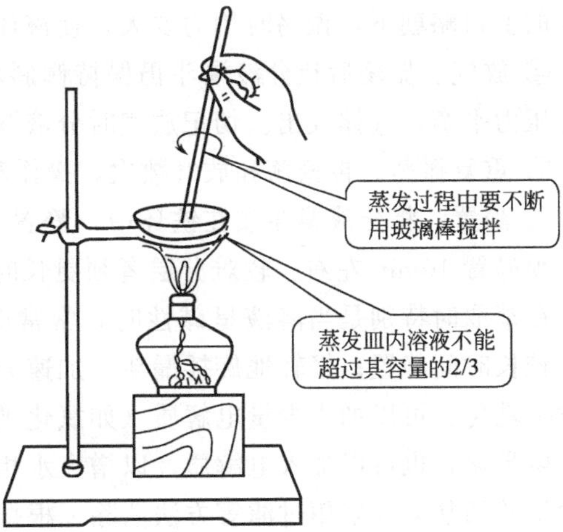
蒸发过程中要不断
用玻璃棒搅拌
蒸发皿内溶液不能
超过其容量的2/3

图 3.4-9 蒸发结晶装置

3.4.3 结晶

结晶是利用溶剂对被提纯物质及杂质的溶解度不同，可以使被提纯物质从过饱和溶液中析出。而让杂质全部或大部分仍留在溶液中，从而达到提纯的目的。结晶方法有蒸发结晶、冷却结晶。所需实验仪器有蒸发皿、酒精灯、玻璃棒、铁架台（铁圈）、烧杯。

① 蒸发结晶是通过蒸发或汽化，减少一部分溶剂使溶液达到饱和而析出晶体。此法主要用于溶解度随温度改变而变化不大的物质。在蒸发结晶时，要不断用玻璃棒搅拌，使受热均匀，防止局部暴沸。蒸发结晶装置如图 3.4-9 所示。

② 冷却结晶是通过降低温度，使溶液冷却达到饱和而析出晶体。重结晶指的是重复冷却结晶。此法主要用于溶解度随温度下降而明显减小的物质。若冷却时无晶体的析出，可用玻璃棒在容器内壁摩擦几下，或在溶液中投入几粒该晶体（俗称晶种），就会析出晶体。

3.4.4 萃取与分液

利用物质在互不相溶的溶剂中溶解度的不同，将物质从一种溶剂转移到另一种溶剂中，从而实现分离的方法称为萃取。分液是将互不相溶的液体混合物（且密度不同）进行分离的方法。萃取和分液往往结合进行。所需实验仪器有分液漏斗、玻璃棒、铁架台（铁圈）、烧杯。

选择的萃取剂应符合下列要求：和原溶液中的溶剂互不相溶；对溶质的溶解度要远大于

原溶剂，并且溶剂易挥发；溶质不与萃取剂发生任何反应。

萃取与分液操作步骤及操作要点如下。

① 准备。选择较萃取剂和被萃取溶液总体积大一倍以上的分液漏斗。检查分液漏斗的盖子和旋塞是否严密。方法是先加入一定量的水，振荡，看是否泄漏。注意不可使用泄漏的分液漏斗，以保证操作安全。分液漏斗的盖子不能涂油。

② 加料。将被萃取溶液和萃取剂分别由分液漏斗的上口倒入，盖好盖子。被萃取溶液和萃取剂总量不要超过漏斗容积的 1/2。萃取剂的选择要根据被萃取物质在此溶剂中的溶解度而定，同时要易于和溶质分离开，最好用低沸点溶剂。一般水溶性较小的物质可用石油醚萃取，水溶性较大的物质可用苯或乙醚，水溶性极大的物质用乙酸乙酯。必要时要使用玻璃漏斗加料。

③ 振荡。振荡分液漏斗，使两相液层充分接触。振荡操作一般是把分液漏斗倾斜，使漏斗的上口略朝下，振荡时用力要大，使液体混为乳浊液，同时要绝对防止液体泄漏。

④ 放气。振荡后让分液漏斗仍保持倾斜状态，旋开旋塞，放出蒸气或产生的气体，使内外压力平衡，气体放出。切记放气时分液漏斗的上口要倾斜朝下，而下口处不要有液体。

⑤ 重复振荡。再振荡和放气数次，操作和现象均与振荡和放气相同。

⑥ 静置。将分液漏斗放在铁环中，静置。静置的目的是使不稳定的乳浊液分层。一般情况须静置 10min 左右，较难分层者须更长时间静置。静置至液体分为清晰的两层。

在萃取时特别是当溶液呈碱性时，常常会产生乳化现象，影响分离。破坏乳化的方法有：较长时间静置；轻轻地旋摇漏斗，加速分层；若因两种溶剂（水与有机溶剂）部分互溶而发生乳化，可以加入少量电解质（如氯化钠），利用盐析作用加以破坏。若因两相密度差小发生乳化，也可以加入电解质，以增大水相的密度；若因溶液呈碱性而产生乳化，常可加入少量的稀盐酸或采用过滤等方法消除。根据不同情况，还可以加入乙醇、磺化蓖麻油等消除乳化。

⑦ 分液。液体分成清晰的两层后，就可进行分离。分离液层时，下层液体应经旋塞放出，上层液体应从上口倒出。如果上层液体也从旋塞放出，则漏斗旋塞下面颈部所附着的残液就会把上层液体沾污。分液操作后液体被分为两部分。

⑧ 合并萃取液。分离出的被萃取溶液再按上述方法进行萃取，一般为 3～5 次。将所有萃取液合并，加入适量的干燥剂进行干燥。萃取次数的多少，取决于分配系数的大小。萃取不可能一次就萃取完全，故须较多次地重复上述操作。第一次萃取时使用溶剂量常较以后几次多一些，主要是为了补足由于它稍溶于水而引起的损失。

萃取与分液装置如图 3.4-10 所示。

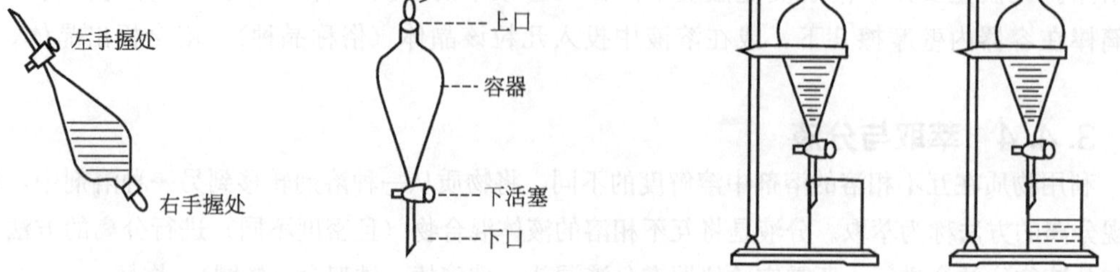

图 3.4-10 萃取与分液装置

3.4.5 蒸馏

蒸馏是提纯液体物质和分离混合物的一种常用的方法。通过蒸馏还可以测出化合物的沸点，所以它对鉴定纯粹的液体有机化合物也具有一定的意义。液体的分子由于分子运动有从表面逸出的倾向，这种倾向随着温度的升高而增大。即液体在一定温度下具有一定的蒸气压，当其温度达到沸点时，也即液体的蒸气压等于外压时（达到饱和蒸气压），就有大量气泡从液体内部逸出，即液体沸腾。一种物质在不同温度下的饱和蒸气压变化是蒸馏分离的基础。将液体加热至沸腾，使液体变为蒸气，然后使蒸气冷却再凝结为液体，这两个过程的联合操作称为蒸馏。很明显，蒸馏可将易挥发和不易挥发的物质分离开来，也可将沸点不同的液体混合物分离开来（液体混合物各组分的沸点必须相差很大，至少30℃以上才能达到较好的分离效果）。

纯粹的液体有机化合物在一定压力下具有一定的沸点。但由于有机化合物常和其他组分形成二元或三元共沸混合物（或恒沸混合物），它们也有一定的沸点（高于或低于其中的每一组分）。因此具有固定沸点的液体不一定都是纯粹的化合物。一般不纯物质的沸点取决于杂质的物理性质以及它和纯物质间的相互作用。假如杂质是不挥发的，溶液的沸点比纯物质的沸点略有提高（但在蒸馏时，实际上测量的并不是溶液的沸点，而是逸出蒸气与其冷凝液平衡时的温度，即是馏出液的沸点，而不是瓶中蒸馏液的沸点）；若杂质是挥发性的，则蒸馏时液体的沸点会逐渐上升；或者由于组成了共沸混合物，在蒸馏过程中温度可保持不变，停留在某一范围内。

蒸馏有常压蒸馏、减压蒸馏和水蒸气蒸馏。其过程都是将液态物质加热至沸点，使之气化，然后将蒸气重新冷凝为液体。

3.4.5.1 常压蒸馏

(1) 常压蒸馏装置

常压蒸馏装置主要由蒸馏烧瓶、蒸馏头、温度计套管、温度计、冷凝管、接液管和接收瓶等组成（图3.4-11）。蒸馏液体沸点在140℃以下时，用直形冷凝管；蒸馏液体沸点在140℃以上时，由于用水冷凝管温差大，冷凝管容易爆裂，故应改用空气冷凝管——高沸点

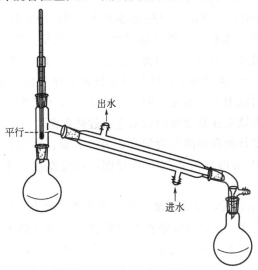

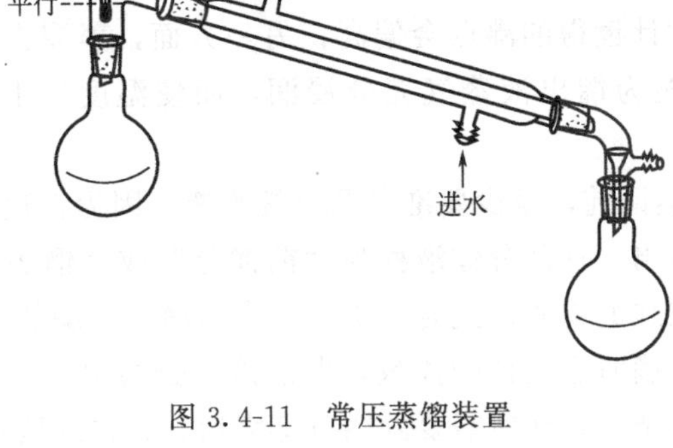

图3.4-11 常压蒸馏装置

化合物用空气冷凝管已可达到冷却目的。蒸馏易吸潮的液体时，在接液管的支管处应连一个干燥管；蒸馏易燃的液体时，在接液管的支管处接一个胶管通入水槽，并将接收瓶在冰水浴中冷却。安装仪器的顺序一般是自下而上，从左到右，全套仪器装置的轴线要在同一平面内，稳妥、端正。安装步骤是：先从热源开始，在铁架台上放好煤气灯，再根据煤气灯的高低依次安装铁圈、石棉网（或水浴、油浴等），然后安装蒸馏瓶（即烧瓶）、蒸馏头、温度计。注意瓶底应距石棉网 1～2mm，不要触及石棉网；用水浴或油浴时，瓶底应距水浴（或油浴）锅底 1～2cm。蒸馏瓶用铁夹垂直夹好。安装冷凝管时，用合适的橡皮管连接冷凝管，调整它的位置使与已装好的蒸馏瓶高度相适应，并与蒸馏头的侧管同轴，然后松开固定冷凝管的铁夹，使冷凝管沿此轴移动与蒸馏瓶连接。铁夹不应夹得太紧或太松，以夹住后稍用力尚能转动为宜（完好的铁夹内通常垫以橡皮等软性物质，以免夹破仪器）。在冷凝管尾部通过接液管连接接收瓶（用锥形瓶或圆底烧瓶）。正式接收馏液的接收瓶应事先称重并做记录（注意：夹铁夹的十字头的螺口要向上，夹子上的旋把也要向上，以便于操作）。安装时，烧瓶夹与冷凝管夹应分别夹在烧瓶的瓶颈口以及冷凝管的中部。温度计水银球的上限应和蒸馏头的侧管的下限在同一水平线上。蒸馏头与冷凝管连接成卧式，冷凝管的下口与接液管连接。冷凝水应从冷凝管的下口流入，上口流出，以保证冷凝管中始终充满水。

（2）蒸馏操作步骤

① 加料。根据蒸馏物的量，选择大小合适的蒸馏瓶，蒸馏液体一般不要超过蒸馏瓶容积的 2/3，也不要少于 1/3。将液体小心倒入蒸馏瓶（或用漏斗），加入 1～2 粒沸石。安好装置。为了使蒸馏能顺利进行，在液体装入烧瓶后和加热之前，必须在烧瓶内加入 1～2 粒沸石。因为烧瓶的内表面很光滑，容易发生过热而突然沸腾，致使蒸馏不能顺利进行。当添加新的沸石时，必须等烧瓶内的液体冷却到室温以后才可加入，否则有发生急剧沸腾的危险。沸石只能使用一次，当液体冷却之后，原来加入的沸石即失去效果，所以继续蒸馏时，须加入新的沸石。在常压蒸馏中，多孔、不易碎、与蒸馏物质不发生化学反应的物质，均可用作沸石。常用的沸石是切成 1～2mm 的素烧陶土或碎的瓷片。

② 加热。根据被蒸馏液体的沸点选择加热装置，被蒸馏液体的沸点在 80℃以下时，用热水浴加热；液体沸点在 100℃以上时，在石棉网上用简易空气浴或者用油浴加热；液体温度在 200℃以上时，用砂浴、空气浴及电热套等加热。用水冷凝管时，先由冷凝管下口缓缓通入冷水，自上口流出引至水槽中，然后就可以开始加热了。当蒸馏瓶中的物质开始沸腾时，温度急剧上升。当温度上升到被蒸馏物质沸点上下 1℃时，将加热强度调节到每秒钟流出 1～2 滴的速度。在整个蒸馏过程中，应使温度计水银球上常有被冷凝的液滴。此时的温度即为液体与蒸气平衡时的温度。温度计的读数就是液体（馏液）的沸点。一方面，蒸馏时加热的火焰不能太大，否则会在蒸馏瓶的颈部造成过热现象，使一部分液体的蒸气直接受到火焰的作用，这样由温度计读得的沸点会偏高；另一方面，蒸馏也不能进行得太慢。否则，由于温度计的水银球不能为馏出液蒸气充分浸润，而使温度计上所读得的沸点偏低或不规则。

③ 收集馏分。进行蒸馏前，至少要准备两个接收瓶。因为在达到预期物质的沸点之前，常有沸点较低的液体先蒸出。这部分馏液称为“前馏分”或“馏头”。前馏分蒸完，温度趋于稳定后，蒸出的就是较纯的物质。这时应更换一个洁净、干燥的接收瓶接收，记下这部分液体开始馏出时和最后一滴时温度计的读数，即是该馏分的沸程（沸点范围）。一般液体中或多或少含有一些高沸点杂质，在所需要的馏分蒸完后，若再继续升高加热温度，温度计的

读数会显著升高，若维持原来的加热强度，就不会有馏液蒸出，温度会下降。这时就应停止蒸馏。蒸馏完毕，先应灭火，然后停止通水，拆下仪器。拆除仪器的顺序和装配的顺序相反，先取下接收瓶，然后拆下接液管、冷凝管、蒸馏头和蒸馏瓶等。

(3) 操作要点及注意事项

① 控制好加热温度。如果采用加热浴，加热浴的温度应当比蒸馏液体的沸点高出若干摄氏度，否则难以将被蒸馏物蒸馏出来。加热浴温度比蒸馏液体沸点高出越多，蒸馏速度越快。但是，加热浴的温度也不能过高，否则会导致蒸馏瓶和冷凝器上部的蒸气压超过大气压，有可能产生事故，特别是在蒸馏低沸点物质时尤其需注意。一般来说，加热浴的温度不能比蒸馏物质的沸点高出 30℃。整个蒸馏过程要随时添加浴液，以保持浴液液面超过瓶中的液面至少 1cm。

② 蒸馏高沸点物质时，由于易被冷凝，往往蒸气未到达蒸馏烧瓶的侧管处即已经被冷凝而滴回蒸馏瓶中。因此，应选用短颈式蒸馏瓶或者采取其他保温措施等，保证蒸馏顺利进行。

③ 蒸馏之前，必须了解被蒸馏的物质及其杂质的沸点和饱和蒸气压，以决定何时（即在什么温度时）收集馏分。

④ 蒸馏烧瓶应当采用圆底烧瓶。当蒸馏沸点较低的液体时，可以用长颈式蒸馏烧瓶，蒸馏沸点较高的液体（120℃以上）要选择短颈式蒸馏烧瓶。

⑤ 对于沸点在 140℃以下的液体，要选用直形冷凝管。沸点越低，蒸气越不容易冷凝，所用冷凝管的内径应粗一些；相反，冷凝管的内径可以细一些。当蒸馏沸点到 140℃或者以上时，可以选用空气冷凝管。

3.4.5.2 减压蒸馏

减压蒸馏是分离可提纯有机化合物的常用方法之一。液体的沸点是指它的蒸气压等于外界压力时的温度，因此液体的沸点是随外界压力的变化而变化的，如果借助于真空泵降低系统内压力，就可以降低液体的沸点，这便是减压蒸馏操作的理论依据。许多有机化合物的沸点当压力降低到 1.3～2.0kPa（10～15mmHg）时，可以比其常压下的沸点降低 80～100℃，因此，减压蒸馏对于分离或提纯沸点较高或性质比较不稳定的液态有机化合物具有特别重要的意义。它特别适用于那些在常压蒸馏时未达沸点即已受热分解、氧化或聚合的物质。对于常用的减压蒸馏系统可分为蒸馏装置、抽气装置、保护与测压装置三部分（图 3.4-12）。

(1) 蒸馏装置

这一部分与普通蒸馏相似，亦可分为三个组成部分。

① 减压蒸馏瓶（又称克氏蒸馏瓶，也可用圆底烧瓶和克氏蒸馏头代替）有两个颈，其目的是为了避免减压蒸馏时瓶内液体由于沸腾而冲入冷凝管中。瓶的一颈中插入温度计，另一颈中插入一根距瓶底 1～2mm、末端拉成毛细管的玻璃管。毛细管的上端连有一段带螺旋夹的橡皮管，螺旋夹用以调节进入空气的量，使极少量的空气进入液体，呈微小气泡冒出，作为液体沸腾的气化中心，使蒸馏平稳进行，又起搅拌作用。

② 冷凝管和普通蒸馏相同。

③ 接液管（尾接管）和普通蒸馏不同的是，接液管上具有可供接抽气部分的小支管。蒸馏时，若要收集不同的馏分而又不中断蒸馏，则可用两尾或多尾接液管。转动多尾接液管，就可使不同的馏分进入指定的接收器中。

(2) 抽气装置

实验室通常用水泵或油泵进行减压。

① 水泵（或水循环泵）所能达到的最低压力为当时室温下水蒸气的压力。若水温为6～8℃，水蒸气压力为0.93～1.07kPa；在夏天，若水温为30℃，则水蒸气压力为4.2kPa。

② 油泵的效能取决于油泵的机械结构以及真空泵油的好坏。好的油泵能抽至真空度为13.3Pa。油泵结构较精密，工作条件要求较严。蒸馏时，如果有挥发性的有机溶剂、水汽或酸的蒸气，都会损坏油泵并降低其真空度。因此，使用时必须十分注意油泵的保护。

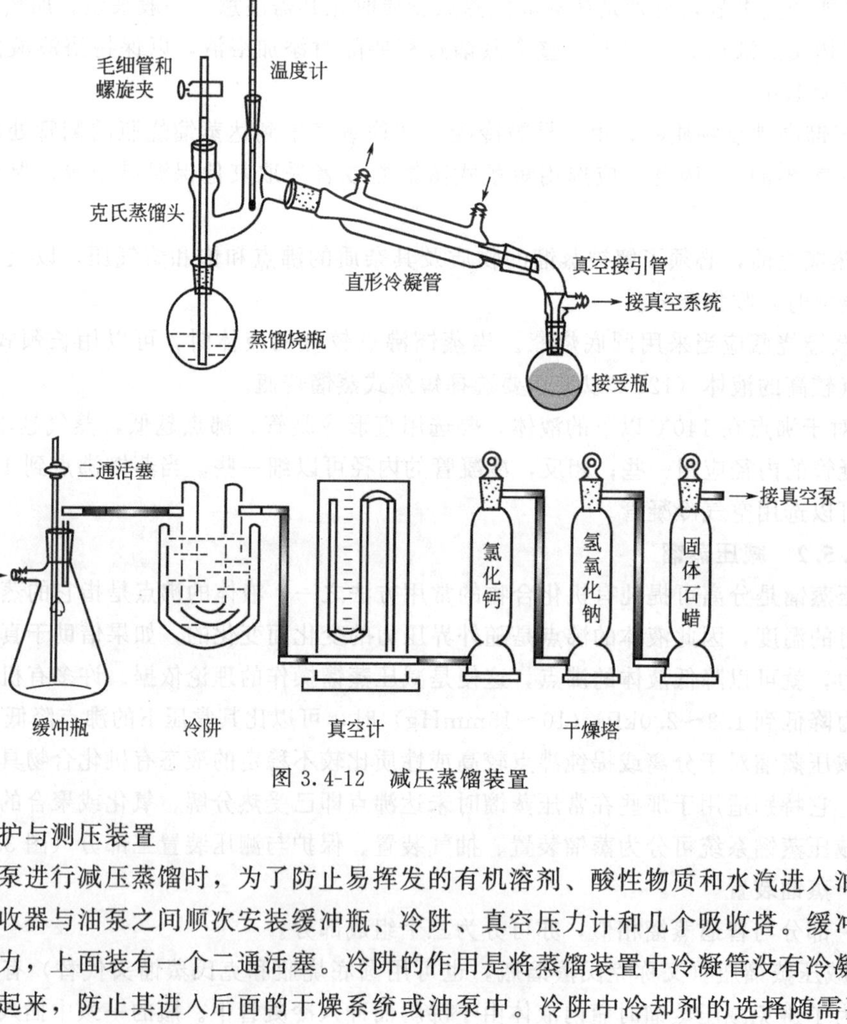

图 3.4-12　减压蒸馏装置

(3) 保护与测压装置

当用油泵进行减压蒸馏时，为了防止易挥发的有机溶剂、酸性物质和水汽进入油泵，必须在馏液接收器与油泵之间顺次安装缓冲瓶、冷阱、真空压力计和几个吸收塔。缓冲瓶的作用是缓冲压力，上面装有一个二通活塞。冷阱的作用是将蒸馏装置中冷凝管没有冷凝的低沸点物质收集起来，防止其进入后面的干燥系统或油泵中。冷阱中冷却剂的选择随需要而定。例如可用冰-水、冰-盐、干冰、丙酮等冷却剂。吸收塔（又称干燥塔）通常设三个：第一个装无水 $CaCl_2$ 或硅胶，吸收水汽；第二个装粒状 NaOH，吸收酸性气体；第三个装切片石蜡，吸收烃类气体。实验室通常利用水银压力计来测量减压系统的压力。水银压力计又有开口式水银压力计、封闭式水银压力计。

(4) 操作要点及注意事项

① 被蒸馏液体中若含有低沸点物质时，通常先进行普通蒸馏，再进行水泵减压蒸馏，而油泵减压蒸馏应在水泵减压蒸馏后进行。

② 按图 3.4-12 安装好减压蒸馏装置后，在蒸馏瓶中，加入待蒸馏液体（不超过容量的

1/2)，先旋紧橡皮管上的螺旋夹，打开安全瓶上的二通活塞，使体系与大气相通，启动油泵抽气，逐渐关闭二通活塞至完全关闭，注意观察瓶内的鼓泡情况（如发现鼓泡太剧烈，有冲料危险，立即将二通活塞旋开些），从压力计上观察体系内的真空度是否符合要求。如果是因为漏气（而不是油泵本身效率的限制）而不能达到所需的真空度，可检查各部分塞子、橡皮管和玻璃仪器接口处连接是否紧密，必要时可用熔融的固体石蜡密封。如果超过所需的真空度，可小心地旋转二通活塞，使其慢慢地引进少量空气，同时注意观察压力计上的读数，调节体系真空度到所需值（根据沸点与压力的关系）。调节螺旋夹，使液体中有连续平衡的小气泡产生，如无气泡，可能是螺旋夹夹得太紧，应旋松些；但也可能是毛细管已经阻塞，应予更换。

③ 在系统调节好真空度后，开启冷凝水，选用适当的热浴（一般用油浴）加热蒸馏，蒸馏瓶圆球部至少应有 2/3 浸入油浴中，在油浴中放入温度计，控制油浴温度比待蒸馏液体的沸点高 20～30℃，使每秒钟馏出 1～2 滴。在整个蒸馏过程中，都要密切注意温度计和真空计的读数，及时记录压力和相应的沸点值，根据要求，收集不同馏分。通常起始馏出液比要收集的物质沸点低，这部分为前馏分，应另用接收器接收；在蒸馏至接近预期的温度时，只要旋转双叉尾接引管，就可换个新接收瓶接收需要的物质。

④ 蒸馏完毕，移去热源，慢慢旋开螺旋夹（防止倒吸），再慢慢打开二通活塞，平衡内外压力，使测压计的水银柱慢慢回复原状（若打开得太快，水银柱很快上升，有冲破测压计的可能），然后关闭油泵和冷却水。

3.4.5.3 水蒸气蒸馏

水蒸气蒸馏是纯化和分离有机化合物的重要方法之一。当水和不（或难）溶于水的化合物一起存在时，整个体系的蒸气压力根据道尔顿分压定律，应为各组分蒸气压力之和。即 $p = p_{水} + p_A$ [p_A 为不(或难)溶于水的化合物的蒸气压]。当 p 与外界大气压相等时，混合物就沸腾。这时的温度即为它们的沸点，所以混合物的沸点将比任何一个组分的沸点都要低一些。而且在低于 100℃的温度下随水蒸气一起蒸馏出来。这样的操作称为水蒸气蒸馏。因此，常压下应用水蒸气蒸馏，能在低于 100℃的情况下将高沸点组分与水一起蒸出来，蒸馏时混合物的沸点保持不变。水蒸气蒸馏的应用范围是：某些沸点高的有机化合物，在常压蒸馏虽可与副产品分离，但易将其破坏；混合物中含有大量树脂状杂质或不挥发性杂质，采用蒸馏、萃取等方法都难以分离；从较多固体反应物中分离出被吸附的液体。进行水蒸气蒸馏的物质必须具备下列三个条件：不（或难）溶于水；共沸下与水不发生化学反应；在 100℃左右时，必须具有一定的蒸气压（至少 666.5～1333Pa 或 5～10mmHg）。

（1）水蒸气蒸馏装置

主要由水蒸气发生器、蒸馏部分、冷凝部分和接收器四个部分组成。水蒸气蒸馏装置如图 3.4-13 所示。

（2）水蒸气蒸馏操作要点

① 蒸馏烧瓶的容量应保证混合物的体积不超过其 1/3，导入水蒸气的玻璃管下端应垂直地正对瓶底中央，并伸到接近瓶底。安装时要倾斜一定的角度，通常在 45°左右。

② 水蒸气发生器上的安全管（平衡管）不宜太短，其下端应接近器底，盛水量通常为其容量的 1/2，最多不超过 2/3，最好在水蒸气发生器中加进沸石，起助沸作用。

③ 应尽量缩短水蒸气发生器与蒸馏烧瓶之间的距离，以减少水蒸气的冷凝。

④ 开始蒸馏前应把 T 形管上的止水夹打开，当 T 形管的支管有水蒸气冲出时，接通冷

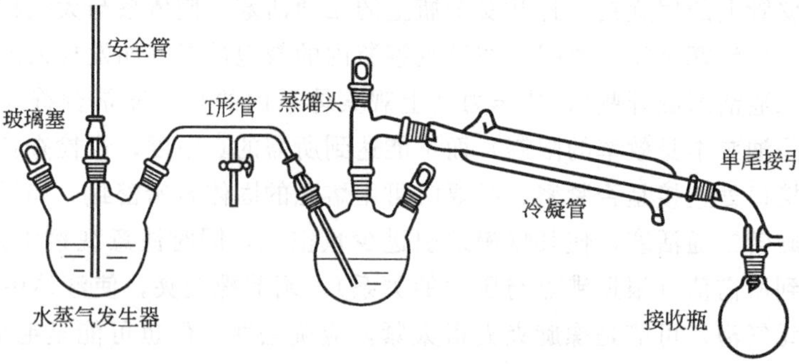

图 3.4-13 水蒸气蒸馏装置

凝水，开始通水蒸气，进行蒸馏。

⑤ 为使水蒸气不致在烧瓶中冷凝过多而增加混合物的体积，在通水蒸气时，可在烧瓶下用小火加热。

⑥ 在蒸馏过程中，要经常检查安全管中的水位是否正常，如发现其突然升高，意味着有堵塞现象，应立即打开止水夹，移去热源，使水蒸气发生器与大气相通，避免发生事故(如倒吸)，待故障排除后再进行蒸馏。如发现 T 形管支管处水积聚过多，超过支管部分，也应打开止水夹，将水放掉，否则将影响水蒸气通过。

⑦ 当馏出液澄清透明，不含有油珠状的有机物时，即可停止蒸馏，这时也应首先打开夹子，然后移去热源。

⑧ 如果随水蒸气挥发馏出的物质熔点较高，在冷凝管中易凝成固体堵塞冷凝管，可考虑改用空气冷凝管。

⑨ 停止蒸馏时要先打开螺旋夹，使与大气相通，然后停止加热。

3.4.6 分馏

应用分馏柱将几种沸点相近的混合物进行分离的方法称为分馏。它在化学工业和实验室中被广泛应用。现在最精密的分馏设备已能将沸点相差仅 1～2℃的混合物分开。利用分馏来分离混合物的原理与蒸馏是一样的，实际上分馏就是多次蒸馏。蒸馏瓶中的液体混合物经加热气化，蒸气从蒸馏瓶沿着分馏管上升，碰到温度稍低的填充物，部分蒸气会凝结，凝结的液体有些将再度蒸发，因此在分馏管中会发生一连串凝结与蒸发。由于凝结的液相中含有较多低挥发性成分，蒸发的气体中则含有较多高挥发性成分，因此当蒸气往上升，其中的高挥发性物质含量增多，在理想的状况下，最后到达管顶的蒸气几乎全是高挥发性物质，留在蒸馏瓶底部的液体则多为低挥发性成分，而达到分离的目的。一般沸点差异较小的液体混合物，无法利用简单蒸馏达到完全分离的效果时，利用分馏，让气体和液体在分馏管中经多次的平衡，可达到分离沸点相近混合物的目的。

(1) 分馏装置

分馏装置主要包括热源、蒸馏器、分馏柱、冷凝管和接收器五个部分。分馏装置如图 3.4-14 所示。

分馏柱主要是一根长而垂直、柱身有一定形状的空管，或在管中填以特制的填料。总的目的是要增大液相和气相接触的面积，提高分离效果。常见的分馏柱有韦氏分馏柱（又称刺形分馏柱）和填充式分馏柱（图 3.4-15)。韦氏分馏柱每隔一段距离就有一组向下倾斜的刺

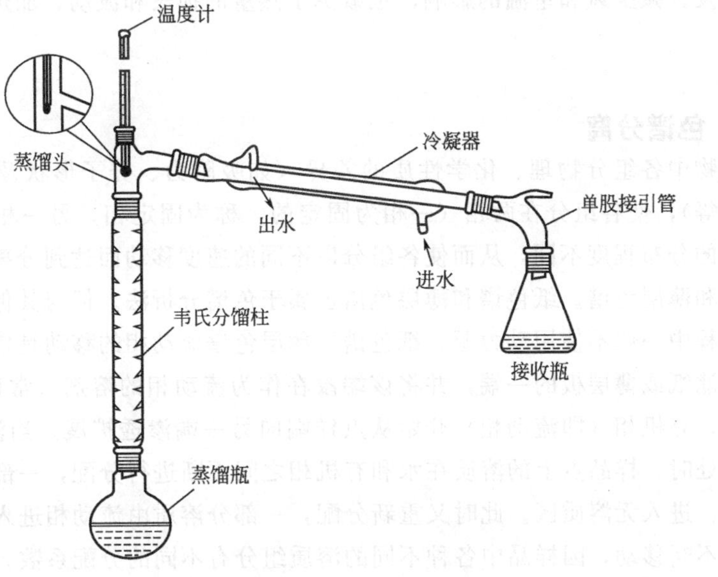

图 3.4-14 分馏装置

状物，且各组刺状物间有呈螺旋状排列的分馏管。使用该分馏柱的优点是：仪器装配简单，操作方便，残留在分馏柱中的液体少。其缺点是：较同样长度的填充式分馏柱分馏效率低，适合于分离少量沸点差距较大的液体。填充式分馏柱是在柱内填上各种惰性材料，以增加表面积。填料包括玻璃珠、玻璃管、陶瓷球或螺旋形、马鞍形、网状等各种形状的金属片或金属丝。其效率较高，适合于分离一些沸点差距较小的化合物。

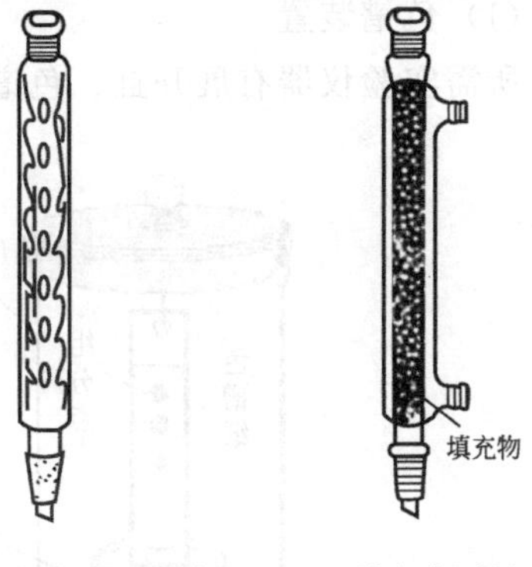

(a) 韦氏分馏柱(刺形分馏柱)　(b) 填充式分馏柱

图 3.4-15 分馏柱

安装分馏装置操作与蒸馏类似，自下而上，由左向右。装置应处于同一平面，分馏柱要垂直台面。

(2) 分馏操作

简单分馏操作和蒸馏大致相同，将待分馏的混合物放入圆底烧瓶中，加入 2～3 粒沸石。柱的外围可用石棉布包住，这样可减少柱内热量的散发。选用合适的热浴进行加热，液体沸腾后要注意调节浴温，使蒸气慢慢升入分馏柱。在有馏出液滴出后，调节加热温度使得蒸出液体的速度控制在 2～3s/滴，这样可以得到比较好的分馏效果。待低沸点组分蒸完后，再渐渐升高温度。当第二个组分蒸出时，会产生沸点迅速上升。上述情况是假定分馏体系有可能将混合物的组分进行严格的分馏。一般则有相当多的中间馏分（除非沸点相差很大）。

要达到较好的分馏效果，必须注意下列几点。

① 分馏一定要缓慢进行，控制好恒定的蒸馏速度（2～3s/滴），这样可以得到比较好的分馏效果。

② 要使有相当量的液体沿柱流回烧瓶中，即要选择合适的回流比，使上升的气流和下降的液体充分进行热交换，使挥发组分尽量上升，难挥发组分尽量下降，分馏效果更好。

③ 必须尽量减少分馏柱的热量损失和波动。柱的外围可用石棉绳包住，这样可以减少

柱内热量的散发，减少风和室温的影响，也减少了热量的损失和波动，加热均匀，使分馏操作平稳进行。

3.4.7 色谱分离

根据混合物中各组分物理、化学性质的差异（如吸附力、分子形状及大小、分子亲和力、分配系数等），使各组分在两相（一相为固定的，称为固定相，另一相流过固定相，称为流动相）中的分布程度不同，从而使各组分以不同的速度移动而达到分离的目的。实验室常采用纸色谱和薄层色谱。纸色谱和薄层色谱也属于色谱分析法。但与其他色谱方法不同的是，在分离过程中一般不使用动力源。纸色谱和薄层色谱流动相的移动是依靠毛细作用。将试样点在色谱滤纸或薄层板的一端，并将该端浸在作为流动相的溶剂（常称为展开剂）中，由于毛细作用，有机相（即流动相）开始从点样端向另一端渗透扩展。当流动相（有机相）沿滤纸经点样处时，样品点上的溶质在水和有机相之间不断进行分配，一部分样品离开原点随流动相移动，进入无溶质区。此时又重新分配，一部分溶质由流动相进入固定相（水相）。随着流动相的不断移动，因样品中各种不同的溶质组分有不同的分配系数，移动速度也不一样，所以各种不同的组分按其各自的分配系数不断进行分配，并沿着流动相流动的方向移动，从而使样品中各组分得到分离和纯化。

（1）色谱装置

所需实验仪器有展开缸、色谱纸或薄层板。色谱装置如图 3.4-16 所示。

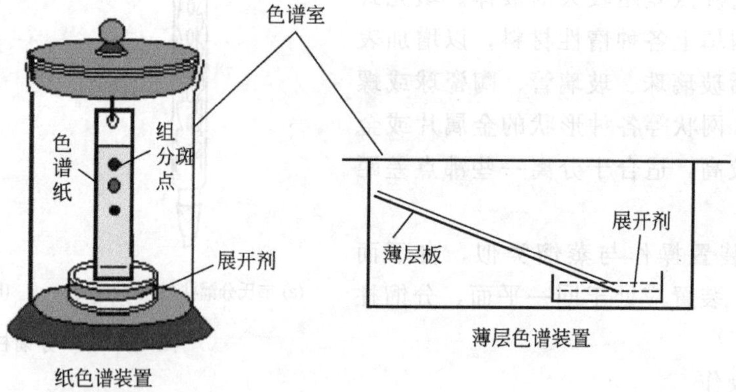

图 3.4-16 色谱装置

（2）色谱操作技术

① 色谱纸和薄层板　色谱纸是特制的色层滤纸。按需要剪裁成长条形（或筒形）。薄层板是用专门的涂布器把浆状的吸附剂（硅胶或氧化铝，200～250 目）均匀地涂在长条形玻璃板上（厚度 0.15～0.5mm）。干燥后即可使用。

② 展开剂　由一种或多种溶剂按一定比例组成。如用纸色谱分离氨基酸时，常用的展开剂组成和配比为 $V_{正丁醇}:V_{乙酸}:V_{水}=4:1:1$。

③ 点样　用微量注射器或玻璃毛细管吸取一定量试样点在原点上。试样点的直径一般应小于 5mm。可并排点多个试样同时展开。

④ 显色、检测　有些组分在紫外线照射下产生荧光，可在紫外灯下用铅笔将组分斑点描绘出来。常用的显色方法有喷洒显色剂、碘蒸气熏或氨水熏等。

⑤ 比移值（R_f 值）的计算　R_f＝组分移动的距离/溶剂前沿移动的距离。

3.4.8 升华

升华是固体物质加热直接变成气体，遇冷又凝结成固体的现象。升华是利用固体混合物的蒸气压或挥发度不同，将不纯净的固体化合物在熔点温度以下加热，利用产物蒸气压高、杂质蒸气压低的特点，使产物不经液体过程而直接气化，遇冷后凝固而达到分离固体混合物的目的。升华是提纯固体化合物的一种方法。升华分为常压升华与减压升华两种。

(1) 常压升华装置

常压升华的装置多种多样。图 3.4-17 是几种用砂浴加热的常压升华装置。其中图 3.4-17(a)是在铜锅中装入沙子，装有被升华物的蒸发皿放在沙子中，皿底沙层厚约 1cm，将一张穿有许多小孔的圆滤纸平罩在蒸发皿中，距皿底 2～3cm，滤纸上倒扣一个大小合适的玻璃三角漏斗，漏斗颈上用一小团脱脂棉松松塞住。温度计的水银泡应插到距锅底约 1.5cm 处并尽量靠近蒸发皿底部。加热铜锅，慢慢升温，被升华物气化，蒸气穿过滤纸在滤纸上方或漏斗内壁结出晶体。升华完成后熄灭火焰，冷却后小心地用小刀刮下晶体即得升华物。需要注意的是沙子传热慢，温度计上的读数与被升华物实际感受到的温度也有较大差异，因而仅可作参考。如无铜锅，也可在石棉网上铺上一层 1～2mm 厚的细沙，将升华器皿放在沙层上，如图 3.4-17(b)和(c)所示。这样的装置不能插温度计，因而需十分小心地缓慢加热，密切注视蒸气上升和结晶情况，勿使被升华物熔融或烧焦。

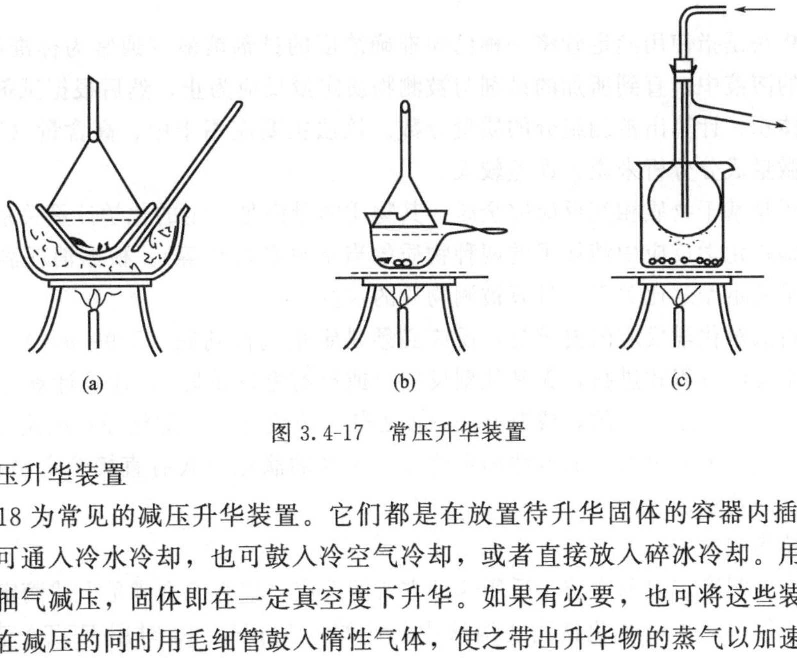

图 3.4-17　常压升华装置

(2) 减压升华装置

图 3.4-18 为常见的减压升华装置。它们都是在放置待升华固体的容器内插入一根冷凝指，冷凝指可通入冷水冷却，也可鼓入冷空气冷却，或者直接放入碎冰冷却。用热浴加热的同时对体系抽气减压，固体即在一定真空度下升华。如果有必要，也可将这些装置做进一步的改进，使在减压的同时用毛细管鼓入惰性气体，使之带出升华物的蒸气以加速升华，但以不影响系统的真空度为限。减压升华的后段处理与常压升华相同。

(3) 升华操作时的注意事项

无论常压升华还是减压升华，加热都应尽可能保持在所需要的温度，一般常用水浴、油浴等热浴进行加热较为稳妥。升华操作时的注意事项如下。

① 升华温度一定要控制在固体化合物熔点以下。

② 被升华的固体化合物一定要干燥，如有溶剂将会影响升华后固体的凝结。

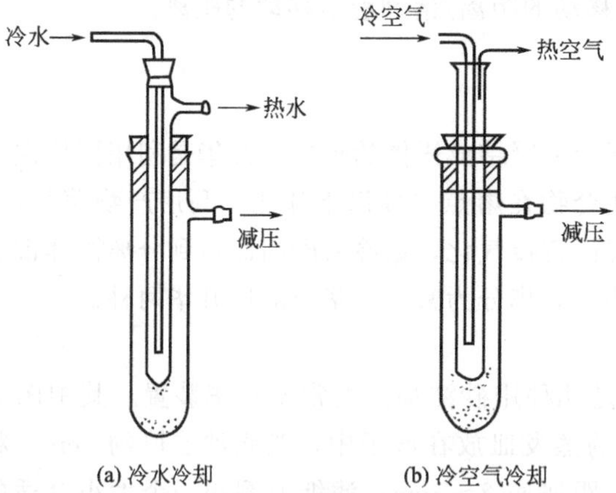

图 3.4-18 减压升华装置

③ 滤纸上的孔应尽量大一些，以便蒸气上升时顺利通过滤纸，在滤纸的上面和漏斗中结晶，否则将会影响晶体的析出。

④ 减压升华时，停止抽滤时一定要先打开安全瓶上的放空阀，再关泵。否则循环泵内的水会倒吸进入吸滤管中，造成实验失败。

(4) 升华的适用范围

① 被提纯的固体化合物具有较高的蒸气压，在低于熔点时，就可以产生足够的蒸气，使固体不经过熔融状态直接变为气体，从而达到分离的目的。一般来说，具有对称结构的非极性化合物，其电子云的密度分布比较均匀，偶极矩较小，晶体内部静电引力小，这类固体往往具有较高的蒸气压。

② 固体化合物中杂质的蒸气压较低，有利于分离。

3.5 滴定分析技术

滴定分析法是指使用滴定管将一种已知准确浓度的试剂溶液（通常为标准溶液），滴加到被测物质的溶液中，直到所加的试剂与被测物质定量反应为止，然后根据试剂溶液的浓度和所消耗的体积，计算出被测组分的质量分数。该法主要应用于中、高含量（$>1\%$）组分的分析，对微量成分分析来说，误差较大。

滴定分析是基于物质相互反应完全时，其物质的量满足一定的化学计量关系（以前称为当量定律，即在化学反应中消耗了的两种物质的当量数必须相等）。根据消耗滴定剂的量与被测物质的量满足摩尔比关系，计算被测物质的含量。

滴定分析法对化学反应的要求是：反应必须是定量进行到底（$>99.9\%$）。即反应必须按一定的化学反应方程式进行，无其他副反应（或已有办法消除），这是计算和确定基本单元的基础；反应应当是迅速的，或有办法（如加热、改变介质、催化等）加速反应。必须有合适的指示剂或其他简单可靠的方法确定终点。主要的滴定方式有直接滴定法、返滴定法、置换滴定法、间接滴定法。

(1) 直接滴定法

直接用滴定剂滴定被测物质。适用这种方式的反应，应当完全满足上述滴定分析对化学反应的要求。例如，用氢氧化钠滴定溶液中的硫酸，在 pH＝10 时用 EDTA 直接滴定钙、镁合量等。

(2) 返滴定法

先加入过量的滴定剂与被测物质充分反应完全后，再用另一种滴定剂去滴定剩余（过量）的前一种滴定剂，从而达到测定的目的。用于那些反应慢或反应物是固体时的反应。例如，用 EDTA 滴定铝，由于此反应缓慢，故通常是加入过量的 EDTA，并加热以加速反应完全，然后再用锌盐（或铅盐、铜盐）返滴过量的 EDTA。

(3) 置换滴定法

对于一些不能直接滴定的物质，可以利用它与另一种物质的置换反应，置换出另一种可被滴定剂滴定的物质，再滴定这种置换产物，从而达到测定的目的。例如，Ag^+ 与 EDTA 的络合物不稳定，不能用 EDTA 直接滴定，可将含 Ag^+ 试液加到过量的 $Ni(CN)_4^{2-}$ 溶液中，再用 EDTA 滴定置换出来的与 Ag^+ 等量的 Ni^{2+}。此外，如 F^- 释放 EDTA 测定铝的方法等也属此类。

(4) 滴定法

被测物质不能直接与滴定剂反应时，可另外加一种物质使之与被测物质反应，然后再用滴定法测定这一反应产物，从而达到测定的目的。例如，用酸碱滴定法测定高硅的氟硅酸钾法，用高锰酸钾滴定法滴定草酸钙沉淀中的草酸从而测定钙的方法等。滴定的主要方法有酸碱滴定法、氧化还原滴定法、络合滴定法和电位滴定法。

① 酸碱滴定法　是利用酸碱反应进行滴定分析的方法，也称中和法，是广泛应用的滴定分析方法之一。

② 氧化还原滴定法　是以氧化还原反应为基础的滴定分析方法。它是以氧化剂或还原剂为标准溶液来测定还原性或氧化性物质含量的方法。根据所用的氧化剂和还原剂不同，氧化还原滴定法可分为高锰酸钾法、重铬酸钾法、碘量法、溴酸钾法及铈量法等。

③ 络合滴定法　是以络合反应为基础的滴定分析方法，主要用于金属离子的测定。适用于络合滴定的反应必须具备的条件是：络合反应要进行完全。也就是说，形成的络合物要足够稳定；络合反应要按一定的化学反应式定量地进行；反应必须迅速；要有适当的指示剂指示滴定终点。

④ 电位滴定法　在各类滴定方法中，当滴定反应平衡常数较小，滴定突跃不明显，或试液有色、浑浊，用指示剂指示终点有困难时，可以采用电位滴定法，即根据滴定过程中等当点附近的电位突跃来确定终点。采用电位法判断终点，可以消除可视法中指示剂校正的影响，并提高测定精度，常常在 ISO 标准方法中得到采用。选用适当的指示电极和参比电极与被测溶液组成一个工作电池，随着滴定剂的加入，由于发生化学反应，被测离子的浓度不断发生变化，因而指示电极的电位随之变化。在滴定终点附近，被测离子浓度发生突变，引起电极电位的突跃，因此，根据电极电位的突跃可确定滴定终点。电位滴定法以测量滴定溶液的电位变化为基础，它比直接电位法具有更高的准确度和精密度，但分析时间相对较长，目前由于使用自动电位滴定仪，以计算机处理数据，可达到简便、快速的目的。

3.6 重量分析技术

在重量分析中，先用适当的方法将被测组分与试样中的其他组分分离后，转化为一定的称量形式，然后称重，由称得的物质的质量计算该组分的含量。根据被测组分与其他组分分离方法的不同，有三种重量分析法。

3.6.1 重量分析法的分类及特点

(1) 重量分析法的分类

① 沉淀法　沉淀法是重量分析法中的主要方法。被测组分以微溶化合物的形式沉淀出来，再将沉淀过滤、洗涤、烘干或灼烧，最后称重并计算其含量。例如，测定试样中的 Ba

时，可以在制备好的溶液中，加入过量的稀 H_2SO_4，生成 $BaSO_4$ 沉淀，根据所得沉淀的质量，即可求出试样中 Ba 的百分含量。

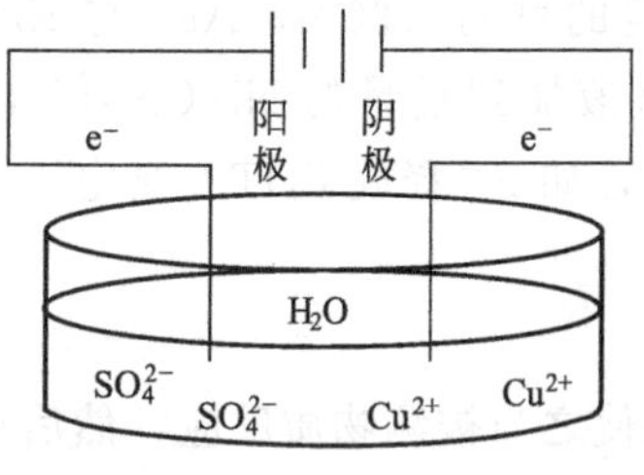

图 3.6-1 电解原理

② 气化法(挥发法) 利用物质的挥发性质，通过加热或其他方法使试样中待测组分挥发逸出，然后根据试样质量的减少计算该组分的含量；或当该组分逸出时，选择适当的吸收剂将它吸收，然后根据吸收剂质量的增加计算该组分的含量。例如，测定试样中的吸湿水或结晶水时，可将试样烘干至恒重，试样减少的质量，即所含水分的质量。也可将加热后产生的水汽吸收在干燥剂里，干燥剂增加的质量，即所含水分的质量。根据称量结果，可求得试样中吸湿水或结晶水的含量。

③ 电解法 利用电解原理，用电子作为沉淀剂使金属离子在电极上还原析出，然后称量，求得其含量。

例如，在 $0.5mol \cdot L^{-1} H_2SO_4$ 溶液中电解 $CuSO_4$。电解原理如图 3.6-1 所示。

阳极反应：　$2H_2O \longrightarrow O_2\uparrow + 4H^+ + 4e^-$

阴极反应：　$Cu^{2+} + 2e^- \longrightarrow Cu\downarrow$

O_2 在阳极上逸出，Cu 在阴极上沉积。电解完成以后，取出电极称重，电极增加的质量即为溶液中 Cu 的含量。

(2) 重量分析法的特点

重量分析法的优点是：它是一种成熟的经典方法，不需要基准物质，准确度较高，相对误差在 0.1%～0.2%之间。因为直接用分析天平称量而获得分析结果，不需要标准试样或基准物质进行比较，所以其准确度较高。缺点是：程序烦琐费时，且难以测定微量成分。目前已逐渐被其他方法所代替。不过对于某些常量元素（如硫、硅、钨等）及水分、灰分、挥发物等的测定，仍在用重量法。故其仍是定量分析基本内容之一。

重量分析法中以沉淀法应用最广，故习惯上也常把沉淀重量法称为重量分析法。它与滴定分析法同属于经典的定量化学分析方法。

3.6.2 重量分析对沉淀形式的要求

重量分析对沉淀形式的要求如下。

① 沉淀的溶解度要小。要求沉淀的溶解损失不应超过天平的称量误差。一般要求溶解损失应小于 0.1mg。

② 沉淀必须纯净，不应混进沉淀剂和其他杂质。

③ 沉淀应易于过滤和洗涤。因此，在进行沉淀时，希望得到粗大的晶形沉淀。如果只能得到无定形沉淀，则必须控制一定的沉淀条件，改变沉淀的性质，以便得到易于过滤和洗涤的沉淀。

3.6.3 重量分析对称量形式的要求

重量分析对称量形式的要求如下。

① 应有固定的已知组成，才能根据化学比例计算被测组分的含量。

② 要有足够的化学稳定性，不应吸收空气中的水分和 CO_2 而改变质量，也不应受 O_2

的氧化作用而发生结构的改变。

③ 应具有尽可能大的摩尔质量，沉淀的摩尔质量越大，被测组分在沉淀中的含量越多，则称量误差越小。

3.6.4 重量分析计算

在重量分析中，多数情况下获得的称量形式与待测组分的形式不同，待测组分的摩尔质量与称量形式的摩尔质量之比称为换算因数（又称重量分析因素），以 F 表示。

$$F=\frac{a\times \text{被测组分的摩尔质量}}{b\times \text{称量形式的摩尔质量}}$$

式中，a、b 是使分子和分母中所含主体元素的原子个数相等时需乘以的系数。a、b 的确定如下。

① 找出被测组分与沉淀称量形式之间的关系式。

② 关系式中被测组分的系数为 a，沉淀称量形式的系数为 b。

$$w=\frac{mF}{m_s}\times 100\%$$

式中，m 为称量形式的质量；m_s 为试样的质量；F 为换算因数；w 为被测组分的质量分数。

3.6.5 沉淀的形成

(1) 晶形沉淀的形成（获得纯净且颗粒较大的沉淀）

① 沉淀在较稀的溶液中进行。溶液的相对过饱和度不大，有利于形成大颗粒的沉淀。为避免溶解损失，溶液的浓度不宜太稀。

② 于搅拌下慢慢加入沉淀剂，避免局部过浓生成大量晶核。

③ 在热溶液中进行沉淀。增大沉淀的溶解度，降低溶液的相对过饱和度，获得大颗粒沉淀；减少沉淀对杂质的吸附。但要冷却至室温后再过滤，以减少溶解损失。

④ 沉淀完全后，将沉淀与母液一起放置一段时间，使小晶粒溶解，大晶粒则逐渐长大；不完整的晶粒转化为较完整的晶粒；亚稳态的沉淀转化为稳定态的沉淀；使沉淀更加纯净。但对混晶共沉淀、继沉淀无效。

(2) 无定形沉淀的形成

① 在热和浓的溶液中，于不断搅拌下进行沉淀。在热和浓的溶液中，离子的水化程度降低，有利于得到含水量小、体积小、结构紧密的沉淀，沉淀颗粒容易凝聚。防止形成胶体溶液，减少沉淀表面对杂质的吸附。沉淀完毕，用热水稀释、搅拌，使吸附在沉淀表面的杂质离开沉淀表面进入溶液。

② 沉淀时加入大量电解质或某些能引起沉淀微粒凝聚的胶体。因电解质能中和胶体微粒的电荷，降低其水化程度，有利于胶体颗粒的凝聚。为防止洗涤沉淀时发生胶溶现象，洗涤液中也应加入适量电解质。

3.7 溶液配制及保存技术

实验室中对于溶液浓度的要求有两种：一种是粗略浓度，即对溶液浓度的要求不高，一般准确到小数点后一位即可；另一种是准确浓度，即对溶液浓度要求比较高，要求准确到小数点后四位。这样的溶液也称标准溶液。标准溶液常用 $mol\cdot L^{-1}$ 表示其浓度。

3.7.1 标准溶液的配制方法

溶液的配制方法主要分为直接法和标定法两种。

3.7.1.1 直接法

准确称取基准物质，溶解后定容，即成为准确浓度的标准溶液。所谓基准物质是指用以直接配制标准溶液的物质，或用以标定容量分析中的标准溶液的物质。又称标准物质。标准溶液是一种已知准确浓度的溶液，可在容量分析中作为滴定剂，也可在仪器分析中用以制作校正曲线的试样。基准物质应该符合以下要求。

① 组成与它的化学式严格相符。

② 纯度足够高。

③ 应该很稳定。

④ 参加反应时，按反应式定量地进行，不发生副反应。

⑤ 最好有较大的式量，在配制标准溶液时可以称取较多的量，以减少称量误差。

常用的基准物质有银、铜、锌、铝、铁等金属及氧化物、重铬酸钾、碳酸钾、氯化钠、邻苯二甲酸氢钾、草酸、硼砂等化合物。20 世纪 50 年代以后，不少人考虑到电量（库仑数）可以准确测量，建议用库仑作为一种实用的基准物质，代替一些纯的化学试剂。直接法配制溶液见表 3.7-1。

直接法配制溶液的基本步骤如下。

① 计算。计算配制所需固体溶质的质量或液体浓溶液的体积。

② 称量。用电子天平称量固体质量或用移液管量取液体体积。

③ 溶解。在烧杯中溶解或稀释溶质，恢复至室温（如不能完全溶解可适当加热）。检查容量瓶是否漏水。

④ 转移。将烧杯内冷却后的溶液沿玻璃棒小心转入一定体积的容量瓶中（玻璃棒下端应靠在容量瓶刻度线以下）。

⑤ 洗涤。用蒸馏水洗涤烧杯和玻璃棒 2～3 次，并将洗涤液转入容器中，振荡，使溶液混合均匀。

表 3.7-1 直接法配制溶液

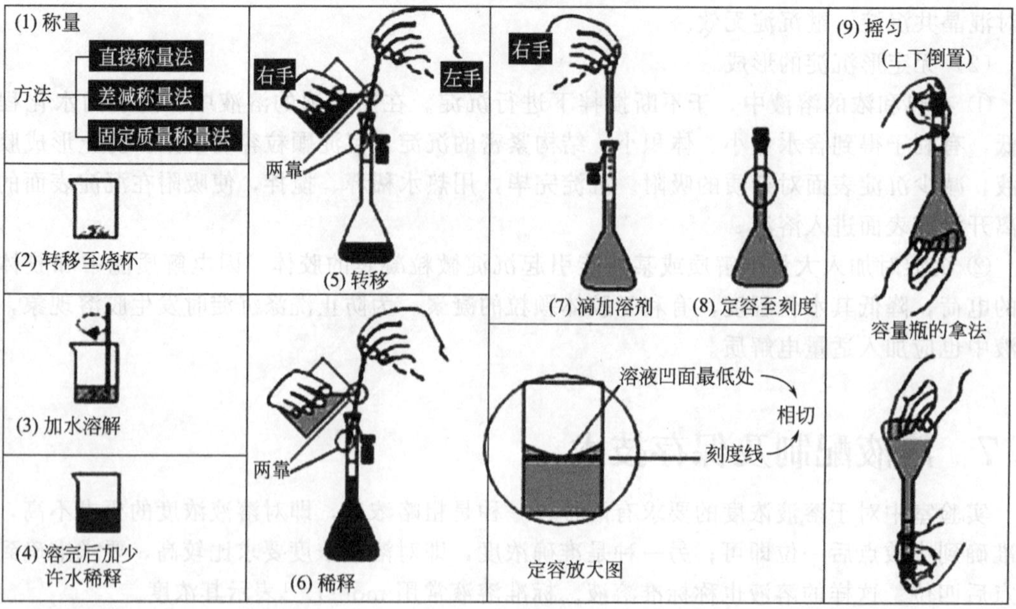

⑥ 定容。向容量瓶中加水至刻度线以下1～2cm处时，改用胶头滴管加水，使溶液凹面恰好与刻度线相切。

⑦ 摇匀。盖好瓶塞，用食指顶住瓶塞，另一只手的手指托住瓶底，反复上下颠倒，使溶液混合均匀。

⑧ 将配制好的溶液倒入试剂瓶中，贴好标签。

容量瓶的操作要点如下。

① 使用前要先检查容量瓶是否漏水，并将瓶塞旋转180°后再检查一遍。

② 液体转移完后，玻璃棒要靠在容量瓶的内壁停留5s。

③ 用少量的纯水冲洗烧杯3次，至容量瓶的2/3时摇匀（水平摇匀）。

3.7.1.2 标定法

不能直接配制成准确浓度的标准溶液，可先配制成溶液，然后选择基准物质标定。待标定的溶液，一般先配制成浓度约$0.1mol \cdot L^{-1}$。一般只要求准确到1～2位有效数字，故可用量筒量取液体或在台秤上称取固体试剂，加入的溶剂（如水）用量筒或量杯量取即可。但是在标定溶液的整个过程中，一切操作要求严格、准确。称量基准物质要求使用分析天平，称准至小数点后四位数字。所要标定溶液的体积，如要参加浓度计算的均要用容量瓶、移液管、滴定管准确操作，不能马虎。滴定时要严谨、规范操作，尽量减少误差。

（1）滴定步骤

① 滴定时，最好每次都从0.00mL开始。在滴定过程中，左手不能离开旋塞（或玻璃珠），不能任溶液自流，如图3.7-1所示。

② 摇瓶时，应转动腕关节，使溶液向同一方向旋转（左旋、右旋均可）。不能前后振动，以免溶液溅出。摇动还要有一定的速度，一定要使溶液旋转出现一个旋涡，不能摇得太慢，影响化学反应的进行。

③ 滴定时，要注意观察滴落点周围颜色变化，不要去看滴定管上的刻度变化，边滴边摇瓶。滴定操作可在锥形瓶或烧杯内进行。在锥形瓶中进行滴定，用右手的拇指、食指和中指拿住锥形瓶，其余两指辅助在下侧，使瓶底比滴定台高2～3cm，滴定管下端深入瓶口内约1cm。左手控制滴定速度，边滴加溶液，边用右手摇动锥形瓶，边滴边摇配合好。

④ 滴定速度控制方面，应连续滴加。开始可稍快，呈“见滴成线”，这时为$10mL \cdot min^{-1}$，即每秒3～4滴。注意不能滴成“水线”，这样，滴定速度太快。接近终点时，应改为一滴一滴地加入，即加一滴摇几下，再加再摇。最后是每加半滴，摇几下锥形瓶，直至溶液出现明显的颜色。半滴的操作方法是：使一滴悬而不落，沿器壁流入瓶内，并用蒸馏水冲洗瓶颈内壁，再充分摇匀。对于碱式滴定管，加上半滴溶液时，应先松开拇指和食指，将悬挂的半滴溶液沾在锥形瓶内壁上，再放开无名指和小指，这样可避免出口管尖出现气泡。用酸式滴定管时，可轻轻转动旋塞，使溶液悬挂在出口管嘴上，形成半滴，用锥形瓶内壁将其沾落，再用洗瓶吹洗。滴入半滴溶液时，也可采用倾斜锥形瓶的方法，将附于壁上的溶液涮至瓶中，这样可以避免吹洗次数太多，造成被滴物过度稀释。

（2）酸式滴定管的使用步骤

① 洗涤。自来水→洗液→自来水→蒸馏水。

② 涂凡士林。活塞的大头表面和活塞槽小头的内壁。

③ 检漏。将滴定管内装水至最高标线，夹在滴定管夹上放置2min。用滤纸检查活塞两端和管夹是否有水渗出，然后将活塞旋转180°，再检查一次。

④ 润洗。为保证滴定管内的标准溶液不被稀释，应先用标准溶液洗涤滴定管 3 次，每次 5～10mL。

⑤ 装液。左手拿滴定管，使滴定管倾斜，右手拿试剂瓶往滴定管中倒溶液，直至充满零刻度线以上。

⑥ 排气泡。酸式滴定管尖嘴处有气泡时，右手拿滴定管上部无刻度处，左手打开活塞，使溶液迅速冲走气泡。

⑦ 调零点。调整液面与零刻度线相平，初读数为“0.00mL”。

⑧ 读数。读数时滴定管应竖直放置；注入或放出溶液时，应静置 1～2min 后再读数；初读数最好为“0.00mL”。

（3）碱式滴定管的使用步骤

① 洗涤。自来水→洗液→自来水→蒸馏水。

② 放液。左手拇指在前，食指在后，捏住橡皮管中玻璃珠的上方，使其与玻璃珠之间形成一条缝隙，溶液即可流出。不要捏玻璃珠下方的橡皮管，也不可使玻璃珠上下移动，否则空气进入形成气泡。

③ 检漏：将滴定管内装水至最高标线，夹在滴定管夹上放置 2min。如果漏水，应更换橡皮管或大小合适的玻璃珠。

④ 润洗。为保证滴定管内的标准溶液不被稀释，应先用标准溶液洗涤滴定管 3 次，每次 5～10mL。

⑤ 装液。左手拿滴定管，使滴定管倾斜，右手拿试剂瓶往滴定管中倒溶液，直至充满零刻度线以上。

⑥ 排气泡。将橡皮塞向上弯曲，两手指挤压玻璃珠，使溶液从管尖喷出，排除气泡，如图 3.7-2 所示。

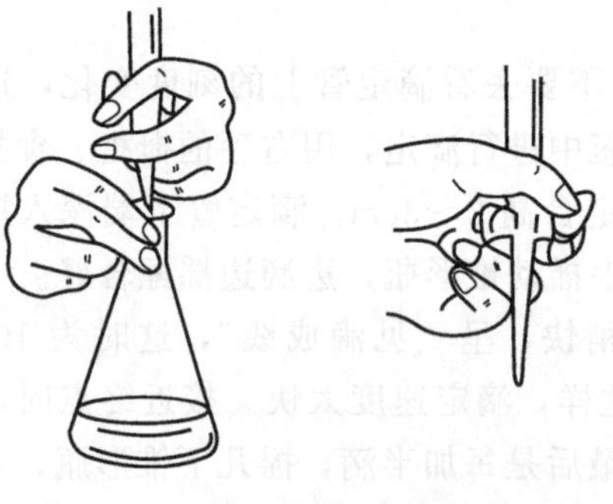

图 3.7-1 使用酸式滴定管进行滴定

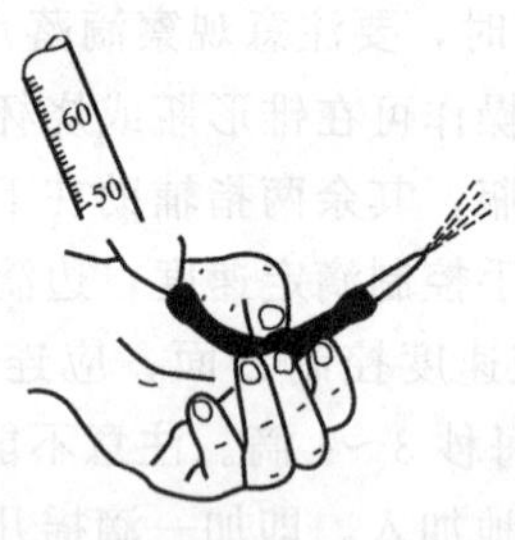

图 3.7-2 碱式滴定管排气泡

⑦ 调零点。调整液面与零刻度线相平，初读数为“0.00mL”。

⑧ 读数。读数时滴定管应竖直放置，注入或放出溶液时，应静置 1～2min 后再读数，初读数最好为“0.00mL”。

3.7.2 一般溶液的配制及保存方法

配制溶液时，应根据对溶液浓度的准确度的要求，确定在哪一级天平上称量；记录时应记准至几位有效数字；配制好的溶液选择什么样的容器等。该准确时就应该很严格，允许误差大些的就可以不那么严格。这些“量”的概念要很明确，否则就会导致错误。例如配制 0.1mol·L^{-1} $Na_2S_2O_3$ 溶液需在台秤上称取 25g 固体试剂，如果在分析天平上称取试剂，反而是不必要的。配制及保存溶液时可遵循下列原则。

① 经常并大量使用的溶液，可先配制浓度约大10倍的储备液，使用时取储备液稀释10倍即可。

② 易侵蚀或腐蚀玻璃的溶液，不能盛放在玻璃瓶内，例如含氟的盐类（如 NaF、NH_4F、NH_4HF_2）、苛性碱等应保存在聚乙烯塑料瓶中。

③ 易挥发、易分解的试剂及溶液，例如 I_2、$KMnO_4$、H_2O_2、$AgNO_3$、$H_2C_2O_4$、$Na_2S_2O_3$、$TiCl_3$、氨水、溴水、CCl_4、$CHCl_3$、丙酮、乙醚、乙醇等溶液及有机溶剂等均应存放在棕色瓶中，密封好后放在避光阴凉处，避免光的照射。

④ 配制溶液时，要合理选择试剂的级别，不许超规格使用试剂，以免造成浪费。

⑤ 配好的溶液盛装在试剂瓶中，应贴好标签，注明溶液的浓度、名称以及配制日期。

近年来，国内外文献资料中采用1∶1（即1+1）、1∶2（即1+2）等体积比表示浓度。例如1∶1 H_2SO_4 溶液，即量取1份体积原装浓 H_2SO_4 与1份体积的水混合均匀。又如1∶3 HCl溶液，即量取1份体积原装浓HCl与3份体积的水混匀。

3.8 常用试纸的使用和制备

3.8.1 酚酞试纸（白色）

（1）制备方法

将1g酚酞溶于100mL 95%的酒精后，边振荡边加入100mL水制成溶液，将滤纸浸入其中，浸透后在洁净、干燥的空气中晾干。

（2）用途

遇碱性溶液变红，用水润湿后遇碱性气体（如氨气）变红，常用于检验pH>8.3的稀碱溶液或氨气等。

（3）使用

用镊子取小块试纸放在表面皿边缘或滴板上，用玻璃棒将待测溶液搅拌均匀，然后用玻璃棒末端蘸少许溶液接触试纸，观察试纸颜色的变化，确定溶液的酸碱性。检验气体的碱性时，必须先用镊子取小块试纸并用蒸馏水润湿放在待检验处，观察颜色的变化。

（4）注意事项

① 检验气体的碱性时，必须先用蒸馏水润湿，检验溶液的碱性时，则不必润湿。

② 切勿将试纸浸入溶液中，以免弄脏溶液。

3.8.2 红色石蕊试纸

（1）制备方法

用50份热的乙醇溶液浸泡1份石蕊一昼夜，倾去浸出液，按1份存留石蕊加6份水的比例煮沸，并不断搅拌，片刻后静置一昼夜，滤去不溶物得到紫色石蕊溶液，若溶液颜色不够深，则需加热浓缩，然后向此石蕊溶液中滴加 $0.05mol \cdot L^{-1}$ 的 H_2SO_4 溶液至刚呈红色，然后将滤纸浸入，充分浸透后取出，在避光、干燥、没有酸性和碱性蒸气的环境中晾干即成。

（2）用途

在被pH≥8.0的溶液润湿时变蓝；用纯水浸湿后遇碱性蒸气（溶于水溶液pH≥8.0的气体，如氨气）变蓝。常用于检验碱性溶液或碱性气体等。

（3）用法及注意事项

同3.8.1（4）。

3.8.3 蓝色石蕊试纸

(1) 制备方法

用与上列相同的方法制得紫色石蕊溶液，向其中滴加 0.1mol·L^{-1}的 NaOH 溶液至刚呈蓝色，然后将滤纸浸入，充分浸透后取出，用与上列相同的方法晾干即成。

(2) 用途

被 pH⩽5 的溶液浸湿时变红；用纯水浸湿后遇酸性蒸气或溶于水呈酸性的气体时变红。常用于检验酸性溶液或碱性气体等。

(3) 用法与注意事项

同 3.8.1 (4)。

3.8.4 pH 试纸

(1) 种类

pH 试纸包括广泛 pH 试纸和精密 pH 试纸两类。广泛 pH 试纸的变色范围是 1～14，它只能粗略地估计溶液的 pH 值。精密 pH 试纸可以较精确地估计溶液的 pH 值，根据其变色范围可分为多种。如变色范围为 3.8～5.4、8.2～10。根据待测溶液的酸碱性，可选用某一变色范围的试纸。

(2) 用途

用来定量检验溶液的 pH 值或定性测定溶液或气体的酸碱性。

(3) 使用

用法同石蕊试纸，待试纸变色后，半分钟内与标准比色卡对比，确定 pH 值或 pH 值的范围。

(4) 注意事项

① 切勿将试纸浸入溶液中，以免弄脏溶液。

② 定量测定溶液的 pH 值时，不能用水润湿，否则测量值不准（相当于溶液稀释，对于酸性溶液，pH 值偏高，对于碱性溶液，pH 值偏低，对于中性溶液，几乎无影响）。定性测定气体酸碱性时，必须用水润湿。

3.8.5 淀粉碘化钾试纸

(1) 制备方法

取 1g 可溶性淀粉置于小烧杯中，加水 10mL，用玻璃棒搅拌成糊状，然后边搅拌边倒入正在煮沸的 200mL 水中，并继续加热 2～3min 至溶液变清为止，再加入 0.2g $HgCl_2$（防霉），制成淀粉溶液。再向其中溶解 0.4g KI 及 0.4g $Na_2CO_3 \cdot 10H_2O$，将滤纸浸入其中，浸透后取出晾干。

(2) 用途

用于检测能氧化 I^- 的氧化剂，如 Cl_2、Br_2、NO_2、O_3、HClO、H_2O_2 等，润湿的试纸遇上述氧化剂变蓝，也可以用来检测 I_2。

(3) 用法

用水润湿后放在待测处或滴加待测溶液，观察颜色变化。

(4) 注意事项

① 必须先用水润湿，才能用于检验气体。

② 不能将试纸直接放入溶液，以免污染。

③ 当氧化性气体遇到湿的试纸后，则将试纸上的I^-氧化成I_2，I_2立即与试纸上的淀粉作用变成蓝色：

$$2I^- + Cl_2 \longrightarrow 2Cl^- + I_2$$

如气体氧化性强，而且浓度大时，还可以进一步将I_2氧化成无色的IO_3^-，使蓝色褪去：

$$I_2 + 5Cl_2 + 6H_2O \longrightarrow 2HIO_3 + 10HCl$$

可见，使用时必须仔细观察试纸颜色的变化，否则会得出错误的结论。

3.8.6 乙酸铅试纸（白色）

(1) 制备方法

将滤纸浸入3%的乙酸铅溶液中，浸透后取出，在无H_2S的环境中晾干。

(2) 用途

用来定性检验硫化氢气体，遇H_2S变黑色（生成黑色的PbS），用于检验痕量的H_2S。

(3) 用法与注意事项

同淀粉碘化钾试纸。

总之，除pH试纸测定溶液pH值时不能润湿外，在其他情况下所用试纸都必须先用蒸馏水润湿，并及时观察试纸颜色变化。几种常见试纸的制作方法见表3.8-1。

表3.8-1 几种常见试纸的制作方法

名称及自身颜色	制备方法	用途
红色石蕊试纸	用50份热的乙醇溶液浸泡1份石蕊一昼夜，倾去浸出液，按1份存留石蕊加6份水的比例煮沸，并不断搅拌，片刻后静置一昼夜，滤去不溶物得紫色石蕊溶液，若溶液颜色不够深，则需加热浓缩，然后向此石蕊溶液中滴加$0.05mol\cdot L^{-1}$的H_2SO_4溶液至刚呈红色，然后将滤纸浸入，充分浸透后取出，在避光、干燥、没有酸性和碱性蒸气的环境中晾干即成	被$pH\geqslant 8.0$的溶液润湿时变蓝；用纯水浸湿后遇碱性蒸气（溶于水溶液$pH\geqslant 8.0$的气体，如氨气）变蓝。常用于检验碱性溶液或蒸气等
蓝色石蕊试纸	用与上列相同的方法制得紫色石蕊溶液，向其中滴加$0.1mol\cdot L^{-1}$的NaOH溶液至刚呈蓝色，然后将滤纸浸入，充分浸透后取出，用与上列相同的方法晾干即成	被$pH\leqslant 5$的溶液浸湿时变红；用纯水浸湿后遇酸性蒸气或溶于水呈酸性的气体时变红。常用于检验酸性溶液或蒸气等
酚酞试纸，白色	将1g酚酞溶于100mL 95%的酒精后，边振荡边加入100mL水制成溶液，将滤纸浸入其中，浸透后在洁净、干燥的空气中晾干	遇碱性溶液变红，用水润湿后遇碱性气体（如氨气）变红，常用于检验$pH>8.3$的稀碱溶液或氨气等
淀粉碘化钾试纸，白色	取1g可溶性淀粉置于小烧杯中，加水10mL，用玻璃棒搅拌成糊状，然后边搅拌边倒入正在煮沸的200mL水中，并继续加热2～3min至溶液变清为止，再加入0.2g $HgCl_2$（防霉），制成淀粉溶液。再向其中溶解0.4g KI及0.4g $Na_2CO_3\cdot 10H_2O$，将滤纸浸入其中，浸透后取出晾干	用于检测能氧化I^-的氧化剂，如Cl_2、Br_2、NO_2、O_3、HClO、H_2O_2等，润湿的试纸遇上述氧化剂变蓝，也可以用来检测I_2
淀粉试纸，白色	将滤纸浸入上列未加KI、$Na_2CO_3\cdot 10H_2O$的淀粉溶液中，浸透后取出晾干	润湿时遇I_2变蓝，用于检测I_2及其溶液
乙酸铅试纸，白色	将滤纸浸入3%的乙酸铅溶液中，浸透后取出，在无H_2S的环境中晾干	遇H_2S变黑，用于检验痕量的H_2S
铁氰化钾试纸，淡黄色	将滤纸浸入饱和铁氰化钾溶液中，浸透后取出晾干	遇含Fe^{2+}的溶液变成蓝色，用于检验溶液中的Fe^{2+}
亚铁氰化钾试纸，淡黄色	将滤纸浸入饱和亚铁氰化钾溶液中，浸透后取出晾干	遇含Fe^{3+}的溶液呈蓝色，用于检验溶液中的Fe^{3+}

第4章 实验常用设备及操作

4.1 分析天平

分析天平是定量分析工作中不可缺少的重要仪器。分析天平的种类很多，有普通分析天平、半自动/全自动加码电光投影阻尼分析天平及电子分析天平等。

4.1.1 半自动电光分析天平

半自动电光分析天平如图 4.1-1 所示。

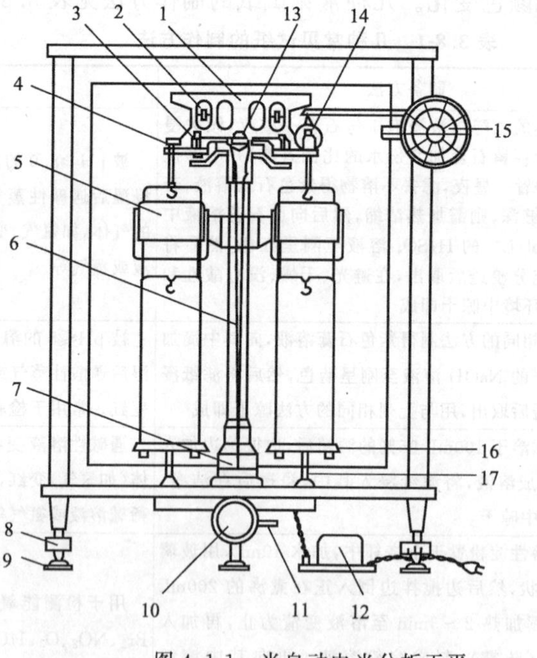

图 4.1-1 半自动电光分析天平

1—横梁；2—平衡螺母；3—支柱；4—蹬；5—阻尼器；6—指针；
7—投影屏；8—螺旋足；9—垫脚；10—升降旋钮；11—调屏拉杆；12—变压器；
13—刀口；14—圈码；15—圈码指数盘；16—秤盘；17—盘托

电光分析天平的最大载荷量是 200g，感量达到 0.1mg 或更小，适用于化学分析和物质的精密测定。天平必须放在牢固和无振动的平台上，室内要保持干燥，无腐蚀性气体。使用前要首先检查天平安放是否水平，如果水准器内的水泡不在圈中央，要旋动垫脚螺母来调整。然后查看机械加码指数盘是否处于零位。轻轻升起横梁检查零点，看不载重时投影屏上的标线是否跟零刻度重合。如果稍有偏离，可拨动底盘下的零点调节杆来调整。如果偏离较大，应调节横梁上的平衡螺母。称量前，一般先用托盘天平对被称物进行粗称，然后将被称物从电光分析天平左侧门放入左盘的正中，根据粗称的值，用镊子往右盘中央加入1g以上的砝码。再旋动指数盘添加10mg以上的圈形砝码。关上天平门，轻轻旋动升降旋钮使横梁升起，观察投影屏中标尺的移动方向（此时天平呈半开启状态），关上天平，根据标尺的走向增减圈形砝码，每次都从中间量开始增减。直到标尺停下后，标线的位置在标尺的刻度范围内。旋动升降旋钮至底，此时天平被完全开启。待指针稳定不动时，读数。被称物的质量是右盘中砝码克数、指数盘读数和投影屏上的读数之和。称量完毕，取出被称物，用镊子把砝码归还盒中，指数盘旋回到零值。关闭两侧门，用毛刷清洁天平，切断电源，罩上天平罩。

使用时注意事项如下。

① 开、关天平旋钮，放、取称量物，开、关天平侧门以及加减砝码等，动作都要轻、缓，切不可用力过猛、过快，以免造成天平部件脱位或损坏。

② 调节零点和读取称量读数时，要留意天平侧门是否已关好；称量读数要立即记录在实验记录本上。调节零点和称量读数后，应随手关好天平。加减砝码或放、取称量物时必须在天平处于关闭状态下进行。砝码未调定时不可完全开启天平。

③ 对于热的或冷的称量物，应置于干燥器内，直至温度同天平室温度一致后才能进行称量。

④ 天平的前门仅供安装、检修和清洁时使用，通常不要打开。

⑤ 在天平箱内放置变色硅胶作为干燥剂，当变色硅胶变红后应及时更换。

⑥ 天平箱内不可有任何遗落的药品，如有遗落的药品需要用毛刷及时清理干净。

4.1.2 电子分析天平

电子分析天平如图4.1-2所示。

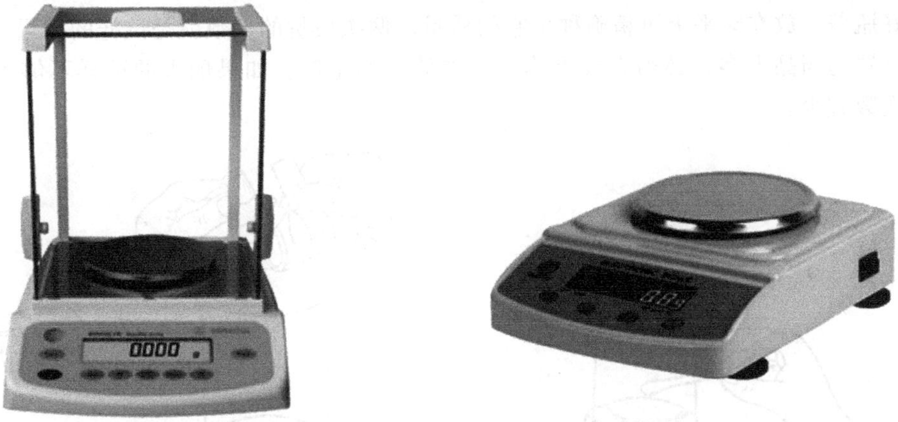

图4.1-2 电子分析天平

电子天平是最新一代的天平，是根据电磁力平衡原理，直接称量，全量程不需砝码。放上称量物后，在几秒钟内即达到平衡，显示读数，称量速度快，精度高。电子天平的支承点用弹性簧片，取代机械天平的玛瑙刀口，用差动变压器取代升降枢装置，用数字显示代替指针刻度式。因而电子天平具有使用寿命长、性能稳定、操作简便和灵敏度高等特点。此外，电子天平还具有自动校正、自动去皮、超载报警、故障报警功能以及具有质量电信号输出功能，且可与打印机、计算机联用，进一步扩展其功能，如统计称量的最大值、最小值、平均值及标准偏差等。电子天平按结构可分为上皿式和下皿式两种。秤盘在支架上面为上皿式，秤盘吊挂在支架下面为下皿式。目前广泛使用的是上皿式电子天平。尽管电子天平种类繁多，但其使用方法大同小异。基本操作大致如下。

① 检查并调整天平至水平位置。观察水平仪，如水平仪水泡偏移，需调整水平调节脚，使水泡位于水平仪中心。

② 预热。接通电源，预热至规定时间后，开启显示器进行操作。

③ 校准。第一次使用前，应对天平进行校准，长期未使用，位置移动，环境变化，在使用天平前一般都应进行校准操作。使用天平配置的校准砝码进行校准。

④ 称量。按 TAR 键清零后，置称量物于秤盘上，待数字稳定后，即可读出称量物的质量。

⑤ 称量结束后，若较短时间内还使用天平，一般不用关闭显示器。实验全部结束后，关闭显示器，切断电源。

4.1.3 称量方法

（1）直接称量法（固定质量称量法）

所称固体试样如果没有吸湿性并在空气中是稳定的，可用直接称量法（图 4.1-3）。先在天平上准确称出洁净容器的质量，然后用药匙取适量的试样加入容器中，称出它的总质量。这两次质量的数值相减，就得出试样的质量。

（2）递减称量法(减量法)

在分析天平上称量一般都用递减称量法（图 4.1-4）。从干燥器中用纸带夹住称量瓶后取出称量瓶（注意：不要让手直接接触称量瓶和瓶盖），先称出试样和称量瓶的精确质量，然后用同样的方法将称量瓶从天平上取出，在接收器的上方倾斜瓶身，用称量瓶盖轻敲瓶口上部，使试样慢慢落入容器中，瓶盖始终不要离开接收器上方。当倾出的试样接近所需量时，一边继续用瓶盖轻敲瓶口，一边逐渐将瓶身竖直，使沾附在瓶口上的试样落回称量瓶，然后盖好瓶盖，放在天平上再精确称出它的质量。两次质量的差数就是试样的质量。如果一次倒入容器的药品太多，必须弃去重称，切勿放回称量瓶。如果倒入的试样不够可再加一次，但次数宜少。

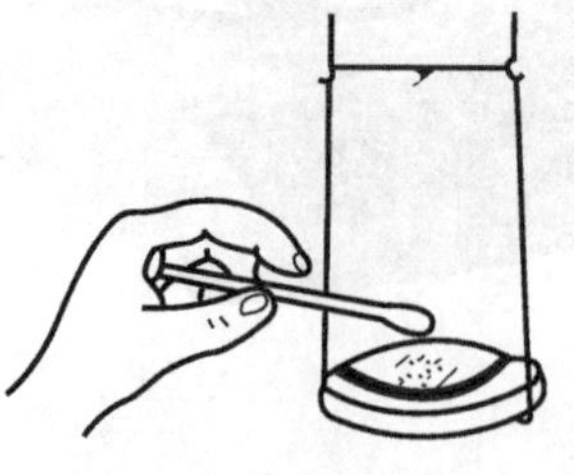

图 4.1-3 直接称量法

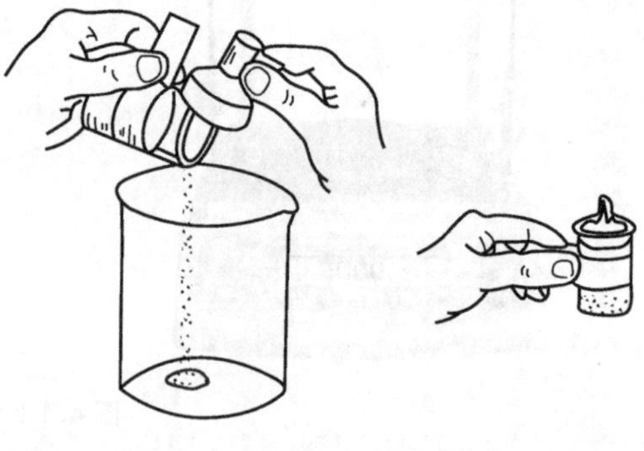

图 4.1-4 递减称量法

4.2 熔点仪

物质的熔点是指该物质由固态变为液态时的温度。不同的物质及不同纯度的物质有不同的熔点。所以熔点的测定是辨认物质及其纯度的重要方法之一。因此熔点的测定在化学工业、医药工业等行业中占有很重要的地位，可用于分析单晶或共晶等有机物质；还可用于观察物体在加热状态下的形变、色变及物体的三态转化等物理变化。

4.2.1 工作原理

熔点仪如图 4.2-1 所示。

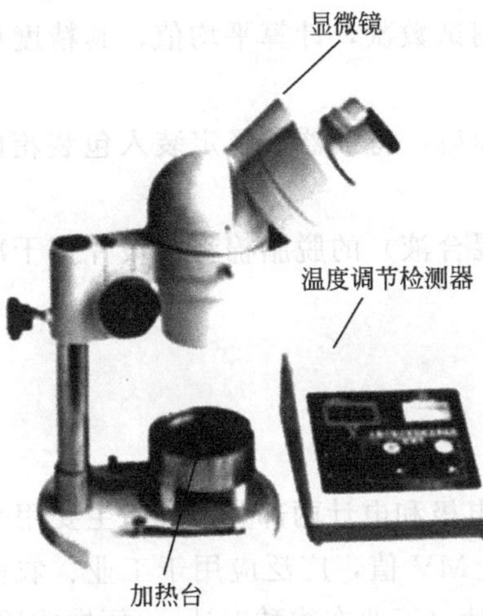

图 4.2-1 熔点仪

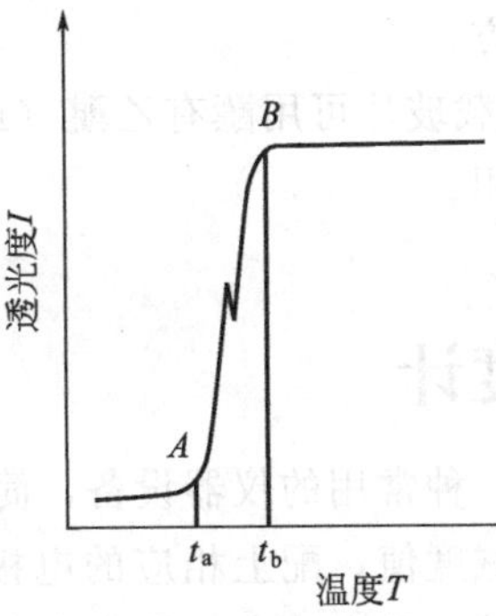

图 4.2-2 透光度-温度曲线

熔点仪的工作原理基于如下事实：物质在结晶状态时反射光线，在熔融状态时透射光线。因此，物质在熔化过程中随着温度的升高会产生透光度的跃变(图 4.2-2)。该仪器采用光电方式自动检测熔化曲线的变化。A 点所对应的温度 t_a 称为初熔点，B 点所对应的温度 t_b 称为终熔点（或全熔点），$t_b \sim t_a$ 称为熔距（即熔化间隔或熔化范围）。

4.2.2 使用方法

新购置的仪器在使用前应首先进行烘干（接通电源即可），然后用熔点标准品对仪器进行校正，修正值供以后精密测量时作为修正依据。测定物质熔点的步骤如下。

① 首先将待测物品进行干燥处理。把待测物品研细，放在干燥器内，用干燥剂干燥；或者用烘箱直接快速烘干（但温度应控制在待测物品的熔点温度以下）。

② 用蘸有乙醚（或乙醚与乙醇混合液）的脱脂棉，将载玻片擦拭干净。

③ 将加热台放置在显微镜的底座上，然后把加热台的电源线接入调压器的输出端，并将加热台的接地端接地。

④ 将感温棒轻轻插入加热台的感温插孔内。

⑤ 取适量待测物品（不大于 0.1mg），放在干净的载玻片上，盖上盖玻片，轻轻压实，然后放置在加热台的中心位置面。

⑥ 盖上隔热玻璃。

⑦ 调节显微镜的调焦手轮，直到看见清晰的待测物品图像。

⑧ 接通电源。

⑨ 调节调压器旋钮，调节电压至 200V 左右，使加热台快速升温，当温度计示值接近待

测物品熔点温度以下 40℃左右时，立即将调压器的电压调节到适当电压值，使升温速度控制在 1℃/min 左右。

⑩ 观察待测物品从初熔化到全熔化过程。当待测物品全部熔化时（此时晶核完全消失），立即读出温度计示值，此值即为该待测物品的熔点，完成一次测试。

⑪ 如需要重复测试时，只需待加热台温度下降到待测物品熔点温度以下 40℃左右，即可重新测试。

⑫ 进行精密测量时，应对实测值进行修正，并测试数次，计算平均值，其精度可控制在±0.5℃。

⑬ 测量完毕后，应及时切断电源，待加热台冷却后，将仪器按规定装入包装箱内，存放在干燥的地方。

⑭ 用过的载玻片可用蘸有乙醚（或乙醚与乙醇混合液）的脱脂棉将载玻片擦干净，以备下次测试使用。

4.3 酸度计

酸度计是一种常用的仪器设备，简称 pH 计，由电极和电计两部分组成。主要用来测量液体介质的酸碱度值，配上相应的电极可以测量电位 MV 值，广泛应用于工业、农业、科研、环保等领域。酸度计常用的种类主要有台式酸度计（工业在线酸度计）、便携式酸度计、笔式酸度计三大类别。台式酸度计如图 4.3-1 所示。

4.3.1 pH 计结构组成——电极介绍

pH 计由三个部件构成，简单来说就是电极和电计组成的。一个部件是参比电极；另一个部件是玻璃电极，其电位取决于周围溶液的 pH 值；再一个部件是电流计，该电流计能在电阻极大的电路中测量出微小的电位差。参比电极的基本功能是维持一个恒定的电位，作为测量各种偏离电位的对照。银/氯化银电极是目前 pH 计中最常用的参比电极。玻璃电极的功能是建立一个对所测量溶液的氢离子活度发生变化做出反应的电位差。把对 pH 值敏感的电极和参比电极放在同一溶液中，就组成一个原电池，该电池的电位是玻璃电极和参比电极电位的代数和：

$$E_{电池} = E_{参比} + E_{玻璃}$$

如果温度恒定，这个电池的电位随待测溶液的 pH 值变化而变化，而测量 pH 计中的电池产生的电位是困难的，因其电动势非常小，且电路的阻抗又非常大（1～100MΩ），因此，必须把信号放大，使其足以推动标准毫伏表或毫安表。电流计的功能就是将原电池的电位放大若干倍，放大了的信号通过电表显示出，电表指针偏转的程度表示其推动的信号的强度，为了使用上的需要，pH 电流表的表盘刻有相应的 pH 数值；而数字式 pH 计则直接以数字显示出 pH 值。

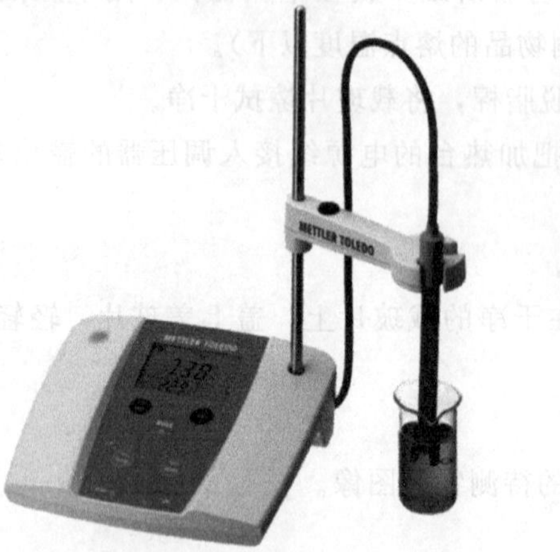

图 4.3-1　台式酸度计

(1) 参比电极

对溶液中氢离子活度无响应，具有已知和恒定的电极电位的电极称为参比电极。参比电极有硫酸亚汞电极、甘汞电极和银/氯化银电极等几种。

常用的参比电极是甘汞电极。它是由汞（Hg）和甘汞（Hg_2Cl_2）的糊状物装入一定浓度的 KCl 溶液中构成的（图 4.3-2）。汞上面插入铂丝，与外导线相连，KCl 溶液盛在底部玻璃管内，管的下端开口用陶瓷塞塞住，通过塞内的毛细孔，在测量时允许有少量 KCl 溶液向外渗漏，但绝不允许被测溶液向管内渗漏，否则将影响电极读数的重现性，导致不准确的结果。为了避免出现这种结果，使用甘汞电极时最好把它上面的小橡皮塞拔下，以维持管内足够的液位压差，断绝被测溶液通过毛细孔渗入的可能性。在使用甘汞电极时还应注意，KCl 溶液要浸没内部小玻璃管的下口，并且在弯管内不允许有气泡将溶液隔断。甘汞电极做成下管较细的弯管，有助于调节与玻璃电极之间的距离，以便在直径较小的容器内也可以插入进行测量。甘汞电极在不用时，可用橡皮套将下端毛细孔套住或浸在 KCl 溶液中，但不要与玻璃电极同时浸在去离子水中保存。甘汞电极的电极电势只随电极内装的 KCl 溶液浓度（实质上是 Cl^- 浓度）而改变，不随待测溶液的 pH 值不同而变化。通常所用的饱和 KCl 溶液的甘汞电极的电极电势为 0.2415V，而用 0.1～3mol·L^{-1} KCl 溶液的甘汞电极，其电极电势为 0.2810V。

(2) 玻璃电极

玻璃电极由玻璃支持杆、玻璃膜、内参比溶液、内参比电极、电极帽、电线等组成（图 4.3-3）。玻璃膜由特殊成分组成，对氢离子敏感。玻璃膜一般呈球泡状，球泡内充入内参比溶液（中性磷酸盐和氯化钾的混合溶液），插入内参比电极（一般用银/氯化银电极），用电极帽封接引出电线，装上插口，就成为一支 pH 指示电极。市场上销售的最常用的指示电极是 231 玻璃 pH 电极。

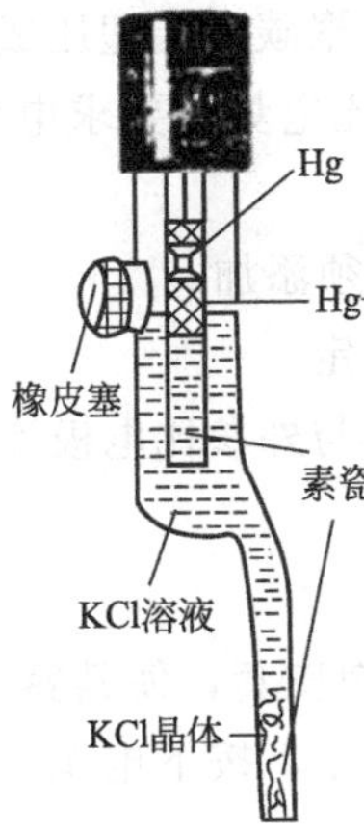

图 4.3-2 甘汞电极

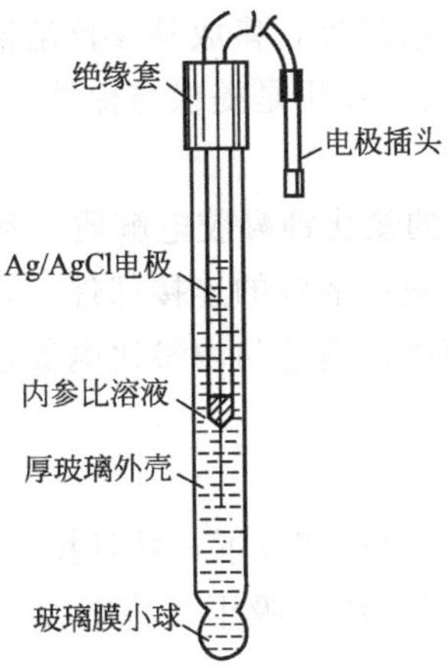

图 4.3-3 玻璃电极

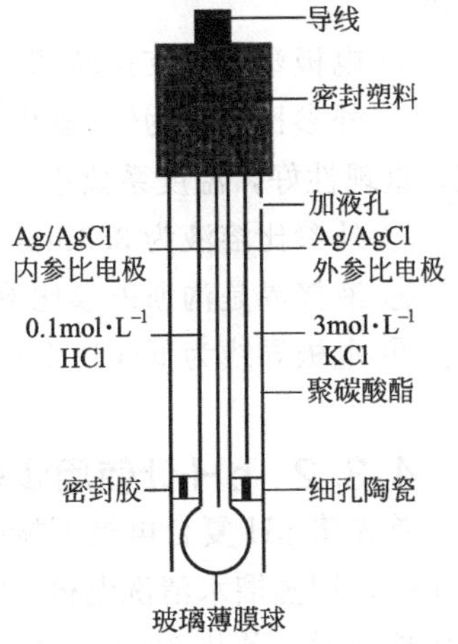

图 4.3-4 复合电极

玻璃电极的关键部分是连接在玻璃管下端、用特制玻璃（SiO_2、Na_2O 和 CaO 的质量分数分别为 72%、22%和 6%）制成的半圆球形玻璃薄膜，膜厚 50μm。在玻璃薄膜圆球内装有一定浓度的 HCl 溶液（常用 0.1mol·L^{-1} HCl），并将覆盖有一薄层 AgCl 的银丝插入 HCl 溶液中，再用导线接出，即构成一个玻璃电极。

当玻璃电极浸入待测 pH 值的溶液中时，玻璃薄膜内外两侧都因吸水膨润而分别形成两个极薄的水化凝胶层，中间则仍为干玻璃层。在进行 pH 值测定时，玻璃膜外侧与待测 pH 值溶液的相界面上发生离子交换，有 H^+ 进出；同样，玻璃膜内侧与膜内装的 $0.1mol \cdot L^{-1}$ HCl 溶液的相界面上也要发生离子交换，也有 H^+ 进出。由于玻璃膜两侧溶液中 H^+ 浓度的差异，以及玻璃膜水化凝胶层内离子扩散的影响，就逐渐在膜外侧和膜内侧两个相界面之间建立起一个相对稳定的电势差，称为膜电势。由于膜内侧 HCl 溶液中 $c(H^+)=0.1mol \cdot L^{-1}$，为定值，当玻璃膜内离子扩散情况稳定后，它对膜电势的影响也为定值，因此膜电势就只取决于膜外侧待测 pH 值溶液中的 H^+ 浓度 [$c(H^+)$]。在膜电势与银/氯化银电极的电势合并后，即得玻璃电极的电极电势。

目前市场上使用的电极为复合电极的情况越来越普遍，复合电极只是复合了以上两种电极的功能，简化了操作功能。

(3) 复合电极

外壳为塑料的就称为塑壳 pH 复合电极。外壳为玻璃的就称为玻璃 pH 复合电极。pH 复合电极的结构主要由电极球泡、玻璃支持杆、内参比电极、内参比溶液、外壳、外参比电极、外参比溶液、液接界、电极帽、电极导线、插口等组成（图 4.3-4）。

① 电极球泡由锂玻璃熔融吹制而成，呈球形，膜厚为 0.1～0.2mm，电阻值＜250MΩ (25℃)。

② 玻璃支持杆是支持电极球泡的玻璃管体，由电绝缘性优良的铅玻璃制成，其膨胀系数应与电极球泡玻璃一致。

③ 内参比电极为银/氯化银电极，主要作用是引出电极电位，要求其电位稳定，温度系数小。

④ 内参比溶液是零电位为 pH=7 的溶液，是中性磷酸盐和氯化钾的混合溶液，玻璃电极与参比电极构成电池建立零电位的 pH 值，主要取决于内参比溶液的 pH 值及氯离子浓度。

⑤ 电极塑壳是支持玻璃电极和液接界，盛放外参比溶液的壳体，由聚碳酸酯塑压成型。

⑥ 外参比电极为银/氯化银电极，作用是提供与保持一个固定的参比电势，要求电位稳定，重现性好，温度系数小。

⑦ 外参比溶液为 $3.3mol \cdot L^{-1}$ 的氯化钾凝胶电解质，不易流失，无须添加。

⑧ 液接界是沟通外参比溶液和被测溶液的连接部件，要求渗透量稳定。

⑨ 电极导线为低噪声金属屏蔽线，内芯与内参比电极连接，屏蔽层与外参比电极连接。

4.3.2 pH 计使用步骤

首先将 pH 复合电极下端的电极保护套拔下，并且拉下电极上端的橡皮套，使其露出上端小孔，用蒸馏水清洗电极。清洗后用滤纸吸干。将电源线插入电源插座，按下电源开关，电源接通后，预热 30min，接着进行标定。

(1) 自动标定（适用于 pH 值为 4.00、6.86、9.18 的标准缓冲溶液）

仪器使用前首先要标定。在一般情况下，仪器在连续使用时，每天要标定一次。

① 按"pH/mV"按钮，使仪器进入 pH 测量状态。

② 按"温度"按钮，使仪器进入溶液温度调节状态，按"温度"键上的"▲"或"▼"调节温度显示数值上升或下降，使仪器显示温度为当前溶液温度值，然后按"确认"键，仪

器确定溶液温度后回到 pH 测量状态。

③ 把用蒸馏水清洗过、滤纸吸干的电极插入 pH=6.86 的标准溶液中，待读数稳定后按“定位”键（此时 pH 指示灯慢闪烁，表明仪器在定位标定状态），按“定位”键上的“▲”或“▼”调节 pH 显示数值上升或下降，使仪器显示读数与该缓冲溶液当时温度下的 pH 值相一致，然后按“确认”键（如混合磷酸盐在 10℃时，pH=6.92）。

④ 把用蒸馏水清洗过、滤纸吸干的电极插入 pH=4.00（或 pH=9.18）的标准溶液中，待读数稳定后按“斜率”键，按“斜率”键上的“▲”或“▼”调节 pH 显示数值上升或下降，使读数为该溶液当时的 pH 值，然后按“确认”键，仪器进入 pH 测量状态，pH 指示灯停止闪烁，标定完成。标定后 24h 内不需要再标定。

在标定过程中需要注意以下几点。

① 如果标定过程中操作失败或按键错误而使仪器测量不正常，可关闭电源，然后按“确认”键再开启电源，使仪器恢复初始状态。然后重新标定。

② 标定后，“定位”键及“斜率”键不能再按，如果触动此键，此时仪器 pH 指示灯闪烁，不要按“确认”键，而是按“pH/mV”键，使仪器重新进入 pH 测量即可，而无须再进行标定。

③ 标定的缓冲溶液一般第一次用 pH=6.86，第二次用接近溶液的 pH 值的缓冲溶液。如果被测溶液为酸性时，缓冲溶液应选 pH=4.00；如被测溶液为碱性，则选 pH=9.18 的缓冲溶液。

(2) 测量 pH 值

经标定过的仪器，即可用来测量被测溶液，根据被测溶液与标定溶液温度是否相同，其测量步骤也有所不同。

当被测溶液与标定溶液温度相同时，测量步骤如下。

① 用蒸馏水清洗电极头部，再用被测溶液清洗一次。

② 把电极浸入被测溶液中，用玻璃棒搅拌溶液，使其均匀，在显示屏上读出溶液的 pH 值。

当被测溶液和标定溶液温度不同时，测量步骤如下。

① 用蒸馏水清洗电极头部，再用被测溶液清洗一次。

② 用温度计测出被测溶液的温度值。

③ 按“温度”键，使仪器进入溶液温度状态（此时℃温度单位指示灯闪亮），按“▲”键或“▼”键调节温度显示数值上升或下降，使温度显示值和被测溶液温度值一致，然后按“确认”键，仪器确定溶液温度后回到 pH 测量状态。

④ 把电极插入被测溶液内，用玻璃棒搅拌溶液，使其均匀后读出该溶液的 pH 值。

(3) 测量电极电位（mV 值）

① 打开电源开关，仪器进入 pH 测量状态；按“pH/mV”键，使仪器进入 mV 测量即可。

② 把复合电极夹在电极架上。

③ 用蒸馏水清洗电极头部，再用被测溶液清洗一次。

④ 把复合电极的插头插入测量电极插座处。

⑤ 把复合电极插在被测溶液内，将溶液搅拌均匀后，即可在显示屏上读出该离子选择电极的电极电位（mV 值），还可自动显示±极性。

⑥ 如果被测信号超出仪器的测量（显示）范围，显示屏显示 1…mV，做超载报警。

4.4 电导率仪

电导率仪（图 4.4-1）是实验室常用测量电导率的仪器，它除能测定一般液体的电导率外，还能满足测量高纯水的电导率的需要。仪器有 0～10mV 信号输出，可接自动电子电位差计进行连续记录。电导率是物质传导电流的能力。电导率仪的测量原理是将两块平行的极板放到被测溶液中，在极板两端加上一定的电势，然后测量极板间流过的电流。电导(G)是电阻(R)的倒数，单位为西门子(S)。当两个电极（通常为铂电极或铂黑电极）插入溶液中，可以测出两电极间的电阻 R。根据欧姆定律，温度一定时，这个电阻值与电极间距 L(cm)成正比，与电极的截面积 A(cm^2)成反比，即：

$$R=\rho\frac{L}{A}$$

式中，ρ 为电阻率，是长 1cm、截面积为 $1cm^2$ 导体的电阻，其大小取决于物质的本性。根据上式，电导(G)可表示成下式：

$$G=\frac{1}{R}=\frac{1}{\rho}\times\frac{A}{L}=\kappa\frac{1}{J}$$

式中，$\kappa=1/\rho$ 为电导率；$J=L/A$ 为电极常数。电解质溶液电导率是指相距 1cm 的两平行电极间充以 $1cm^3$ 溶液时所具有的电导。由上式可见，当已知电极常数(J)，并测出溶液电阻(R)或电导(G)时，即可求出电导率。因为电导池的几何形状影响电导率值，所以标准的测量中用单位 $\mu S\cdot cm^{-1}$ 来表示电导率，以补偿各种电极尺寸造成的差别。电导率的物理

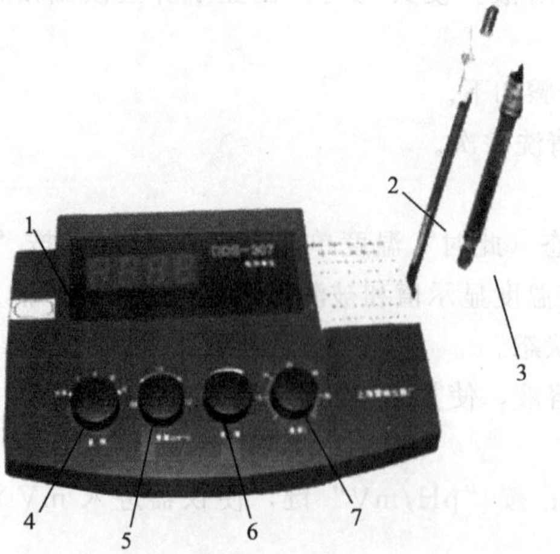

图 4.4-1 电导率仪

1—显示屏；2—电极梗；3—电导电极；4—量程开关旋钮；5—常数补偿调节旋钮；6—校准调节旋钮；7—温度补偿调节旋钮

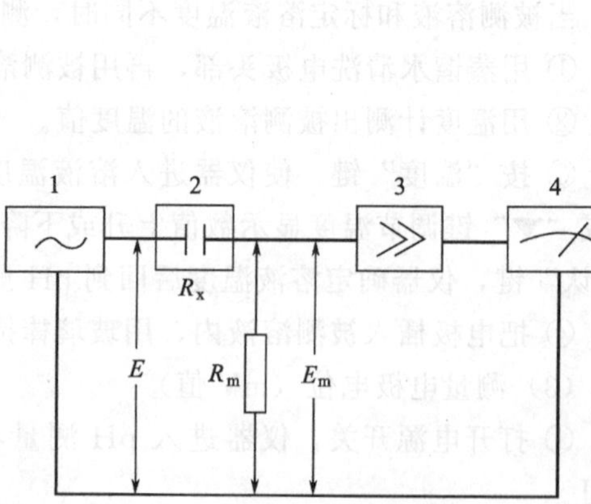

图 4.4-2 电导率仪工作原理

1—振荡器；2—电导池；3—放大器；4—指示器

意义是表示物质导电的性能。电导率越大，则导电性能越强；反之越弱。

4.4.1 电导率仪工作原理

电导率仪由振荡器、放大器和指示器等部分组成（图4.4-2）。E 为振荡器产生的交流电压，R_x 为电导池的等效电阻，R_m 为分压电阻，E_m 为 R_m 上的交流分压。由欧姆定律可知，K_{cell}为电导池常数，当 E、R_m 和 K_{cell}均为常数时，由电导率 K 的变化必将引起 E_m 做相应变化，所以测量 E_m 的大小，也就测得溶液电导率的数值。将 E_m 送至交流放大器放大，再经过信号整流，以获得推动表头的直流信号输出，表头直读电导率。

4.4.2 电导率仪的使用

电导率仪的使用步骤如下。

① 开机。按下电源开关，预热 30min。

② 校准。将量程开关旋钮指向“检查”，常数补偿调节旋钮指向“1”刻度线，温度补偿调节旋钮指向“25℃”刻度线，调节校准调节旋钮，使仪器显示“$100.0\mu S \cdot cm^{-1}$”。

③ 测量。调节常数补偿调节旋钮使显示值与电极上所标常数值一致。调节温度补偿调节旋钮至待测溶液实际温度值。调节量程开关旋钮至显示器有读数，若显示值熄灭表示量程太小。先用蒸馏水清洗电极，滤纸吸干，再用被测溶液清洗一次，把电极浸入被测溶液中，用玻璃棒搅拌溶液，使溶液均匀，读出溶液的电导率值。

④ 结束。用蒸馏水清洗电极；关机。

4.5 分光光度计

分光光度计分为原子吸收分光光度计、荧光分光光度计、可见分光光度计、红外分光光度计、紫外可见分光光度计五大类。原子吸收分光光度计是进行常量、微量金属(半金属)元素分析的有力工具。荧光分光光度计是用于扫描液相荧光标记物所发出的荧光光谱的一种仪器。可见分光光度计用于透射比、吸光度、浓度的直接测定，测定波长范围为 400～760nm 的可见光区。红外分光光度计测定波长范围为大于 760nm 的红外线区，这其中有研究有机化合物最常用的光谱区域。红外光谱法的特点是：快速，样品量少(几微克至几毫克)，特征性强(各种物质有其特定的红外光谱图)，能分析各种状态(气、液、固)的试样，以及不破坏样品。紫外可见分光光度计测定波长范围为 200～400nm 的紫外线区及可见光区，操作简单，功能完善，可靠性高，基础实验中常用可见分光光度计，如图 4.5-1 所示。

图 4.5-1 可见分光光度计

4.5.1 工作原理

(1) 光的互补及有色物质的显色原理

① 光的波粒二象性　光是能的一种表现形式，是电磁波的一种，具有“波动性”。光的颜色即由光的波长决定，人眼能感觉到的光称为可见光，其波长在400～750nm之间。在可见光之外是红外线和紫外线。同时，光也具有“粒子性”，光电效应就是一个很好的例子。光的粒子性理论认为，光是由“光子”(或称“光量子”)所组成的。在辐射能量时，光是以一份一份的能量E的形式辐射的，同时光被吸收时，能量也是一份一份被吸收的。这每一份能量的大小为$h\nu$。光子的能量与波长的关系为：

$$E = h\nu = \frac{hc}{\lambda}$$

式中，E为光子的能量；ν为频率；h为普朗克常数($6.63\times10^{-34}\,\mathrm{J\cdot s}$)；$c$为光速；$\lambda$为光的波长。因此，不同波长的光，其能量不同，短波能量大，长波能量小。

② 光的显色原理　若把某两种颜色的光，按一定的强度比例混合，能够得到白色光，则这两种颜色的光称为互补色。各种溶液会呈现出不同的颜色，其原因是溶液中有色质点(分子或离子)选择性地吸收某种颜色的光。实验证明，溶液所呈现的颜色是其主要吸收光的互补色。如一束白光通过高锰酸钾溶液时，绿光大部分被选择性吸收，其他的光透过溶液，溶液显示紫红色。

(2) 朗伯-比尔定律

溶液颜色的深浅与浓度之间的关系可以用吸收定律来描述。它是由朗伯定律和比尔定律相结合而成的，所以称为朗伯-比尔定律。当光线通过某种物质的溶液时，透过的光的强度减弱。因为有一部分光在溶液的表面反射或分散，一部分光被组成此溶液的物质所吸收，只有一部分光可透过溶液。设I_0为经过空白校正后入射光的强度；I_t为透射光的强度。透射光强度I_t与入射光强度I_0之比为透光率或透光度，用T表示：

$$T = \frac{I_t}{I_0}$$

透光率的负对数称为吸光度，用A表示：

$$A = -\lg T = \lg\frac{1}{T} = \lg\frac{I_0}{I_t}$$

(3) 朗伯-比尔定律的应用

① 等吸光度法　从朗伯-比尔定律可知，当用同一光源照射同一物质的不同浓度溶液时，若吸光度相等，则两种溶液各自的浓度和透光液层厚度的乘积也相等。利用此关系在可见光区用眼睛作为检测器(目视比色法)，即可求出待测溶液的浓度。

② 计算法　根据被测溶液浓度的大致范围，先配制一种已知浓度的标准溶液。用同样的方法处理标准溶液与被测溶液，使其呈色后，在同样的实验条件下用同一台仪器分别测定它们的吸光度。

在标准溶液中：

$$A_s = k_s c_s l_s$$

在待测溶液中：

$$A_x = k_x c_x ; l_x$$

如果测定时选用相同厚度的比色皿使L相等，并使用同一波长的单色光，保持温度相同，则 K 也相等。将两式相除可得：

$$\frac{A_s}{A_x}=\frac{c_s}{c_x}$$

③ 标准曲线法　这种方法分以下几步：首先配制五种以上标准浓度的溶液，然后测出每种溶液的吸光度 A，最后作出 A-c 标准曲线，如图 4.5-2 所示。有了标准曲线，便可对溶液进行测量。在同样的条件下，用仪器测出 A 后，查标准曲线即可得被测溶液的浓度值 c_x。

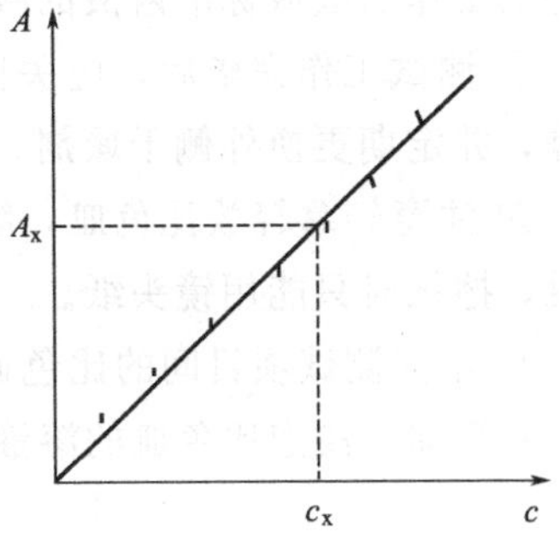

图 4.5-2　A-c 标准曲线

4.5.2 可见分光光度计仪器使用

（1）仪器的工作环境

① 使用的环境温度为 5～35℃，并保持环境干燥。

② 仪器应有良好的接地，避免磁场、电场，避免接触腐蚀性气体；工作间光线不能过强，避免震动。

③ 推荐使用 100W 以上的电子交流稳压器。

（2）操作步骤

① 按下电源开关按钮，此时光路、电路接通，同时开启试样室盖子，将光门自动关闭，切断光路。

② 将选择开关置于“T”位(透过率)，波长旋钮调整至测定所需波长值，灵敏度旋钮调整至低位后，仪器预热 20min。

③ 预热完成后，依次在仪器的样品架上放好空白溶液、标准溶液、待测溶液。比色皿的石英玻璃面应用镜头纸擦干净。

④ 调节“0”旋钮，使读数显示为“0.000”，盖上试样室盖子，将比色架置于空白溶液位置，调节“100.0”旋钮，如果调节不到，可由小到大逐级提高灵敏度值，但应尽可能在低挡位工作。如果调整了灵敏度旋钮，就需增加仪器预热时间，待仪器在新的灵敏度挡位下稳定后，再依次调节“0”旋钮、“100.0”旋钮，直至仪器多次重复稳定在这两点。

⑤“T”位调整稳定后，将选择开关置于“A”位(吸光度)，仍然将空白溶液置于光路中，调整“消光零”按钮，使吸光度值显示为“0.000”，如果需要记录溶液吸光度值，此时可拉动比色架拉杆，依次将标准溶液、待测溶液拉入光路，测量其吸光值。

⑥ 如果需要直接记录被测溶液浓度值，可在调“A”为“0.000”后，将选择开关置于“C”位(浓度)，调整其读数为“0”，然后将标准溶液拉入光路，调整浓度旋钮，使其显示值为标准溶液浓度值，再依次将被测溶液拉入光路中，其显示值即为样品浓度值。

⑦ 空白溶液的选择和浓度值的直接读出，还应视测试的具体情况做相应的调整。

（3）注意事项

① 测试过程尽可能快速进行，读数完毕需进行下一步操作时，应随手开启试样室盖子(包括预热阶段)，使光门在未读数时处于自动关闭状态，以防止光门常开使光电倍增管长期处于工作状态而加速疲劳老化。

② 在测试中如果需改变波长，应在改变波长后适当增加仪器的稳定时间，再从“T”位开始对仪器进行调整，其他位置，如“A”位、灵敏度等的改变，均应在仪器稳定后，从头对仪器进行调整。

③ 一般使用时，如果事先确定了仪器的灵敏度位置，使用时可以不用变动，使用已经作好的工作曲线或标准溶液的吸光度值，也要用标准溶液来检查。

④ 测试工作完毕后，应关闭电源检查和擦拭比色架内外的水分，保持仪器内外清洁、干燥，并定期更换外侧干燥剂。

⑤ 注意轻拿轻放比色皿，防止损坏。比色皿透光部分不应用手触摸，不应与其他物品接触，擦拭时只能用镜头纸。

⑥ 不同测试项目间的比色皿不能混用，补充损坏的比色皿时，需检查透光率一次，不得随意添加。浸泡比色皿的溶液不得混淆使用。

4.6 阿贝折射仪

折射仪，又称折光仪，是利用光线测试液体浓度的仪器，用来测定折射率、双折射率、光性，折射率是物质的重要物理常数之一。许多纯物质都具有一定的折射率，物质如果其中含有杂质，则折射率将发生变化，出现偏差，杂质越多，偏差越大。折射仪主要由高折射率棱镜（铅玻璃或立方氧化锆）、棱镜反射镜、透镜、标尺（内标尺或外标尺）和目镜等组成。折射仪有手持式折射仪、糖量折射仪、蜂蜜折射仪、数显折射仪、全自动折射仪。

4.6.1 阿贝折射仪的工作原理

（1）折射现象和折射率

当一束光从一种各向同性的介质 m 进入另一种各向同性的介质 M 时，不仅光速会发生改变，如果传播方向不垂直于界面，还会发生折射现象，如图 4.6-1 所示。

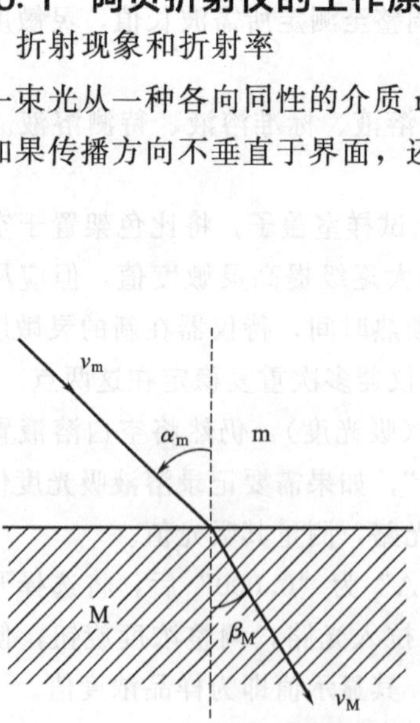

图 4.6-1 光在不同介质中的折射

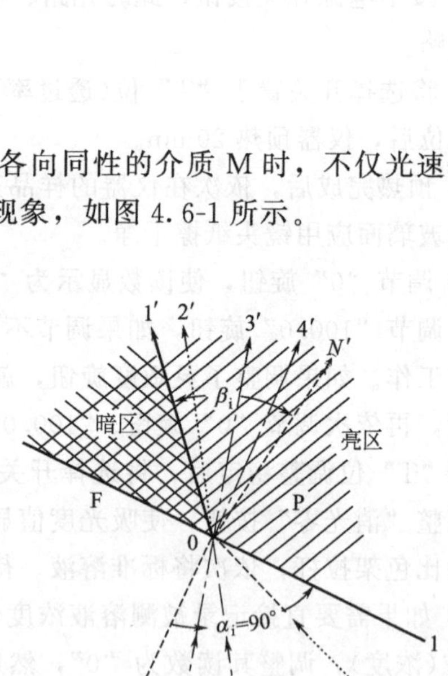

图 4.6-2 光的临界折射现象

光线在真空中的速度（$v_{真空}$）与在某一介质中的速度（$v_{介质}$）之比定义为该介质的折射率，它等于入射角 α 与折射角 β 的正弦之比，即：

$$n_\lambda^t = \frac{v_{真空}}{v_{介质}} = \frac{\sin\alpha}{\sin\beta}$$

在测定折射率时，一般光线都是从空气中射入介质中，除精密工作以外，通常都是以空气作为近似真空标准状态，故常以空气中测得的折射率作为某介质的折射率，即：

$$n_\lambda^t = \frac{\sin 90^\circ}{\sin\beta_i} = \frac{1}{\sin\beta_i}$$

物质的折射率随入射光的波长 λ、测定时的温度 t 等因素而变化，所以，在测定折射率时必须注明所用的光线和温度。当 λ、t 一定时，物质的折射率是一个常数。例如，$n_{20}^{D}=1.3611$ 表示入射光波长为钠光 D 线（$\lambda=589.3$nm），温度为 20℃时，介质的折射率为 1.3611。由于光在任何介质中的速度均小于它在真空中的速度，因此，所有介质的折射率都大于 1，即入射角大于折射角。

(2) 阿贝折射仪测定液体介质折射率的原理

阿贝折射仪是根据临界折射现象设计的，如图 4.6-2 所示。入射角 $\alpha_i=90^\circ$时，折射角 β_i 最大，称为临界折射角。如果从 0°到 90°(α_i)都有单色光入射，那么从 0°到临界角 β_i 也都有折射光。换言之，在临界角以内的区域均有光线通过，该区是亮的，而在临界角 β_i 以外的区域，由于折射光线消失而没有光线通过，故该区是暗的，两区将有一条明暗分界线，由分界线的位置可测出临界角 β_i。当 $\alpha_i=90^\circ$，$\beta=\beta_i$ 时，有：

$$n_\lambda^t = \frac{\sin 90^\circ}{\sin\beta_i} = \frac{1}{\sin\beta_i}$$

4.6.2 阿贝折射仪的结构

阿贝折射仪中心部件是由两块直角棱镜组成的棱镜组，下面一块是可以启闭的辅助棱镜，其斜面是磨砂的，液体试样夹在辅助棱镜与测量棱镜之间，展开成一薄层。光由光源经反射镜反射至辅助棱镜，磨砂的斜面发生漫射，因此从液体试样层进入测量棱镜的光线各个方向都有，从测量棱镜的直角边上方可观察到临界折射现象。转动棱镜组转轴的手柄，调节棱镜组的角度，使临界线正好落在测量望远镜视野的 X 形准丝交点上。由于刻度盘与棱镜组的转轴是同轴的，因此与试样折射率相对应的临界角位置能通过刻度盘反映出来。刻度盘上的示值有两行：一行是在以日光为光源的条件下将 Z_i 值和 KIO_3 值直接换算成相当于钠光 D 线的折射率 HCl(从 1.3000 至 1.7000)；另一行为 0～95%，它是工业上用折射仪测量固体物质在水中浓度的标准。通常用于测量蔗糖的浓度。为使用方便，阿贝折射仪光源采用日光而不用单色光。日光通过棱镜时，由于其不同波长的光的折射率不同，因而产生色散，使临界线模糊。为此在测量望远镜的镜筒下面设计了一套消色散棱镜（Amici 棱镜），旋转消色散手柄，就可以使色散现象消除。阿贝折射仪的构造如图 4.6-3 所示。

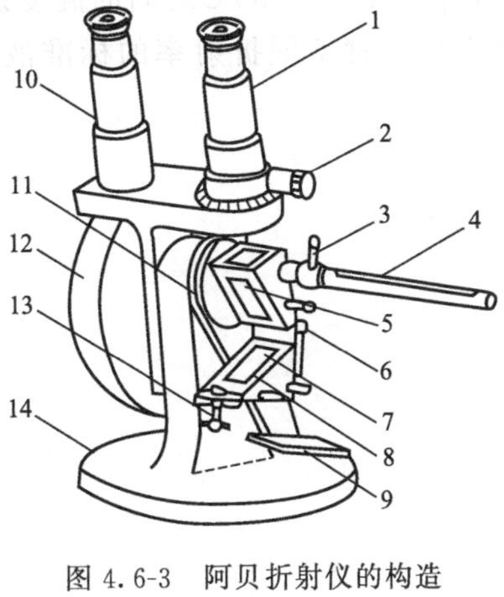

图 4.6-3 阿贝折射仪的构造

1—测量镜筒；2—阿米西棱镜手轮；3—恒温器接头；4—温度计；5—测量棱镜；6—铰链；7—辅助棱镜；8—加样品孔；9—反射镜；10—读数镜筒；11—转轴；12—刻度盘罩；13—棱镜锁紧扳手；14—底座

4.6.3 阿贝折射仪的使用

阿贝折射仪的使用步骤如下。

① 仪器的安装。将折射仪置于靠窗的桌子或白炽灯前。但勿使仪器置于直射的日光中，以避免液体试样迅速蒸发。用橡

皮管将测量棱镜和辅助棱镜上保温夹套的进水口与超级恒温槽串联起来，恒温温度以折射仪上的温度计读数为准。

② 加样。松开锁钮，开启辅助棱镜，使其磨砂的斜面处于水平位置，用滴定管加少量丙酮清洗镜面，促使难挥发的沾污物逸走，用滴定管时注意，勿使管尖触碰镜面。必要时可用擦镜纸轻轻吸干镜面，但切勿用滤纸。待镜面干燥后，滴加数滴试样于辅助棱镜的毛镜面上，闭合辅助棱镜，旋紧锁钮。若试样易挥发，则可在两棱镜接近闭合时从加液小槽中加入，然后闭合两棱镜，锁紧锁钮。

③ 对光。转动手柄，使刻度盘标尺上的示值为最小，调节反射镜，使入射光进入棱镜组，同时从测量望远镜中观察，使视场最亮。调节目镜，使视场准丝最清晰。

④ 粗调。转动手柄，使刻度盘标尺上的示值逐渐增大，直至观察到视场中出现彩色光带或黑白临界线为止。

⑤ 消色散。转动消色散手柄，使视场内呈现一个清晰的明暗临界线。

⑥ 精调。转动手柄，使临界线正好处在 X 形准丝交点上，若此时又呈微色散，必须重调消色散手柄，使临界线明暗清晰。

⑦ 读数。为保护刻度盘的清洁，现在的折射仪一般都将刻度盘装在罩内，读数时先打开罩壳上方的小窗，使光线射入，然后从读数望远镜中读出标尺上相应的示值。由于眼睛在判断临界线是否处于准丝交点上时，容易疲劳，为减少偶然误差，应转动手柄，重复测定三次，三个读数相差不能大于 0.0002，然后取其平均值。试样的成分对折射率的影响是极其灵敏的，由于沾污或试样中易挥发组分的蒸发，致使试样组分发生微小的改变，会导致读数不准，因此测一个试样须重复取三次样，测定这三个样品的数据，再取其平均值。

4.6.4 阿贝折射仪的校正

折射仪的刻度盘上的标尺的零点有时会发生移动，须加以校正。校正的方法是用一种已知折射率的标准液体，一般是用纯水，按上述方法进行测定，将平均值与标准值比较，其差值即为校正值。在 15～30℃之间的温度系数为 $-0.0001℃^{-1}$。在精密的测定工作中，须在所测范围内用几种不同折射率的标准液体进行校正，并画成校正曲线，以供测试时对照校核。

第5章 实验数据的处理与结果评价

被测量值的真值和实验所得的给出值总存在一定的差异，这就是测量误差。而误差的存在使我们对客观事物的认识受到不同程度的歪曲，因此就必须进行误差分析。另外，一般原始的测试技术都是参差不齐的，需运用数学方法加以精选、加工，以求获得可靠、真正反映事物内在本质的结论，这就是要进行数据处理。误差分析和数据处理是判断科学实验和科学测试结果质量和水平的主要手段。

5.1 误差理论

误差根据产生的原因及性质分为系统误差和偶然误差。

5.1.1 系统误差

在相同条件下，对同一对象进行多次测量时，有一种绝对值和符号不变，或按某一规律变化的误差，称为系统误差。系统误差的特点是测量结果向一个方向偏离，其数值按一定规律变化。系统误差分为方法误差、仪器误差、试剂误差、主观误差四类。

(1) 方法误差

由于分析方法本身不够完善而引入的误差。例如，在重量分析过程中由于沉淀溶解损失而产生的误差，在滴定分析过程中由于指示剂选择不当而造成的误差。

(2) 仪器误差

由于仪器本身的缺陷而引起的误差。例如，天平两臂不等长，砝码、滴定管、容量瓶等未经校正而引入的误差。

(3) 试剂误差

试剂不纯或者去离子水不合规格，引入杂质而造成的误差。

(4) 主观误差

由于操作人员主观原因造成的误差。例如，对滴定终点的颜色判别不准而引起的误差，对滴定管读数的偏高和偏低而造成的误差。

5.1.2 偶然误差

偶然误差，又称随机误差或不可测误差。是指由于一些难以控制的随机因素引起的误差。不仅影响准确度，而且影响精密度。它产生的原因有随机因素(如室温、湿度、气压、电压的微小变化等)和个人辨别能力(如滴定管读数的不确定性)两种。偶然误差的特点是：不确定性；不可测性；服从正态分布规律，即大小相等的正误差和负误差出现的概率相等，小误差出现的概率大，大误差出现的概率小，极大误差出现的概率极小。

5.1.3 消除系统误差的方法

(1) 对照实验

常用已知准确含量的标准试样按同样方法进行分析以便对照，也可以用不同的分析方法，或者用不同地区的分析人员分析同一试样来相互对照。对照实验是检查系统误差的有效方法。

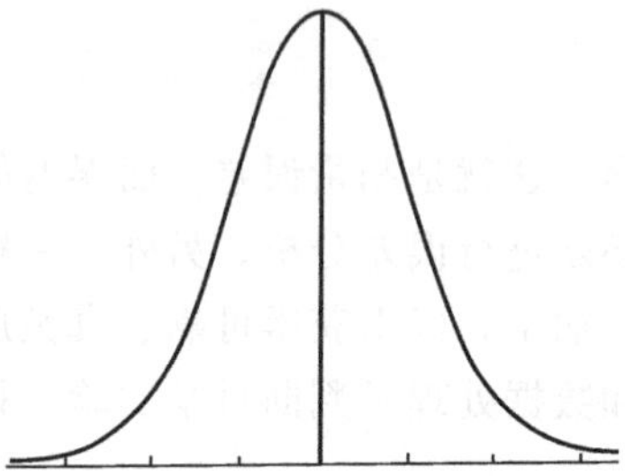

图 5.1-1 偶然误差分布

(2) 空白实验

空白实验是在不加试样的情况下，按照试样的分析步骤和条件而进行分析的实验。得到的结果称为空白值。从实验结果中扣除空白值，就可以得到更接近真实含量的分析结果。

(3) 校准仪器

在准确度要求较高的分析中，对所用的仪器（如滴定管、移液管、容量瓶、天平砝码等），必须进行校准，求出校准值，并在计算结果时采用，以消除由仪器带来的误差。

(4) 校正方法

某些分析方法的系统误差可用其他方法校正。在沉淀硅酸后的滤液中可以用比色法测出少量硅，在沉淀钨酸后的滤液中可以测到少量钨，在准确度要求较高时，应将滤液中该成分的比色测定结果加到重量分析结果中去。

5.1.4 消除偶然误差的方法

偶然误差是由偶然因素所引起的，可大可小，可正可负，粗看似乎没有规律性。但事实上，当测量次数很多时，偶然误差的分布也有一定的规律：正态分布。当测量次数 $N \to \infty$ 时，误差分布呈现正态分布。偶然误差分布如图 5.1-1 所示。消除偶然误差的方法是增加平行测定次数。在消除系统误差的前提下，平行测定的次数越多，则测得的算术平均值越接近于真实值。因此，常借助于增加测定次数的方法来减少偶然误差，以提高分析结果的准确度。

除了上述两类误差外，往往还可能由于工作上的粗枝大叶、不遵守操作规程等而造成过失。这不是误差，是责任事故，应杜绝！

5.1.5 测量准确度、精确度、精密度及三者关系

(1) 测量准确度

表示测量结果与被测量真值之间的一致程度。就误差分析而言，准确度是测量结果中系统误差和随机误差的综合，误差大，则准确度低，误差小，则准确度高。

(2) 精确度

当只考虑系统误差的大小时，准确度称为精确度。反映测试数据的平均值与被测量真值的偏差。

(3) 精密度

只考虑随机误差的大小时，准确度称为精密度。反映测试数据相互之间的偏差。

(4) 准确度、精确度和精密度三者之间的关系

准确度、精确度和精密度三者之间的关系如图 5.1-2 所示。

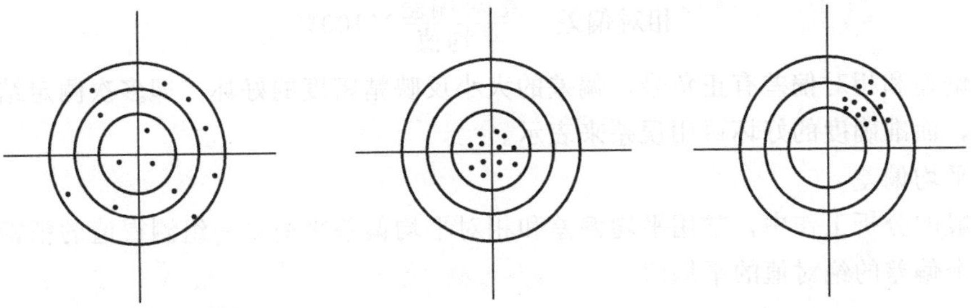

弹着点全部在靶上，但分散。相当于系统误差小而随机误差大，即精密度低，准确度高
弹着点集中靶心。相当于系统误差与随机误差均小，即精密度、准确度都高
弹着点集中，但偏向一方，命中率不高。相当于系统误差大而随机误差小，即精密度高，准确度低

图 5.1-2 准确度、精确度和精密度三者之间的关系

5.1.6 误差的表示

(1) 绝对误差

$$\Delta x = x - x_0$$

式中，x 为测得值；x_0 为被测值的真值，常用约定真值代替；Δx 为绝对误差。

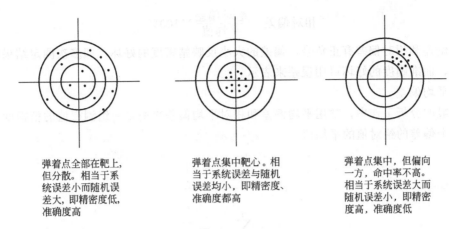

绝对误差的特点是：绝对误差是一个具有确定的大小、符号及单位的量，单位给出被测量的量纲，其单位与测得值相同；绝对误差不能完全说明测量的准确度。

(2) 修正值

$$c = -\Delta x = x_0 - x$$

式中，x 为测得值；x_0 为被测值的真值，常用约定真值代替；c 为修正值。

修正值的特点是：在测量仪器中，修正值常以表格、曲线或公式的形式给出；修正结果是将测得值加上修正值后的测量结果，这样可提高测量准确度。

(3) 相对误差

$$r = \frac{\Delta x}{x_0}$$

式中，r 为相对误差；x_0 为被测值的真值，常用约定真值代替；Δx 为绝对误差。

相对误差的特点是：相对误差只有大小和符号，而无量纲，一般用百分数来表示；相对误差常用来衡量测量的相对准确程度。

(4) 引用误差

$$r_m = \frac{\Delta x_m}{x_m}$$

式中，Δx_m 为仪器某标称范围(或量程)内的最大绝对误差；x_m 为该标称范围(或量程)上限；r_m 为引用误差。

引用误差的特点：是一种相对误差，而且该相对误差是引用了特定值，即标称范围上限(或量程)得到的，故该误差又称引用相对误差、满度误差。

(5) 绝对偏差和相对偏差

在实际分析中，真实值难以得到，常以多次平行测定结果的算术平均值代替真实值。

绝对偏差 d=个别测得值－测得平均值

$$相对偏差=\frac{绝对偏差}{平均值}\times 100\%$$

绝对偏差和相对偏差有正负号，偏差的大小反映精密度的好坏，即多次测定结果相互吻合的程度，而准确度的好坏可用误差来表示。

（6）平均偏差

在一般的分析工作中，常用平均偏差和相对平均偏差来衡量一组测得值的精密度，平均偏差是各个偏差的绝对值的平均值。

平均偏差 $$\overline{d}=\frac{\sum_{i=1}^{n}|x_i-\overline{x}|}{n}$$

相对平均偏差 $$\frac{\overline{d}}{\overline{x}}\times 100\%=\frac{\sum_{i=1}^{n}|x_i-\overline{x}|}{n\overline{x}}\times 100\%$$

其中，$\overline{d}$为平均偏差；x_i 为测量值；$\overline{x}$ 为平均值；n 为测量次数。

平均偏差没有正负号，平均偏差小，表明这一组分析结果的精密度好，平均偏差是平均值，它可以代表一组测得值中任何一个数据的偏差。

（7）标准偏差

$$S=\sqrt{\frac{d_1^2+d_2^2+d_3^2+\cdots+d_n^2}{n-1}}=\sqrt{\frac{\sum_{i=1}^{n}(x_i-\overline{x})^2}{n-1}}$$

测量次数为 3～20 次时，可用 S 来表示一组数据的精密度，式中 $n-1$ 称为自由度，表明 n 次测量中只有 $n-1$ 个独立变化的偏差。因为 n 个偏差之和等于零，所以只要知道 $n-1$ 个偏差就可以确定第 n 个偏差。S 与相对平均偏差的区别在于：标准偏差平方后再相加，消除了负号，再除自由度和再开根。标准偏差是数据统计上的需要，在表示测量数据不多的精密度时，更加准确和合理。它能够突出反映较大偏差，更好地说明数据的分散程度。

5.2 数据处理

5.2.1 有效数字

有效数字就是实际可以测得的数字。我们把测量结果中可靠的几位数字，加上可疑的一位数字，统称为测量结果的有效数字。例如，滴定读数 20.30mL，最多可以读准三位，第四位欠准(估计读数)±1%。在 0～9 中，只有 0 既是有效数字，又是无效数字。例如，0.06050 是四位有效数字。单位变换不影响有效数字位数。例如，10.00mL→0.001000L，均为四位。pH、pM、pK 等对数值，其有效数字的位数取决于小数部分(尾数)数字的位数，整数部分只代表该数的方次。例如，pH=11.20→$[H^+]=6.3\times10^{-12}$($mol\cdot L^{-1}$)有效数字都是两位。结果首位为 8 和 9 时，有效数字可以多计一位。例如，90.0%，可视为四位有效数字。

5.2.2 有效数字的运算

(1) 数字取舍规则

有效数字尾数的舍入遵循四舍六入五成双的方法。即欲舍去数字的最高位为 4 或 4 以下的数，则“舍”；若为6或6以上的数，则“入”；被舍去数字的最高位为5时，前一位数为奇数，则“入”，前一位数为偶数，则“舍”，即通过取舍，总是把前一位凑成偶数。例如，将下列数据保留到小数点后第二位：

8.0861　8.09　8.0845　8.08

(2) 加减运算

先按小数点后位数最少的数据保留其他各数的位数，再进行加减计算，计算结果也使小数点后保留相同的位数。例如，计算 50.1＋1.45＋0.5812＝？修约为：50.1＋1.4＋0.6＝52.1。

(3) 乘除运算

先按有效数字最少的数据保留其他各数，再进行乘除运算，计算结果仍保留相同有效数字。例如，计算 0.0121×25.64×1.05782＝？ 修约为：0.0121×25.6×1.06＝?，计算后结果为：0.3283456，结果仍保留为三位有效数字。记录为：0.0121×25.6×1.06＝0.328。

5.2.3 数据处理

数据是实验报告的重要组成部分，其包含的内容十分丰富，例如数据的记录、函数图线的描绘，从实验数据中提取测量结果的不确定度信息，验证和寻找物理规律等。下面介绍两种常用的数据处理方法。

(1) 列表法

将实验数据按一定的规律用列表方式表达出来，是记录和处理实验数据最常用的方法。表格的设计要求对应关系清楚、简单明了，有利于发现相关量之间的物理关系；此外，还要求在标题栏中注明物理量名称、符号、数量级和单位等；根据需要还可以列出除原始数据以外的计算栏目和统计栏目等；最后还要求写明表格名称、主要测量仪器的型号、量程和准确度等级、有关环境条件参数（如温度、湿度）等。

(2) 作图法

作图法可以最醒目地表达物理量间的变化关系。从图线上还可以简便求出实验需要的某些结果(如直线的斜率和截距值等)，读出没有进行观测的对应点(内插法)，或在一定条件下从图线的延伸部分读到测量范围以外的对应点(外推法)。此外，还可以把某些复杂的函数关系，通过一定的变换用直线图表示出来。要特别注意的是，实验作图不是示意图，而是用图来表达实验中得到的物理量间的关系，同时还要反映出测量的准确程度，所以必须满足一定的作图要求。

作图要求如下。

① 作图必须用坐标纸。按需要可以选用毫米方格纸、半对数坐标纸、对数坐标纸或极坐标纸等。

② 选坐标轴。以横轴代表自变量，纵轴代表因变量，在轴的中部注明物理量的名称、符号及其单位，单位加括号。

③ 确定坐标分度。坐标分度要保证图上观测点的坐标读数的有效数字位数与实验数据的有效数字位数相同。例如，对于直接测量的物理量，轴上最小格的标度可与测量仪器的最小刻度相同。两轴的交点不一定从零开始，一般可取比数据最小值再小一些的整数开始标值，要尽量使图线占据图纸的大部分，不偏于一角或一边。对每个坐标轴，在相隔一定距离下用整齐的数字注明分度。

④ 描点和连曲线。根据实验数据用削尖的硬铅笔在图上描点，点可用“＋”、“×”、“⊙”等

符号表示，点要清晰，不能用图线盖过点。连线时要纵观所有数据点的变化趋势，用曲线板连出光滑而细的曲线(如是直线可用直尺)，连线不能通过的偏差较大的那些观测点，应均匀地分布于图线的两侧。

⑤ 写图名和图注。在图纸的上部空旷处写出图名和实验条件等。此外，还有一种校正图线。这种图要附在被校正的仪表上作为示值的修正。作校正图除连线方法与上述作图要求不同外，其余均同。校正图的相邻数据点间用直线连接，全图成为不光滑的折线。这是因为不知两个校正点之间的变化关系而用线性插入法作的近似处理。

用作图法表述物理量间的函数关系直观、简便，这是它的最大优点。但是利用图线确定函数关系中的参数(如直线的斜率和截距)仅仅是一种粗略的数据处理方法。这是由于以下几个原因。

① 作图法受图纸大小的限制，一般只能有三位或四位有效数字。

② 图纸本身的分格准确程度不高。

③ 在图纸上连线时有相当大的主观任意性。

因而用作图法求取的参数，不可避免地会在测量不确定度基础上增加数据处理过程引起的不确定度。在一般情况下，用作图法求取的参数，只用有效数字粗略地表达其准确度就可以了。如果需要确定参数测量结果的不确定度，最好采用直接由数据点去计算的方法(如最小二乘法等)求得。

5.3 Excel在化学实验数据处理中的应用

Excel是微软公司出品的Office系列办公软件中的一个组件，确切地说它是一个电子表格软件，可以用来制作电子表格，完成许多复杂的数据运算，进行该数据的分析和预测，并且具有强大的制作图表的功能。

5.3.1 Excel简介和工作界面

Excel工作界面如图5.3-1所示。

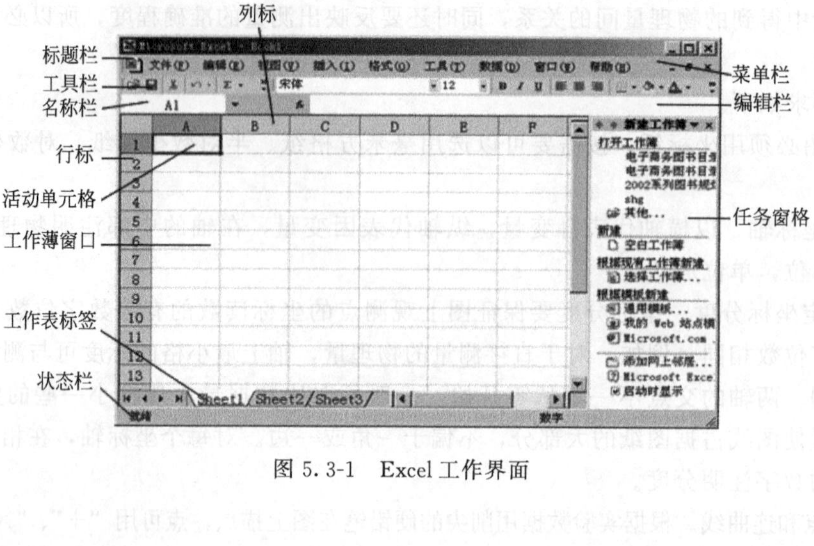

图5.3-1 Excel工作界面

5.3.2 工作表的建立

录入数据：直接在活动单元格或编辑栏中输入。

确认数据：单击其他单元格或单击确认按键。

取消键入的数据：按〈Esc〉键或单击取消按键。

修改数据：双击该单元格后，直接修改数据。

(1) 输入数据型数据

正数直接输入、负数减号"－"开头，如－82、82；使用逗号来分隔百位和千位、千位和兆位等；用小数点表示小数，用斜杠(/)表示分数，整数和分数之间用空格分隔表示带分数，如 0 1/2、11 5/7；当输入的数字太大或太小时，会自动用科学计数法表示；当单元格的宽度不能显示全部数据时，在单元格中显示"#"，但在编辑栏显示输入的数值。

(2) 输入文本型数据

文字、字母和符号可直接输入，输入后自动左对齐单元格；文本型数字输入要在数字前加一个西文单引号"'"，如"' 10005"，输入后自动左对齐。文本型数据的输入如图 5.3-2 所示。

	A	B	C	D
1	奋斗公司2003年5月工资表			
2	编号	姓名	基本工资	奖金
3	0001	王蝴	1896.66	600
4	0002			
5	'0003			

图 5.3-2 文本型数据的输入

(3) 自动填充数据

可以使用 Excel 的自动填充功能快速输入具有一定规律的数据。可使用鼠标操作、菜单命令操作来实现。使用鼠标自动填充：拖动填充柄到要填充的最后一个单元格；输入有规律递增或递减的数值型数据，分别在第一、二个单元格输入数据后，选中这两个单元格，再用鼠标拖动填充柄即可。使用菜单自动填充的方法有两个：方法一，自动填充时按住鼠标右键，拖拽填充柄到填充的最后一个单元格后释放；方法二，在单元格输入初值后，选中此单元格，选择菜单【编辑】→【填充】→【序列】。自动填充数据如图 5.3-3 所示。

5.3.3 编辑工作表

(1) 选中单元格

选择一个单元格：鼠标或键盘直接选取；选择连续单元格块：鼠标拖动选取、Shift 方式选取；选择不连续的几个单元格块：按住〈Ctrl〉键鼠标点击或拖动选取；选择一行：单击工作表上的【行号】按钮；选择一列：单击工作表上的【列号】按钮；选中整个工作表：单击工作表左上角的【工作表】按钮；如果使用键盘选中连续的单元格，可按〈Shift〉键的同时，按光标移动键。

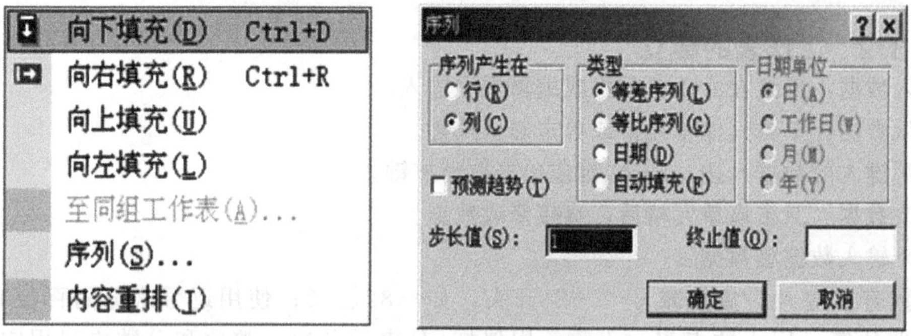

图 5.3-3 自动填充数据

(2) 清除单元格

清除数据内容：选中单元格后，按删除键。清除单元格格式：单击【编辑】→【清除】，选择要删除的选项。

(3) 插入或删除行、列或单元格

插入行、列或单元格：定位插入点，在【插入】菜单中选择要插入的行、列或单元格。删除行、列或单元格：定位删除点，单击【编辑】→【删除】，选择相应选项。

(4) 格式化工作表

设置单元格的格式包括设置单元格文本内容的水平和垂直对齐方式；文本内容的字体、字形、字号、颜色和背景；设置单元格边框和图案等。

设置行高和列宽的操作：【格式】→【行】/【列】→【行高】/【列宽】，键入数值。

用鼠标直接拖动表格的行或列按钮的边框线。鼠标直接拖动选择表格行标识或列标识，鼠标右击，输入数值，将自动设置行高或列宽。设置行高和列宽如图 5.3-4 所示。

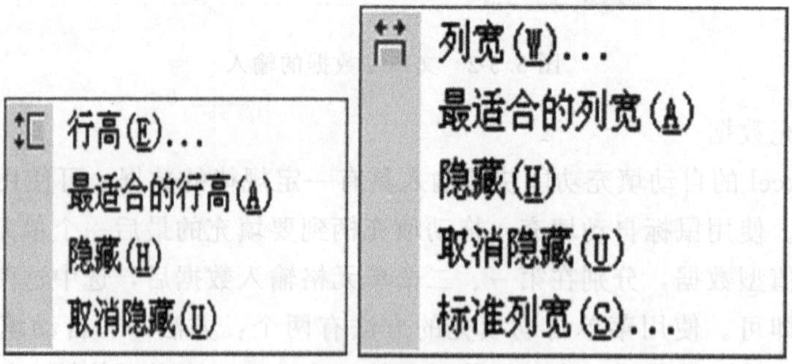

图 5.3-4 设置行高和列宽

(5) 使用公式

以等号“=”开头，键入公式，按回车键结束。公式中可以包括数值、运算符号、单元格引用(即单元格地址)和函数。可以用下面的公式计算单元格 E1 的数据：=5 * D3+C5-SUM(A1：D1)。使用公式计算如图 5.3-5 所示。

(6) 编辑公式

编辑公式的方法与编辑文本一样。如果编辑公式中要引入单元格或其他字符，选中单元格或编辑栏中的单元格引用或字符，进行编辑。

(7) 使用函数

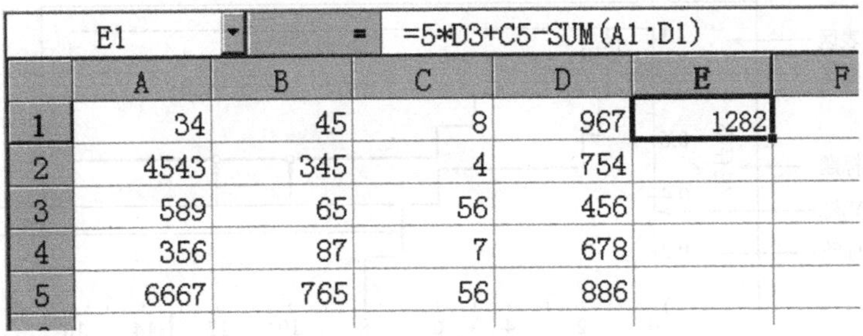

E1
=5*D3+C5-SUM(A1:D1)
A B C D E F
1 34 45 8 967 1282
2 4543 345 4 754
3 589 65 56 456
4 356 87 7 678
5 6667 765 56 886

图 5.3-5 使用公式计算

函数由一个函数名和包括在括号中的参数组成。函数名表示要进行的计算(求和、求平均值等)；参数是函数运算所用的数值或者是代表单元格引用的单元格地址。要求如下：所有的参数都应包括在括号“( )”中；在函数名、括号和参数之间不能键入空格；各参数之间用逗号“,”间隔；连续的单元格参数在开始单元格和结束单元格之间加冒号“:”。用函数表示求 B3、C7、A5 以及 D1～D9 单元格数据中的平均值为：＝AVERGE(B3，C7，A5，D1∶D9)。

(8) 自动填充复制公式

一旦在某个单元格中建立了计算公式，如果其他行或列的单元格使用与该单元格相同的计算公式，那么可以使用自动填充复制公式。方法如下：用鼠标拖动填充柄时，Excel 会自动调整对应单元格的行号，并且将运算结果填充到单元格中。

5.3.4 Excel 绘制图形

(1) 统计图表的一般结构

一张统计图的整个区域为图表区；在图表区中由坐标轴围成的区域为绘图区；直条、线条、扇面、圆点等就是数据(系列)标志；若干数据坐标点组成一个数据系列，在一般情况下 Excel 图形只有一个数据系列，实际上在一个绘图区可以采用多个数据系列绘制图形。坐标轴一般有纵、横两个轴。横轴也称 X 轴，一般为分类轴，但 XY 散点图等图形的 X 轴却是数值轴；纵轴也称 Y 轴，或数值轴。三维图表有第三个轴(Z 轴)。饼图、圆环图没有坐标轴。坐标轴上有刻度线，刻度线对应的数字称为刻度线标签。坐标轴旁有坐标轴标题。统计图标题一般应位于绘图区的下方，用来说明图表的内容。如果不同的颜色或图案反映或说明不同的事物，则需要采用图例说明。图例可根据图表的情况放在方便恰当的位置。统计图结构如图 5.3-6 所示。

(2) 统计图表的类型

① 柱形图 柱形图是 Excel 的默认图表类型，也是用户经常使用的一种图表类型。通常采用柱的长度来描述不同类别之间数据的差异。柱形图共有 7 个子图表类型：簇状柱形图、堆积柱形图、百分比堆积柱形图、三维簇状柱形图、三维堆积柱形图、三维百分比堆积柱形图和三维柱形图。其中，堆积柱形图和百分比堆积柱形图通过将不同类别数据堆积起来，反映相应的数据占总数的大小。三维簇状柱形图、三维堆积柱形图和三维百分比堆积柱形图则使得图形具有立体感，进一步加强修饰效果。三维柱形图主要用来比较不同类别、不同系列数据的关系。条形图、圆柱图、圆锥图和棱锥图的功能与柱形图十分相似。这些图形可用来绘制单式条图、复式条图、分段条图、直方图、百分条图等。应该注意的是，在一般

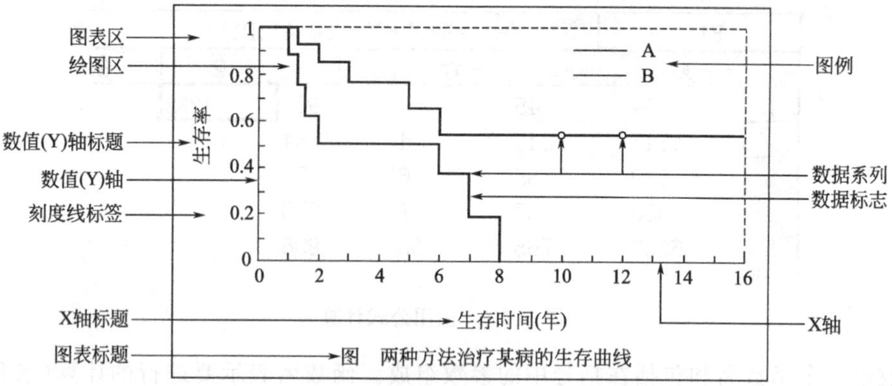

图 5.3-6 统计图结构

情况下，数值轴的起点应该为“0”。柱形图的七个子图表类型如图 5.3-7 所示。

图 5.3-7 柱形图的七个子图表类型

② 折线图 折线图是用直线段将各数据点连接起来而组成的图形，以折线方式显示数据的变化趋势。折线图常用来分析数据随时间的变化趋势，也可用来分析比较多组数据随时间变化的趋势。在折线图中，在一般情况下，水平轴(X 轴)用来表示时间的推移，并且时间间隔相同；而垂直轴(Y 轴)代表不同时刻的数值的大小。折线图共有 7 个子图表类型：折线图、堆积折线图、百分比堆积折线图、数据点折线图、堆积数据点折线图、百分比堆积数据点折线图和三维折线图。折线图的七个子图表类型如图 5.3-8 所示。

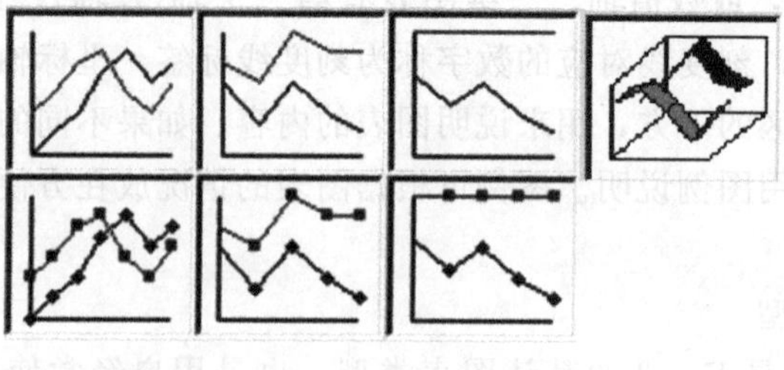

图 5.3-8 折线图的七个子图表类型

③ 面积图 面积图实际上是折线图的另一种表现形式，它使用折线和分类轴(X 轴)组成的面积以及两条折线之间的面积来显示数据系列的值。面积图除了具备折线图的特点，强调数据随时间的变化以外，还可通过显示数据的面积来分析部分与整体的关系。面积图共有 6 个子图表类型：面积图、堆积面积图、百分比堆积面积图、三维面积图、三维堆积面积图和三维百分比堆积面积图。

④ XY 散点图 XY 散点图与折线图类似，但其用途更广。它不仅可以用直线段反映时

间的变化趋势，而且可以用光滑曲线或一系列散点来描述数据。XY 散点图除了可以显示数据的变化趋势以外，更多地用来描述数据之间的关系。例如，两组数据之间是否相关，是正相关还是负相关，以及数据之间的集中趋势或离散趋势情况等。XY 散点图共有 5 个子图表类型：散点图、平滑线散点图、无数据点平滑线散点图、折线散点图和无数据点折线散点图。与折线图之间最大的不同在于：折线图要求横轴等间距，且数据为分类而不是数值，既使为数值，它也被当作文本看待；而 XY 散点图的横轴为数值轴，可以不等间距。绘图时应注意根据需要选用。

5.3.5 统计图的编辑与修饰

对于一张新创建的统计图，还可以继续对图表类型、源数据、图表选项、位置四个创建步骤进行重新调整、修改。此外，对于数据系列格式、绘图区格式、图表区格式、坐标轴格式、坐标轴标题格式、图表标题格式、图例格式、网格线格式等可进行编辑，达到修正或美化统计图的目的。

(1) 删除网格线与背景色

一般的科研统计图不需要网格线，可以将此去除。去除网格线有两种方法：一是在任意一条网格线上点右键后，在快捷菜单中选取“清除”；二是在图表区或绘图区点击右键，单击“图表选项”，选取图表选项对话框中的网格线，可单击分类轴或数值轴的主要或次要网格线复选框进行编辑。在绘图区，点击右键，在快捷菜单中选取绘图区格式，弹出绘图区格式对话框。该对话框左侧设置绘图区的“边框”，可以选“无”；右侧设置绘图区区域的填充颜色，选复选框“无”可清除背景色。绘图区格式对话框如图 5.3-9 所示。

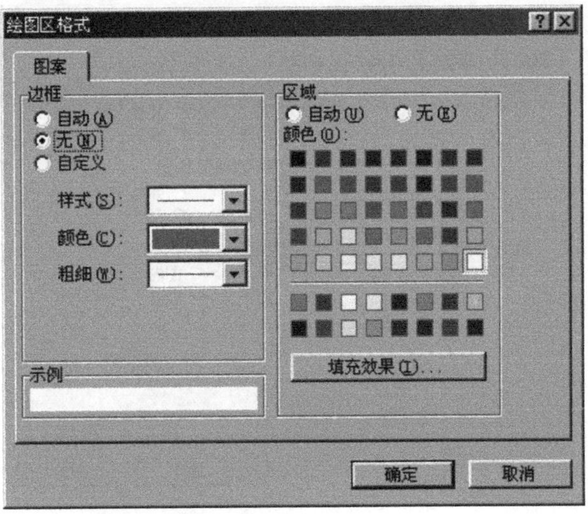

图 5.3-9 绘图区格式对话框

(2) 修改源数据的系列

在图表区或绘图区，单击右键，在快捷菜单中选取“源数据”，在弹出的“源数据”对话框中点击“系列”按钮。“源数据”的系列界面中可编辑修改每个系列的名称、Y 轴的值、X 轴标志的单元格引用，名称框中还可直接键入文本。还可添加分类轴标志。源数据的系列界面如图 5.3-10 所示。

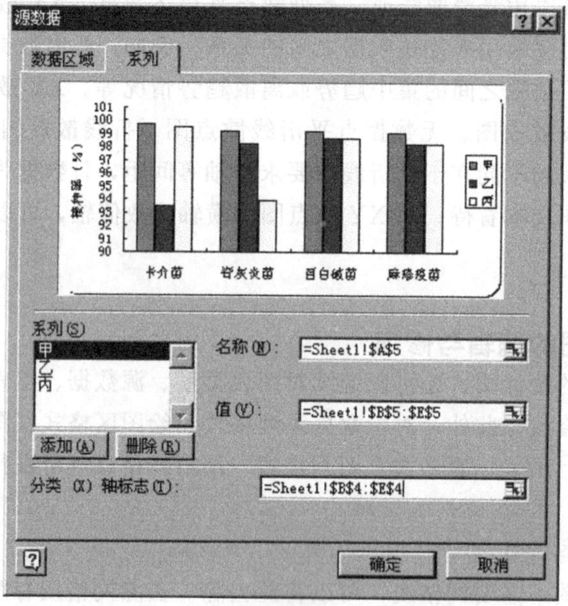

图 5.3-10　源数据的系列界面

(3) 修改横坐标轴格式

为了去除横坐标上不希望出现的刻度线，将光标放在分类(X)轴上，单击右键，在快捷菜单中选取“坐标轴格式”，在坐标轴格式对话框中选取“图案”，将主要(次要)刻度线选取“无”即可去除刻度线。修改坐标轴图案格式对话框如图 5.3-11 所示。

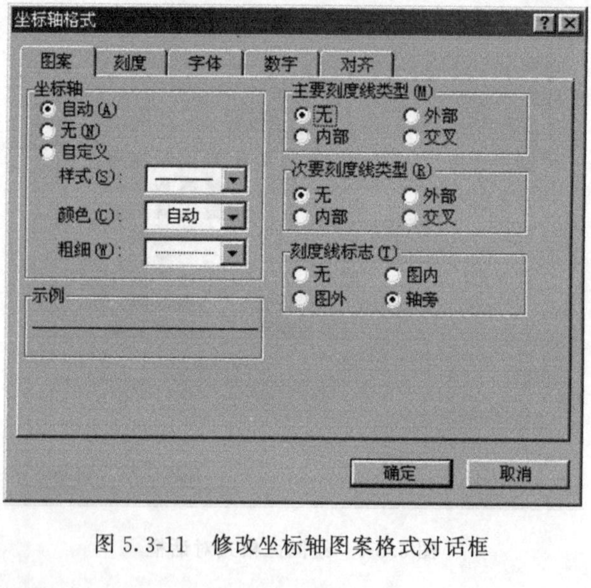

图 5.3-11　修改坐标轴图案格式对话框

(4) 修改纵坐标轴格式

为了修改纵坐标，可将鼠标移至数值(Y)轴，点击右键，在快捷菜单中选取“坐标轴格式”，在坐标轴格式对话框中选取“刻度”，将“最小值”、“最大值”、“主要刻度单位”、“次要刻度单位”、“分类”、“交叉于”等的文本框内分别修改为 0、100、20、10、0，将主要(次要)刻度线类型复选为内部，以便在轴内侧显示刻度线。为了使数值轴为对数尺度、数值轴数值相反方向排列或分类轴放在最大值位置，可在坐标轴格式对话框中复选相应的项。要增加或减少坐标轴刻度线标志数据的小数位数，可在坐标轴格式对话框选取“数字”，为了编辑刻度线标志的字体或对齐方式可分别选“字体”或“对齐”。坐标轴刻度格式对话框如图 5.3-12 所示。

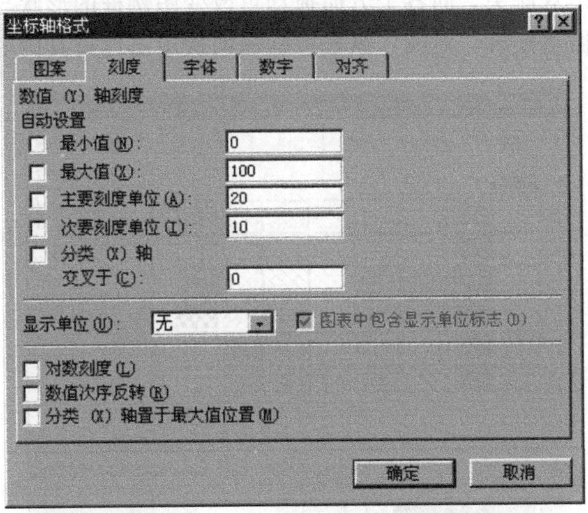

图 5.3-12 坐标轴刻度格式对话框

(5) 修改数据系列格式

在很多情况下，科研杂志要求采用黑白图片，这就需要对彩色图片采用“图案”的填充效果进行修改。具体操作如下：将鼠标移至其中一个数据系列的标志图，单击右键，此时该数据系列被全部选中，并弹出一个快捷菜单对话框；单击“数据系列格式”，弹出数据系列对话框。可设置图案、坐标轴、误差线、数据标志、系列次序、选项等，其中图案的左边设置图案的“边框”，右侧设置图案的填充效果。数据系列格式对话框如图 5.3-13 所示。单击右下方的“填充效果”将弹出填充效果对话框(注意：该对话框也可在图表区格式、绘图区格式中出现，其设置方法与数据系列格式的设置完全相同)。对话框中有“过渡”色、“纹

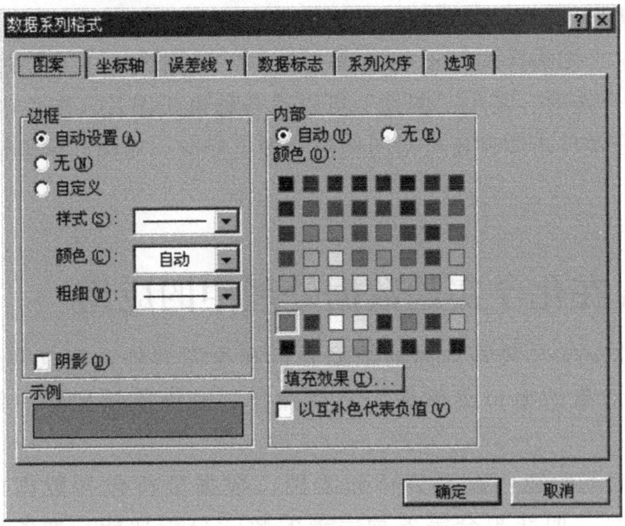

图 5.3-13 数据系列格式对话框

理”、“图案”、“图片”选项。有 40 种基本图案可供选择，通过改变“前景”色与“背景”色，又可组合出很多图案。填充效果对话框如图 5.3-14 所示。

(6) 图例与坐标轴标题的编辑

单击图例，按住鼠标可将其拖动到任意位置。单击图例，图例周围会出现 8 个黑点，鼠标放在黑点上会显示出双箭头，向各个方向拖动可改变图例框的形状与排列形式。右键单击图例还可对图例格式做出修改。对横、纵坐标标题两次单击可对其内容进行修改。

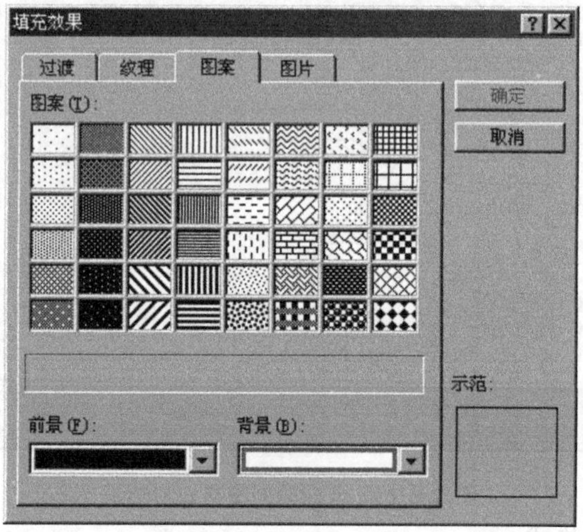

图 5.3-14　填充效果对话框

(7) 图表区格式的编辑

点击图表区，正如点击图例一样，所选区域周围出现 8 个黑点，表示图表区被选取。此时，鼠标放在黑点上会显示出双箭头，向各个方向拖动可改变整个图形的形状与大小；在此情况下，也可对整个表格的文字大小格式进行设定。在图表区点击右键，在快捷菜单中选取图表区格式，将弹出图表区格式对话框，该对话框格式与“绘图区格式”对话框、“数据系列格式”的“图案”对话框相同，所以该对话框的设置与它们也相同。左侧设置图表区的“边框”，可以选“无”；右侧设置图表区区域的填充效果，在一般情况下，选复选框“无”。在数据系列、绘图区、图表区均可设置其填充效果，填充效果中有“过渡”色、“纹理”、“图案”、“图片”4 个选项。其中“图片”可以是各种电子图片。图片也可以放在绘图区或数据系列标志上。右键单击图例还可对图例格式做出修改。对横、纵坐标标题两次单击可对其内容进行修改。

5.4 Origin 在化学实验数据处理中的应用

Origin 是美国 Microcal 公司出品的数据分析和绘图软件，特点是使用简单，采用直观、图形化、面向对象的窗口菜单和工具栏操作，全面支持鼠标右键、支持拖动方式绘图等。

Origin 具有两大类功能：数据分析和绘图。数据分析包括数据的排序、调整、计算、统计、频谱变换、曲线拟合等各种完善的数学分析功能。准备好数据后，进行数据分析时，只需选择所要分析的数据，然后再选择相应的菜单命令就行。Origin 的绘图是基于模板的，Origin 本身提供了几十种二维和三维绘图模板，而且允许用户自己定制模板。绘图时，只要选择所需要的模板就行。用户可以自定义数学函数、图形样式和绘图模板；可以和各种数据库软件、办公软件、图像处理软件等方便地连接；可以用 C 等高级语言编写数据分析程序，还可以用内置的 Lab Talk 语言编程等。

5.4.1 工作环境

(1) 综述

类似 Office 的多文档界面，主要包括以下几个部分。

① 菜单栏：顶部，一般可以实现大部分功能。

② 工具栏：下面，一般最常用的功能都可以通过此栏实现。

③ 绘图区：中部，所有工作表、绘图子窗口等都在此。

④ 项目管理器：下部，类似资源管理器，可以方便地切换各个窗口等。

⑤ 状态栏：底部，标出当前的工作内容以及鼠标指到某些菜单按钮时的说明。

(2) 菜单栏

菜单栏的结构取决于当前的活动窗口。Origin 初始界面如图 5.4-1 所示。Origin 工作界面如图 5.4-2 所示。

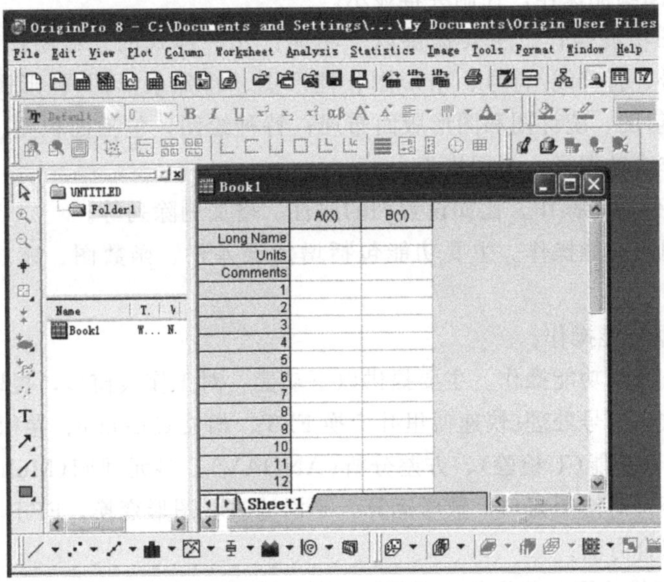

图 5.4-1 Origin 初始界面

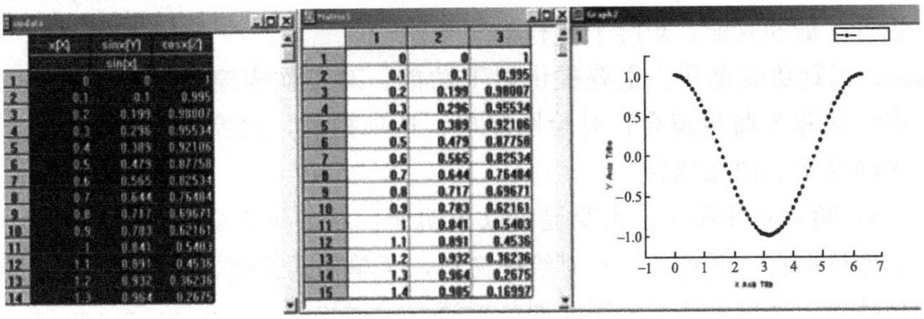

工作表　　矩阵　　绘图

图 5.4-2 Origin 工作界面

工作表菜单：

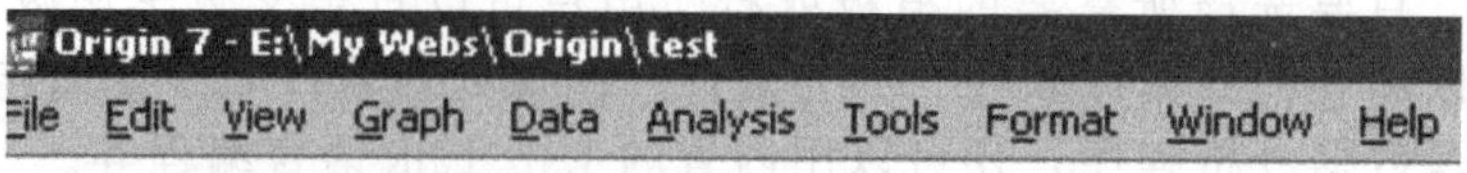

绘图菜单：

矩阵窗口：

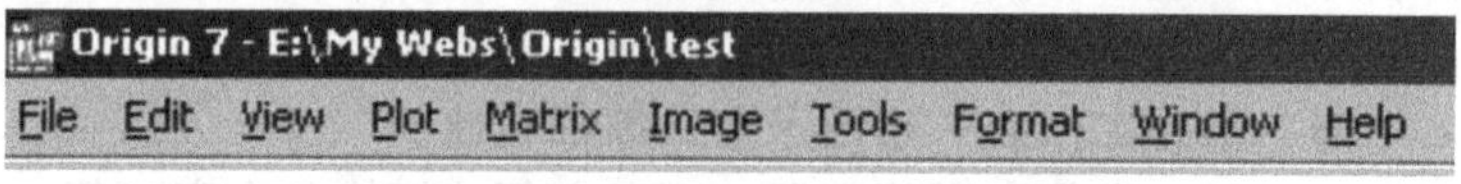

菜单简要说明如下。

① File：文件功能操作。打开文件、输入输出数据和图形等。

② Edit：编辑功能操作。包括数据和图像的编辑等，比如复制、粘贴、清除等，特别要注意 undo 功能。

③ View：视图功能操作。控制屏幕显示。

④ Plot：绘图功能操作。主要提供以下功能：几种样式的二维绘图功能，包括直线、描点、直线加符号、特殊线/符号、条形图、柱形图、特殊条形图/柱形图和饼图；三维绘图；气泡/彩色映射图、统计图和图形版面布局；特种绘图，包括面积图、极坐标图和向量图；把选中的工作表数据导入绘图模板。

⑤ Column：列功能操作。比如设置列的属性、增加删除列等。

⑥ Graph：图形功能操作。主要功能包括增加误差栏、函数图、缩放坐标轴、交换 X 轴和 Y 轴等。

⑦ Data：数据功能操作。

⑧ Analysis：分析功能操作。主要提供以下功能：对工作表窗口，提取工作表数据，行列统计，排序，数字信号处理(快速傅里叶变换 FFT、相关 Corelate、卷积 Convolute、解卷 Deconvolute)，统计功能(T 检验)、方差分析(ANOAV)、多元回归(Multiple Regression)，非线性曲线拟合等；对绘图窗口，数学运算，平滑滤波，图形变换，FFT，线性多项式、非线性曲线等各种拟合方法。

⑨ Plot3D：三维绘图功能操作。根据矩阵绘制各种三维条状图、表面图、等高线等。

⑩ Matrix：矩阵功能操作。对矩阵的操作，包括矩阵属性、维数和数值设置，矩阵转置和取反，矩阵扩展和收缩，矩阵平滑和积分等。

⑪ Tools：工具功能操作。主要提供以下功能：对工作表窗口，选项控制，工作表脚本，线性、多项式和 S 曲线拟合；对绘图窗口，选项控制，层控制，提取峰值，基线和平滑，线性、多项式和 S 曲线拟合。

⑫ Format：格式功能操作。主要提供以下功能：对工作表窗口，菜单格式控制、工作表显示控制，栅格捕捉、调色板等；对绘图窗口，菜单格式控制，图形页面、图层和线条样式控制，栅格捕捉，坐标轴样式控制和调色板等。

⑬ Window：窗口功能操作。控制窗口显示。

⑭ Help：帮助。

5.4.2 基本操作

作图一般需要一个项目 Project 来完成：File→New。

保存项目的缺省后缀：OPJ。

自动备份功能：Tools→Option→Open/Close 选项卡→ "Backup Project Before Saving"。

添加项目：File→Append。

刷新子窗口：如果修改了工作表或者绘图子窗口的内容，一般会自动刷新，如果没有应 Window→Refresh。

5.4.3 输入数据

一般来说，数据按照 XY 坐标存为两列，假设文件为 sindata.dat，格式如下：

X	sin(x)
0.0	0.000
0.1	0.100
0.2	0.199
0.3	0.296

输入数据应对准 data1 表格点右键调出如下窗口，然后选择 Inport ASCⅡ 找到 sindata.dat 文件打开就行。输入数据如图 5.4-3 所示。

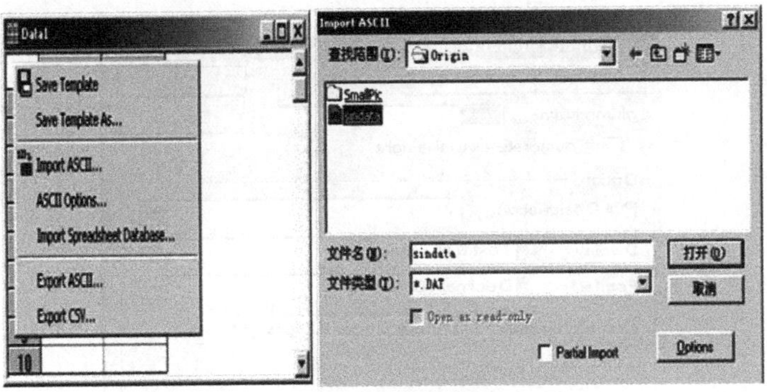

图 5.4-3 输入数据

5.4.4 绘制简单二维图

按住鼠标左键拖动选定这两列数，用最下面一排按钮就可以绘制简单的图形，做出的效果如图 5.4-4 所示。

5.4.5 设置列属性

双击 A 列或者点右键选择 Properties，这里可以设置一些列的属性。设置列属性对话框如图 5.4-5 所示。

5.4.6 数据浏览

Data Display 动态显示所选数据点或屏幕点的 XY 坐标值。Data Selector 选择一段数据

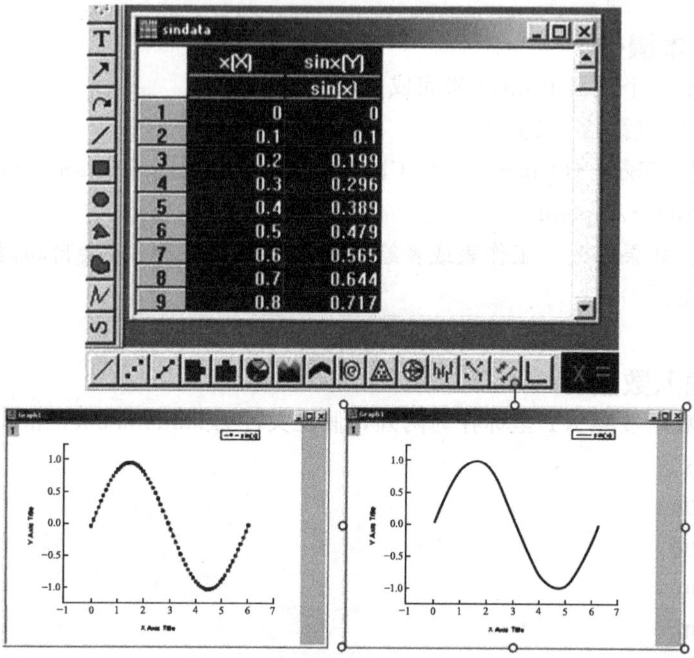

图 5.4-4　绘制简单二维图

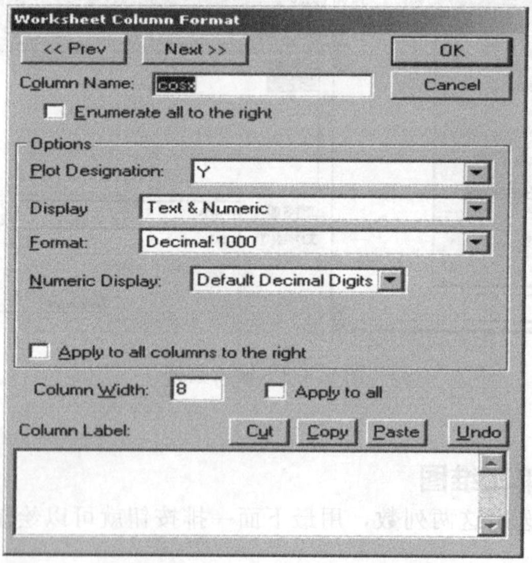

图 5.4-5　设置列属性对话框

曲线，作出标志，一是鼠标，二是利用 Ctrl、Ctrl＋Shift 与左右箭头的组合。

Data Reader：读取数据曲线上的选定点的 XY 值。

Screen Reader：读取绘图窗口内选定点的 XY 值。

Enlarger：局部放大曲线。

Zoom：缩放。

注意利用方向键以及与 Ctrl 和 Shift 的组合。

5.4.7 定制图形

(1) 定制数据曲线

用鼠标双击图线调出下面窗口，定制数据曲线对话框如图 5.4-6 所示。

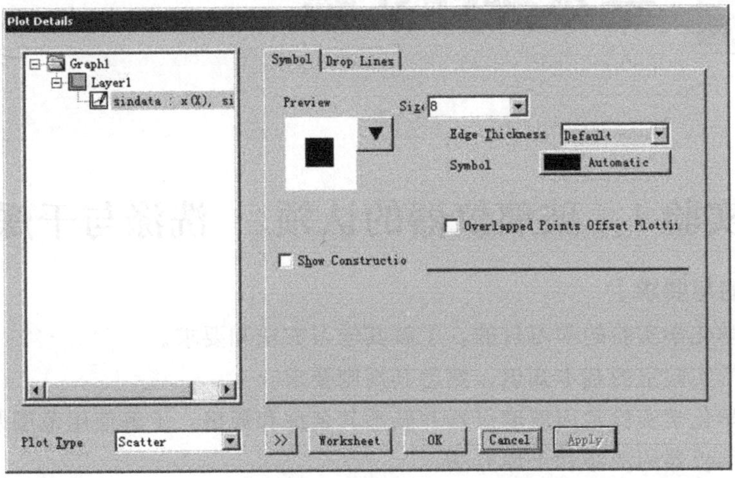

图 5.4-6 定制数据曲线对话框

(2) 定制坐标轴

双击坐标轴得到，定制坐标轴对话框如图 5.4-7 所示。

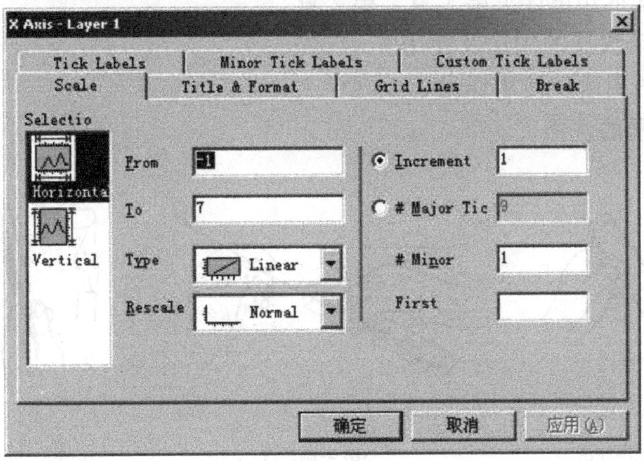

图 5.4-7 定制坐标轴对话框

(3) 添加文本说明

用左侧按钮，如果想移动位置，可以用鼠标拖动。注意利用 Symbol Map 可以方便地添加特殊字符。做法如下：在文本编辑状态下，点右键，然后选择 Symbol Map。

(4) 添加日期和时间标记

通过 Graph 工具栏上的。

第6章 基本操作实验

实验1　玻璃仪器的认领、洗涤与干燥

【实验目的与要求】

1. 明确大学化学实验的学习目的，了解其学习方法和要求。
2. 了解化学实验室的基本知识，熟悉其规则要求。
3. 领取大学化学实验常用玻璃仪器并熟悉其名称和规格，了解使用范围及注意事项。
4. 掌握玻璃仪器的洗涤和干燥方法。
5. 学习绘制实验仪器和装置简图。

【实验操作要点】

1. 大学化学实验基本知识概述

大学化学实验基本知识详见第1章、第2章。

2. 简介常用玻璃仪器的用途及使用

常用玻璃仪器的用途及使用详见3.1。

3. 常用玻璃仪器的洗涤

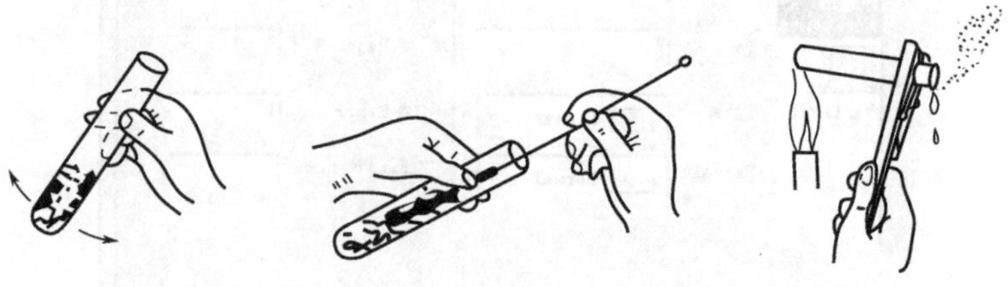

(a) 振荡冲洗　　(b) 毛刷刷洗　　(c) 烤干试管

图1-1　常用玻璃仪器的洗涤

(1) 冲洗法　对于尘土或可溶性污物用水来冲洗[图1-1(a)]。

(2) 刷洗法　内壁附有不易冲洗掉的物质，可用毛刷刷洗[图1-1(b)]。

(3) 化学试剂洗涤法　对于不溶性物、油渍、有机物等污物，可用化学药剂来洗涤。

① 用去污粉、合成洗涤剂洗(或者 Na_2CO_3＋白土＋细沙)　可以洗去油渍和有机物。先用水润湿仪器，用毛刷蘸取去污粉或洗涤剂刷洗，再用自来水冲洗，最后用蒸馏水荡洗。

② 铬酸洗液[1]洗　仪器严重沾污或所用仪器内径很小(如滴定管)，不宜用刷子刷洗时，用铬酸洗液洗(浓 H_2SO_4＋$K_2Cr_2O_7$ 的饱和溶液，具有很强的氧化性，对油渍和有机物的去污能力很强)。

洗涤步骤是：首先用毛刷刷洗仪器，并将器皿内的水尽可能倒净；再往所洗仪器中加入1/5容量的洗液，将仪器倾斜并慢慢转动，仪器内壁全部为洗液润湿，继续转动仪器，使洗液在仪器内部流动，转动几周后，将洗液倒回原瓶，再用水洗。

③ 特殊污物的洗涤　碱性残留物用5%～10%盐酸洗；酸性残留物用5%～10%碳酸钠洗；氧化性残留物(如 MnO_2)可用还原性溶液(如1%～5%草酸)洗；铜或银用稀硝酸洗；硫黄可用煮沸的石灰水洗；有机残留物可根据“相似相溶”原则，选择适当有机溶剂(或5%氢氧化钠-乙醇溶液)溶解后清洗等。

用上述各种方法洗涤后的仪器，都必须用自来水多次冲洗后，再用蒸馏水冲洗2～3次，并遵循“少量多次”的洗涤原则，每次用水(或洗液)量一般为所洗仪器总容量的5%～20%。洗净标准是：将洗净后的仪器倒置，如果仪器壁透明，仪器壁上只留下一层既薄又均匀的水膜，不挂水珠，这表示仪器已洗净。

4. 玻璃仪器的干燥

(1) 自然晾干　对于不急用的仪器，可在无尘处倒置控去水分，再放在安有木钉的架子上或带有透气孔的玻璃柜里，自然干燥。

(2) 烘箱烘干　将洗净的玻璃仪器控去水分，仪器口朝下，在烘箱的最下层放一只陶瓷盘(接从仪器上滴下来的水，以免损坏电热丝)。烘箱温度为105～110℃，烘1h左右。此法适用于一般仪器。

(3) 气流烘干器烘干　将洗净的仪器倒挂在气流烘干器的挂杆上，慢慢烘干。如试管、锥形瓶等。

(4) 小火烤干　烧杯、蒸发皿等可放在石棉网上，用小火烤干；试管可用试管夹夹住，试管口略向下倾斜，在火焰上来回移动，从底部烤起，烤到无水珠后，把试管口向上赶净水汽[图1-1(c)]。

(5) 电吹风吹干　对于急于干燥的仪器或不适于放入烘箱的较大的仪器，可用电吹风吹干。

(6) 有机溶剂干燥法　通常用少量乙醇倒入已控去水分的仪器中摇洗，倒掉乙醇后用电吹风吹，开始用冷风吹1～2min，当大部分溶剂挥发后，吹入热风至完全干燥，再用冷风吹去残余蒸气。也可以倒掉乙醇后，以自然风吹干。

【仪器、试剂与材料】

1. 仪器：见学生实验仪器清单[2]。

2. 试剂和材料：HCl(5%～10%)，乙醇，铬酸洗液，去污粉。

【实验内容步骤】

1. 认领仪器

按照“学生实验仪器清单”领取。按照“学生实验仪器清单”逐一对照，认识和检查领到的仪器，熟悉其名称、规格、用途，并练习绘制仪器简图。

2. 玻璃仪器的洗涤

(1) 用自来水洗净试管。

(2) 用去污粉洗涤烧杯。

(3) 用5%～10%盐酸洗净内壁沾有白色固体的试管。

(4) 用铬酸洗液洗涤一支移液管。

3. 玻璃仪器的干燥

(1) 用酒精灯烤干洗净的试管和烧杯各一只。

(2) 用乙醇快速干燥一只100mL烧杯。

【实验注意事项】

1. 用洗液和蒸馏水洗涤仪器的原则是"少量多次"，一般的使用量是其容积的5%～20%。

2. 用水冲洗时不要未倒废液就注水；已洗净的仪器不能用布或纸抹。

3. 使用铬酸洗液注意事项如下。

(1) 洗液可重复使用，多次使用后若已成绿色，则已失效，不能再继续使用。

(2) 铬酸洗液腐蚀性很强，不能用毛刷蘸取刷洗，Cr(Ⅵ)有毒，不能倒入下水道，加入$FeSO_4$使Cr(Ⅵ)还原为无毒的Cr(Ⅲ)后再排放。

4. 带有刻度的计量仪器不能用加热的方法干燥。

5. 用烘箱来干燥仪器的方法只适用于一般仪器；带实心玻璃塞的仪器及厚壁仪器要注意慢慢升温，并且温度不可过高，以免破裂；称量瓶等在烘干后要放在干燥器中冷却和保存。

【注释】

[1] 铬酸洗液的配制方法：①取100mL工业浓硫酸置于烧杯内，小心加热，然后慢慢加入5g重铬酸钾粉末，边加边搅拌，待全部溶解并缓慢冷却后，储存在带磨口玻璃塞的细口瓶内。②称取5g重铬酸钾粉末，置于250mL烧杯中，加入5mL水使其溶解，然后慢慢加入100mL浓硫酸，溶液温度将达80℃，待其冷却后储存于磨口玻璃瓶内。

[2] 学生实验仪器清单。

学生实验仪器清单

编号	名称	规格	单位	数量
1	试管	大	支	2
2	试管	中	支	10
3	试管	小	支	7
4	离心试管	5mL	支	5
5	烧杯	50mL	只	2
6	烧杯	100mL	只	2
7	锥形瓶	250mL	只	2
8	集气瓶	125mL	只	2
9	量筒	10mL	只	1
10	量筒	25mL	只	1
11	普通漏斗	75mm	只	1
12	布氏漏斗	50mm	只	1
13	吸滤瓶	250mL	只	1
14	表面皿	60mm	只	1
15	蒸发皿	75mm	只	1
16	酒精灯	250mL	只	1
17	温度计	100℃	只	1
18	温度计	200℃	只	1
19	玻璃棒		根	1
20	胶头滴管		支	1
21	药匙		把	2

续表

编号	名称	规格	单位	数量
22	镊子		把	1
23	试管夹		只	1
24	试管架		只	1
25	试管刷	大、中、小各一	只	3
26	抹布		块	2

【思考题】

1. 玻璃仪器的洗涤原则是什么？有哪几种洗涤方法？怎样检验玻璃仪器已经洗净？
2. 用铬酸洗液洗涤仪器时的步骤和注意事项有哪些？
3. 烤干试管时为什么管口略向下倾斜？
4. 什么样的仪器不能用加热的方法进行干燥？为什么？
5. 画出5种玻璃仪器平面图。

【e网链接】

1. http：//www.doc88.com/p-0973999378411.html
2. http：//www.chinadmd.com/file/rosucscpeatoc3w3pptsuceo _ 1.html

实验2 简单玻璃仪器的加工及橡皮塞打孔

【实验目的与要求】

1. 了解酒精喷灯(或煤气灯)的构造和原理，掌握正确的使用方法。
2. 初步学习玻璃管的截断、弯曲、拉制和熔光等操作。
3. 练习塞子钻孔的操作。
4. 学习制作滴管和洗瓶。

【实验操作要点】

1. 酒精喷灯的使用

酒精灯和酒精喷灯是实验室常用的加热器具。酒精灯的温度一般可达400～500℃；酒精喷灯的温度可达700～1000℃。所以玻璃管的加工需要使用酒精喷灯。

酒精喷灯有座式和挂式两种，其使用方法基本相同。酒精喷灯的构造如图2-1所示。

酒精喷灯使用步骤如下。

(1) 使用酒精喷灯时，首先用捅针捅一捅酒精蒸气出口，以保证出气口畅通。

(2) 用小漏斗向酒精壶内添加酒精，酒精壶内的酒精以不超过酒精壶容积的2/3为宜。

(3) 打开酒精壶的开关，拧紧酒精灯空气调节器，然后往预热盘里注入一些酒精，点燃酒精使灯管受热，待酒精接近燃烧完且在灯管口有火焰时，上下移动调节器调节火焰为正常火焰。

(4) 用毕后，先关闭酒精壶的开关，待橡胶管内和灯内的酒精燃烧完后，火焰自然熄灭，再关紧酒精灯空气调节器。若长期不用时，须将酒精壶内剩余的酒精倒出。

2. 玻璃管的加工

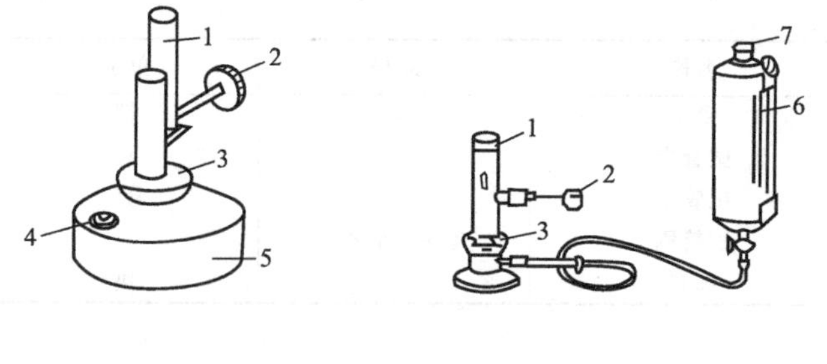

(a) 座式　　(b) 挂式

图 2-1　酒精喷灯的构造

1—灯管；2—空气调节器；3—预热盘；4—铜帽；5—酒精壶；6—酒精储罐；7—盖子

(1) 玻璃管的截断和熔光

① 锉痕　左手按紧玻璃管(平放在桌面上)，右手持锉刀，用刀的棱适当用力向前方锉，锉痕深度适中，不可往复锉，锉痕范围在玻璃管周长的 1/6～1/3 之间，且锉痕应与玻璃管垂直[图 2-2(a)]。

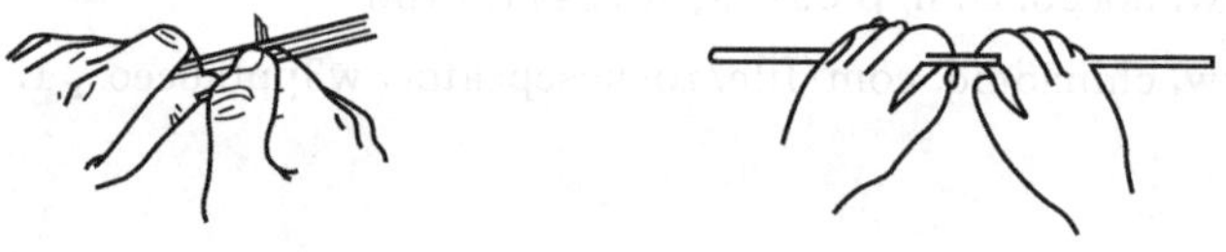

(a) 锉痕　　(b) 截断

图 2-2　锉痕和截断玻璃管

② 截断　双手持玻璃管锉痕两端，拇指齐放在划痕背后向前推压，同时食指向外拉[图 2-2(b)]。

③ 熔光　将玻璃管断面斜插入氧化焰中，并不停转动，均匀受热，熔光截面，待玻璃管加热端刚刚微红即可取出，若截断面不够平整，此时可将加热端在石棉网上轻轻按一下。

(2) 弯曲玻璃管

① 烧管　加热前，先用干抹布将玻璃管(约 15cm)擦净，然后用小火预热加热，再加大加热力度。加热时，双手托住玻璃管，水平置于火焰上，均匀转动，并左右移动，用力要均匀，移动范围稍大，可稍向中间渐推[图 2-3(a)]。

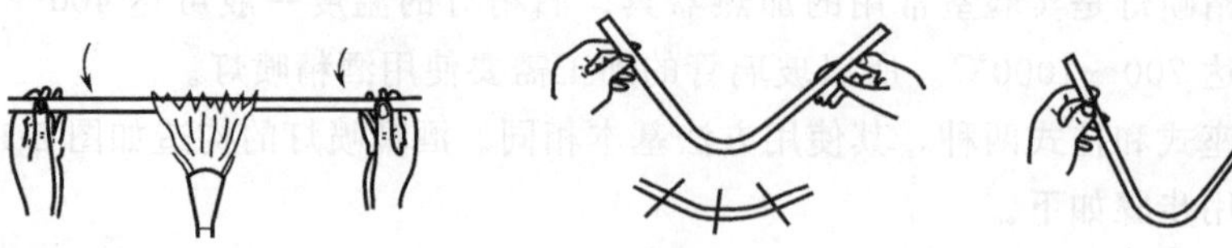

(a) 烧管　　(b) 弯管　　(c) 弯管

图 2-3　弯曲玻璃管

② 弯管　待玻璃管发黄变软后(不自动弯曲时)，自火焰中取出玻璃管，拇指和食指垂直夹住玻璃管两端，1～2s 后，用 V 字形手法将它准确地弯成所需的角度。弯管的手法是：两手在上边，玻璃管的弯曲部分在两手中间的正下方，拇指水平用力作用于玻璃管，使玻璃管弯曲成所需的角度。标准的弯管是弯曲部位内外均匀平滑[图 2-3(b)、(c)]。

3. 玻璃管拉丝

(1) 烧管　将两端已熔光的10cm长的玻璃管，按上面的要求在火焰上加热，但烧管的时间要长些，软化程度要大些，玻璃管受热面积应小些[图2-4(a)]。

要注意，玻璃管加热时间与其厚度有很大关系。

(2) 拉管　待玻璃管软化好后，自火焰中取出，沿水平方向向两边边拉边转，使中间细管长约8cm为止，并使细管口径约为1.5mm[图2-4(b)]。

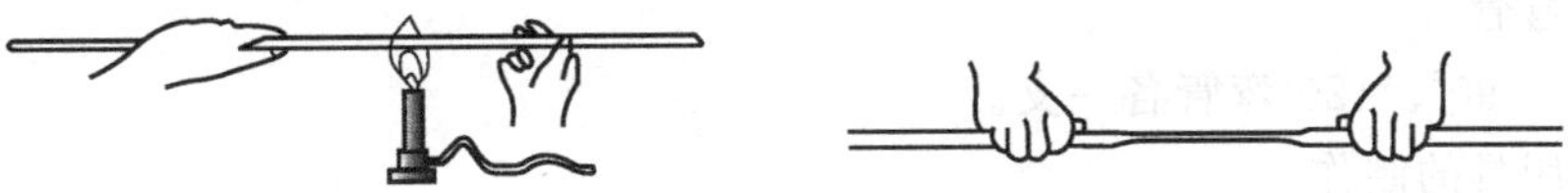

(a) 烧管　(b) 拉管

图2-4　玻璃管拉丝

(3) 扩口　待拉管截断后，细端熔光，粗端灼烧至红热后，用灼热的锉刀柄斜放在管口内迅速而均匀地转动(或者是将玻璃管粗端灼烧至红热后，垂直放在石棉网上，轻轻向下按一下，将管口扩开)。

4. 塞子钻孔

(1) 塞子大小的选择　塞子塞进玻璃仪器管口部分不能少于塞子本身高度的1/2，也不能多于2/3。

(2) 钻孔器的选择　钻孔器的外径要比插入橡皮塞的玻璃管口径略粗[图2-5(a)]。

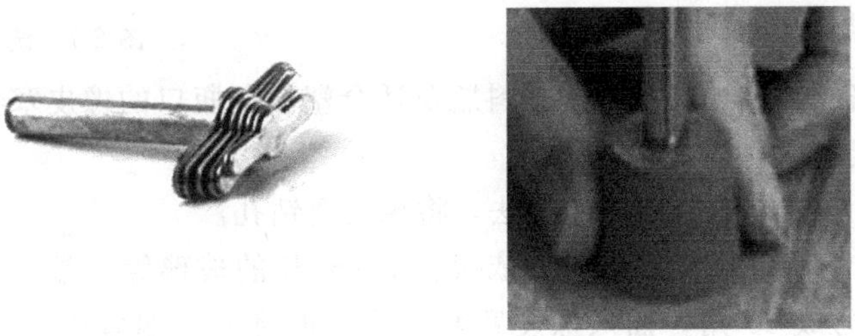

(a) 钻孔器　(b) 钻孔

图2-5　橡皮塞打孔

(3) 钻孔的方法　将塞子小的一端朝上，平放在桌面上的一块木块上，左手持塞，右手握住钻孔器的柄，并在钻孔器的前端涂点甘油或水；将钻孔器按在选定的位置上，以顺时针的方向，一面旋转一面用力向下压，向下钻动。钻孔器要垂直于塞子的平面，不能左右摆动，更不能倾斜，以免把孔钻斜。钻孔超过塞子高度的2/3时，以逆时针的方向一面旋转一面向上提，拔出钻孔器[图2-5(b)]。按同法在塞子大的一端钻孔，注意对准小的那端的孔位，直至两端圆孔贯穿为止。拔出钻孔器，捅出钻孔器内嵌入的橡皮。

钻孔后，检查孔道是否重合。若塞子孔稍小或不光滑时，可用圆锉修整。

(4) 玻璃管插橡皮塞的方法　用水或甘油把玻璃管前端润湿后，先用布包住玻璃管，左手拿橡皮塞，右手握住玻璃管的前半部分，把玻璃管慢慢旋入塞孔内合适的位置。

【仪器、试剂与材料】

1. 仪器：酒精喷灯(或煤气灯)，钻孔器，三角锉(或小砂轮片)，石棉网。

2. 试剂和材料：工业酒精，玻璃管，玻璃棒，胶头，量角器，塑料瓶。

【实验步骤】

1. 观察酒精喷灯（或煤气灯）

观察酒精喷灯(或煤气灯)各部分的构造，并练习使用。

2. 截割玻璃管

截割 15cm、10cm 的玻璃管各一支，并熔光。

3. 弯曲弯管

弯曲 60°、90°、120°弯管各一支。

4. 实验用具的制作

(1) 胶头滴管　切取 26cm 长(内径约 5mm)的玻璃管，将中部置于火焰上加热，拉细玻璃管。要求玻璃管细部的内径为 1.5mm，毛细管长约 7cm，切断并将管口熔光。把尖嘴管的另一端加热至发软，然后在石棉网上压一下，使管口外卷，冷却后，套上胶头，即制作成胶头滴管(图 2-6)。

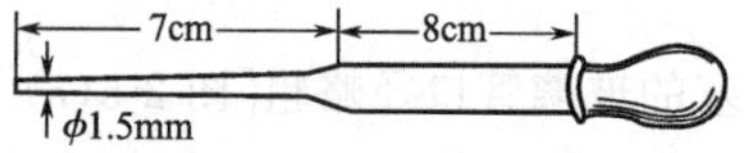

图 2-6　胶头滴管

图 2-7　洗瓶

(2) 洗瓶　准备 500mL 聚氯乙烯塑料瓶及适合塑料瓶瓶口的橡皮塞各一个，33cm 长玻璃管一根(两端熔光)。

① 按前面介绍的塞子钻孔的操作方法，将橡皮塞钻孔。

② 按塑料瓶内弯管的尺寸和形状，依次将 33cm 长的玻璃管一端 5cm 处在酒精喷灯上加热后拉一尖嘴，弯成 60°角，插入橡皮塞塞孔后，再将另一端弯成 120°角(注意两个弯角的方向)，即制作成一个洗瓶(图 2-7)。

【实验注意事项】

1. 切割玻璃管、玻璃棒时要防止划破手。

2. 使用酒精喷灯前，必须先准备一块湿抹布放在实验台右上角，备用。

3. 灼热的玻璃管、玻璃棒，要按先后顺序放在石棉网上冷却，切不可直接放在实验台上，防止烧焦台面；未冷却之前，也不要用手去摸，防止烫伤手。

4. 弯曲玻璃管时，要均匀转动，掌握火候，脱离火焰，弯成所需角度。

5. 玻璃管插入橡皮塞时，用力不能太猛，手离橡皮塞不能太远，否则玻璃管可能折断，刺伤手掌。

6. 装配洗瓶时，拉好玻璃管尖嘴，弯好 60°角后，先装橡皮塞，再弯 120°角，并且注意 60°角与 120°角在同一方向同一平面上。

【思考题】

1. 在切割玻璃时，怎样防止割伤和刺伤手？

2. 灼热的玻璃管和冷的玻璃管外表往往很难分辨，怎样防止烫伤？

3. 制作滴管时应注意什么？
4. 酒精喷灯火焰分几层？各层的温度和性质是怎样的？
5. 塞子钻孔为什么要两面钻？

【e 网链接】

1. http：//max. book118. com/html/2012/0602/2051057. shtm
2. http：//www. chinadmd. com/file/rosucscpeatoc3w3pptsuceo _ 1. html
3. http：//wenku. baidu. com/view/e5dfff130b4e767f5acfce9d. html

实验 3　试剂的取用和试管的操作

【实验目的与要求】

1. 进一步学习和巩固固体和液体试剂的取用方法。
2. 掌握振荡试管和加热试管的基本操作。
3. 熟练掌握试管、试剂瓶、胶头滴管、药匙、镊子等的使用方法。

【实验操作要点】

1. 药品取用的原则及方法

药品取用的一般原则及方法，详见 3. 2。

2. 试管内固体加热

试管内固体加热如图 3-1 所示。

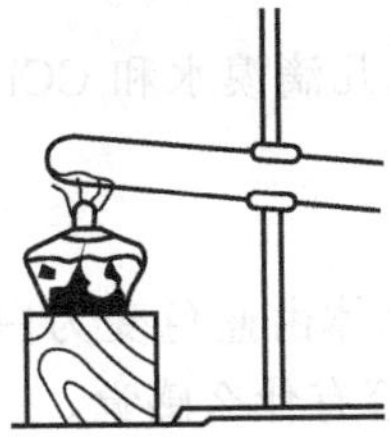

图 3-1　试管内固体加热

图 3-2　试管内液体加热

(1) 加热前需先将试管外壁擦干。
(2) 铁夹夹持在距离试管口约 1/3 处，试管口要稍向下倾斜。
(3) 要先均匀预热，再集中在盛固体部位加热。
(4) 加热过程中，不要让试管与灯芯接触，以免试管炸裂。

3. 试管内液体加热

试管内液体加热如图 3-2 所示。

(1) 液体体积不超过试管容积的 1/3。
(2) 试管外壁必须擦干；试管夹夹持在距离试管口约 1/3 处。
(3) 用外焰加热，加热过程中，不停移动试管使液体中下部均匀受热。
(4) 试管与桌面成 45°角，试管口不得对人。

4. 试管的振荡和搅拌(试管内液体量不超过试管容积的 1/3)

(1) 试管振荡的操作，用拇指、食指和中指握住试管的中上部，试管略微倾斜，手腕用力左右振荡或用中指轻轻敲打试管。

(2) 试管搅拌的操作，一手持试管，另一手持玻璃棒插入试管的试液内，用微力旋转，不要碰试管的内壁而使反应试液搅动。注意不要上下来回搅动，更不要用力过猛，否则会将试管击破。

【仪器、试剂与材料】

1. 仪器：酒精灯，试管(中号 10 支)，量筒(10mL)，滴管(2 支)，试管夹，铁架台(带铁夹)。

2. 试剂和材料：KI(0.1mol·L^{-1})，$CuSO_4 \cdot 5H_2O$ 晶体，NaCl 固体，KNO_3 固体，溴水，CCl_4，蒸馏水(试剂瓶装)。

【实验步骤】

1. 固体的取用

(1) 用药匙取锌粒(或小块石粒)放入试管中。

(2) 用药匙(或纸槽)取少量粉末(如食盐或细沙)放入试管中。

2. 液体的取用

(1) 用 10mL 量筒先后量取 1mL、3mL 水，分别注入两支试管中，目测两支试管中水的体积。然后取盛水的试剂瓶往另一试管中估量地注入 2mL 水，再将这一试管中的水倒入量筒中，检验自己的估量是否准确。反复练习。

(2) 用滴管吸取少量水，然后逐滴滴入量筒中，数出 1mL 水的滴数。再读出 40 滴水的体积(mL)。换一支滴管再重复以上操作。说出 1mL 水大约的滴数。

(3) 用滴管往试管中滴 2mL 水，然后用量筒检验，所取水的体积是否准确。反复练习。

3. 试管操作

(1) 在一支试管中加入 2mL 0.1mol·L^{-1} KI 溶液，加入几滴溴水和 CCl_4，振荡。观察 CCl_4 层中碘的颜色。

(2) 用一支试管取 3mL 水，并加热至沸。

(3) 用一支试管取少量 $CuSO_4 \cdot 5H_2O$ 晶体，加热，至晶体由蓝色变为白色。试管冷却至室温后加入几滴水，观察固体颜色的变化；用手摸一下试管有什么感觉。

(4) 在一支试管中加入 2mL 水，将少量 KNO_3 固体分批加入，每加入一次后，随即振荡试管，待 KNO_3 溶解后，再加第二次，直到加热至沸仍不溶时，把清液倾入另一试管中，冷却至室温，观察晶体的析出。

【实验注意事项】

1. 取用试剂时，要严格按照实验所要求的量取用。
2. 取用试剂时，注意不要沾在手上和皮肤上。
3. 试管内固体加热时，一定先将试管外壁擦干，试管口要稍向下倾斜。
4. 试管内的液体加热时，一定注意试管口不要对着自己和别人。
5. 振荡和搅拌试管内的液体时，液体量不超过试管容积的 1/3。

【思考题】

1. 实验要求取用少量固体或液体，一般指的是多少？液体多少滴大约为 1mL？
2. 给试管内的固体加热，试管炸裂，可能的原因有哪些？

3. 总结药品的取用、试管的操作的技术要点。

【e 网链接】

1. http：//wenku. baidu. com/view/e5dfff130b4e767f5acfce9d. html

2. http：//www. mofangge. com/html/qDetail/05/c3/201209/gmkec305116168. html

3. http：//www. chinadmd. com/file/rosucscpeatoc3w3pptsuceo _ 1. html

实验 4 台秤及电子天平的使用

【实验目的与要求】

1. 巩固并掌握台秤的规范用法。
2. 了解电子天平的构造和使用规则。
3. 练习电子天平的称量——直接称量法、固定质量称量法、递减称量法(减量法)。

【实验操作要点】

1. 台秤(精确到 0.1g)的使用步骤

(1) 调零 将游码归零，调节调零螺母，使指针在刻度盘中心线左右等距离摆动，表示天平的零点已调好，可正常使用。

(2) 称量 在左盘放试样，右盘用镊子夹入砝码(由大到小)，再调游码，直至指针在刻度盘中心线左右等距离摆动。

(3) 记录 砝码及游码指示数值相加则为所称试样质量。

(4) 恢复原状 要求把砝码移到砝码盒中原来的位置，把游码移到零刻度，把夹取砝码的镊子放到砝码盒中。

2. 电子天平(精确到 0.0001g)的构造和使用步骤

(1) 调平 天平放稳后，转动脚螺旋，使水平气泡在水平指示的红环内。

(2) 自检 接通电源，在空载下，天平内部进行自检。当天平出现“OFF”时，自检结束。

(3) 预热 30min 后即可称量。

(4) 清零 按 Tare 键，液晶屏显示“0”进入待测状态。

(5) 称样品 称量方法详见 4.1。

(6) 恢复原状 电子天平恢复原来状态。

【仪器、试剂与材料】

1. 仪器：台秤，电子天平，称量瓶，镊子，药勺，称量纸。
2. 试剂和材料：铝片，食盐。

【实验内容】

1. 台秤称量练习

(1) 称量瓶、铝片的质量。

(2) 0.5g 食盐。

2. 电子天平称量练习

(1) 用直接称量法分别称量称量瓶、铝片的质量（表 4-1)。

(2) 用固定质量称量法称量 0.2103g 氯化钠。

(3) 用递减称量法称量 0.1～0.2g 的氯化钠两份（表 4-2）。

【实验结果记录】

1. 直接称量法

表 4-1 用直接称量法称量

仪器	称量瓶/g	铝片/g	氯化钠/g
台秤			
电子天平			

2. 递减称量法

表 4-2 用递减称量法称量

次序	实例	1	2
称量瓶＋氯化钠(m_1)/g	21.2902		
倾出氯化钠后称量瓶(m_2)/g	21.1536		
氯化钠质量(m_1-m_2)/g	0.1366		

【实验注意事项】

1. 不得使用台秤(或电子天平)称量热的物品。

2. 药品不得直接放在台秤(或电子天平)的称量盘中称量，须用容器或称量纸放置后称量；易潮解和有腐蚀性的药品应放在表面皿、烧杯或称量瓶中进行称量。

3. 台秤的砝码不得用手直接拿取，必须用镊子夹取。

4. 在同一实验中，多次称量要使用同一架台秤和砝码(或同一台电子天平)。

5. 称量数据要及时记在记录本上。

6. 称量完毕，台秤(或电子天平)要恢复原状。

【思考题】

1. 台秤和电子天平的准确度各精确到几克？

2. 使用电子天平称量时，选择称量方法的依据是什么？

3. 用减量法称取试样，若称量瓶内的试样吸湿，将对称量结果造成什么误差？若试样倒入烧杯内以后再吸湿，对称量是否有影响？

【e 网链接】

1. http：//max.book118.com/html/2012/0602/2051057.shtm
2. http：//www.chinadmd.com/file/rosucscpeatoc3w3pptsuceo_1.html
3. http：//www.chem17.com/news/detail/18582.html

实验 5 溶液的粗略配制

【实验目的与要求】

1. 了解溶液浓度的表示方法及溶液配制的各种方法。
2. 掌握配制溶液时器皿、量具的选择。
3. 巩固物质称量、溶解、搅拌以及浓硫酸稀释等基本操作。

【实验原理】

1. 溶液浓度的表示方法

溶液浓度的表示方法有多种，配制溶液时常用的表示方法如下。

(1) 物质的量浓度(或简称物质的浓度)某物质的物质的量浓度为某物质的物质的量除以混合物的体积。符号为 c_B 或 $c(B)$，B 是指某物质。c_B 的国际单位为 $mol \cdot m^{-3}$，常用单位为 $mol \cdot L^{-1}$。

(2) 质量分数 某物质的质量分数是某物质的质量与混合物的质量之比。符号为 w_B，用下角标写明具体物质的符号。如 HCl 的质量分数表示为 w_{HCl}，单位为%。

(3) 质量浓度 某物质的质量除以混合物的体积。符号为 ρ，用下角标写明具体物质的符号。如物质 B 的质量浓度表示为 ρ_B，单位为 $kg \cdot L^{-1}$。

在工厂生产的控制分析和例行分析中，还常常用体积比浓度、相对密度(d)、波美度(B)和滴定度等表示溶液的浓度。

2. 溶液的粗略配制

根据溶液的用途以及溶质的特性，溶液的配制[1]可选择粗略配制(粗配，一般溶液，浓度的有效数字为 1～2 位)和精确配制(精配，标准溶液，浓度的有效数字为 4 位)。在下列情况下选择粗配溶液。

(1) 实验对溶液浓度的准确度要求不高 例如，溶解样品，调节溶液的 pH 值、分离或掩蔽离子、显色等使用的溶液。

(2) 有些溶液无法确定其准确浓度 例如，固体 NaOH 易吸收空气中的 CO_2 和水分、浓 H_2SO_4 具有吸水性、浓 HCl 具有挥发性、$KMnO_4$ 不易提纯等。因此，这类溶液若需要准确浓度，只能是先粗配、再标定。

3. 粗配溶液仪器的选择

台秤、量筒、烧杯等。

4. 粗配溶液的步骤

根据所配溶液的要求计算所需溶质(固体或液体)的用量→选择所用仪器→称量(或量取)试剂→烧杯溶解→定容(量筒或量杯量取或者直接用有刻度的烧杯均可)→倒入试剂瓶→贴标签→注明溶液的名称、浓度和配制日期。溶液的粗略配制如图 5-1 所示。

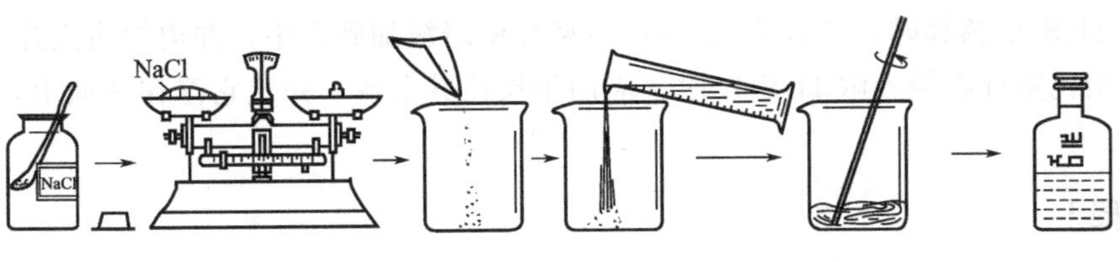

图 5-1 溶液的粗略配制

【仪器、试剂与材料】

1. 仪器：台秤，量筒，烧杯，玻璃棒，试剂瓶，标签。

2. 试剂和材料：$CuSO_4 \cdot 5H_2O$ 晶体，NaOH 固体，浓 H_2SO_4 (98%)，浓 HCl，蒸馏水。

【实验步骤】

1. 配制 50mL 质量浓度为 $10kg \cdot L^{-1}$的 $CuSO_4$ 溶液

首先计算出配制 50mL 10kg·L^{-1}的 $CuSO_4$ 溶液所需的 $CuSO_4 \cdot 5H_2O$ 晶体的质量。称取所需的 $CuSO_4 \cdot 5H_2O$ 晶体，放在 100mL 烧杯中，加水使之溶解，稀释定容至 50mL，倒入试剂瓶内，贴好标签(注明溶液名称、浓度和日期)。

2. 配制 50mL 0.1mol·L^{-1}的 NaOH 溶液

首先计算出配制 50mL 0.1mol·L^{-1}的 NaOH 溶液所需的 NaOH 固体的用量。用 100mL 干燥的烧杯在台秤上称取所需的 NaOH 固体，加水使之溶解，稀释定容至 50mL，倒入试剂瓶内，贴好标签(注明溶液名称、浓度和日期)。

3. 用浓 HCl 配制体积比为 1∶3 的 HCl 溶液 50mL

首先计算出配制体积比为 1∶3 的 HCl 溶液 50mL 所需的浓 HCl 和水的用量。将所需的蒸馏水加到烧杯中，再量取所需的浓 HCl 沿烧杯壁缓缓加到水中，并不断搅拌，配好后倒入试剂瓶 98%中，贴好标签(注明溶液名称、浓度和日期)。

4. 配制 50mL 2.0mol·L^{-1}的 H_2SO_4 溶液

用密度计测定浓 H_2SO_4 的密度，然后计算出配制 50mL 2.0mol·L^{-1}的 H_2SO_4 溶液所需的浓 H_2SO_4 和水的用量。用量筒量取所需的蒸馏水加到烧杯中，再量取所需的浓 H_2SO_4，然后将浓 H_2SO_4 沿烧杯壁缓缓加到水中，并不断搅拌。冷却至室温后倒入试剂瓶中，贴好标签(注明溶液名称、浓度和日期)。

【实验结果与数据处理】(表 5-1)

表 5-1 溶液的配制

所配溶液	加溶质/g(或 mL)	加水/mL	实验现象
50mL 0.1mol·L^{-1}的 NaOH			
50mL 10kg·L^{-1}的 $CuSO_4$			
50mL 1∶3 的 HCl			
50mL 2.0mol·L^{-1}的 H_2SO_4			

【实验注意事项】

1. NaOH、浓 H_2SO_4、浓 HCl 都有强的腐蚀性，使用时一定要特别小心，不要沾到皮肤和衣服上。

2. 取浓 H_2SO_4 的量筒应保持干燥。

3. 浓 H_2SO_4 稀释时，要将浓 H_2SO_4 沿烧杯壁缓缓加到水中，并边加边搅拌。

4. 使用比重计在浸入浓 H_2SO_4 时，应用手扶住其上端，并让它浮在液面上，待稳定后方可读数。

【注释】

[1] 这里是指常用溶液的配制，一些特殊试剂的配制见表 5-2。

表 5-2 特殊试剂的配制

编号	名称	浓度	配制方法
1	三氯化铋	0.1mol·L^{-1}	溶解 31.6g $BiCl_3$ 于 330mL 6mol·L^{-1}HCl 中，加水至 1L
2	三氯化锑	0.1mol·L^{-1}	溶解 22.8g $SbCl_3$ 于 330mL 6mol·L^{-1}HCl 中，加水至 1L
3	氯化亚锡	0.1mol·L^{-1}	溶解 22.6g $SnCl_2 \cdot 2H_2O$ 于 330mL 6mol·L^{-1}HCl 中，加水稀释至 1L，加入数粒纯锡，以防氧化

续表

编号	名称	浓度	配制方法
4	硝酸汞	0.1mol·L^{-1}	溶解33.4g $Hg(NO_3)_2 \cdot H_2O$于0.6mol·L^{-1} HNO_3中，加水稀释至1L
5	硝酸亚汞	0.1mol·L^{-1}	溶解56.1g $Hg_2(NO_3)_2 \cdot 2H_2O$于0.6mol·L^{-1} HNO_3中，加水稀释至1L，并加入少许金属汞
6	碳酸铵	1mol·L^{-1}	96g研细的$(NH_4)_2CO_3$溶于1L 2mol·L^{-1}氨水
7	硫酸铵	饱和	50g $(NH_4)_2SO_4$溶于100mL热水，冷却后过滤
8	硫酸亚铁	0.5mol·L^{-1}	溶解69.5g $FeSO_4 \cdot 7H_2O$于适量水中，加入5mL 18mol·L^{-1} H_2SO_4，再用水稀释至1L，置入小铁钉数枚
9	硫化钠	2mol·L^{-1}	溶解240g $Na_2S \cdot 9H_2O$和40g NaOH于水中，稀释至1L
10	硫化铵	3mol·L^{-1}	取一定量氨水，将其均分为两份，往其中一份通硫化氢至饱和，而后与另一份氨水混合
11	镍试剂		溶解10g镍试剂(二乙酰二肟)于1L 95%的酒精中
12	镁试剂		溶解0.01g镁试剂于1L 1mol·L^{-1} NaOH溶液中
13	铝试剂		1g铝试剂溶于1L水中
14	镁铵试剂		将100g $MgCl_2 \cdot 6H_2O$和100g NH_4Cl溶于水中，加50mL浓氨水，用水稀释至1L
15	奈氏试剂		溶解115g HgI_2和80g KI于水中，稀释至500mL，加入500mL 6mol·L^{-1} NaOH溶液，静置后，取其清液，保存在棕色瓶中
16	铬黑T指示剂		取铬黑T 0.1g，加氯化钠10g，研磨混合均匀
17	淀粉指示液		取可溶性淀粉0.5g，加水5mL搅匀后，缓缓倾入100mL沸水中，随加随搅拌，煮沸2min，放冷，倾取上层清液。本液应临用新配制
18	碘化钾淀粉指示液		取碘化钾0.2g，溶解在100mL新配制的淀粉指示液中
19	含锌碘化钾淀粉指示液		取水100mL，加碘化钾溶液(3→20)5mL与氯化锌溶液(1→5)10mL，煮沸，加淀粉混悬液(取可溶性淀粉5g，加水30mL搅匀制成)，随加随搅拌，继续煮沸2min，放冷，即可。本液应在阴凉处密闭保存

【思考题】

1. 溶液浓度的表示方法有哪些？
2. 计算配制50mL 2.0mol·L^{-1}的H_2SO_4溶液所需要98%H_2SO_4和水各多少毫升？
3. 浓H_2SO_4的稀释过程中应注意哪些问题？

【e网链接】

1. http：//max.book118.com/html/2012/0602/2051057.shtm
2. http：//www.chinadmd.com/file/rosucscpeatoc3w3pptsuceo _ 1.html

实验6　溶液的精确配制

【实验目的与要求】

1. 学会配制一定浓度的标准溶液的方法。
2. 了解用基准物质标定标准溶液浓度的原理。
3. 学会用基准物质标定标准溶液浓度的操作方法。
4. 熟悉甲基橙和酚酞指示剂的使用和终点的变化。
5. 进一步练习和巩固滴定管、容量瓶、移液管的使用。

【实验原理】

在定量分析实验中，需要溶液浓度准确到4位有效数字，配制时需要使用较准确的仪器(如电子天平、移液管、容量瓶等)，称为精配。已知准确浓度的溶液又称标准溶液。配制标准溶液一般有下列方法。

1. 直接法

用电子天平准确称取一定量基准物质(如重铬酸钾、碳酸钾、氯化钠、邻苯二甲酸氢钾、草酸、硼砂等)，溶解后配成一定体积(溶液的体积需用容量瓶精确确定)的溶液，根据物质的质量和溶液体积，即可计算出该标准溶液的准确浓度。溶液的精确配制(直接法)如图6-1所示。

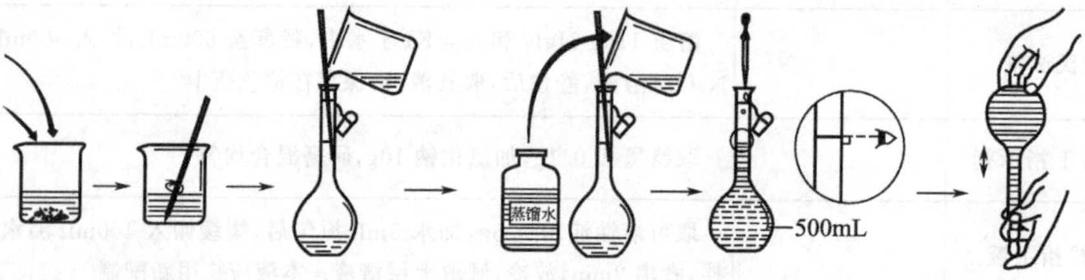

图6-1　溶液的精确配制(直接法)

2. 标定法

有很多物质(如NaOH、HCl等)不是基准物质，不能用来直接配制标准溶液，可按照一般溶液的配制方法配成大致所需浓度的溶液，然后再用基准物质通过酸碱滴定法、络合滴定法、氧化还原滴定法或沉淀滴定法等测出它的准确浓度，这个过程称为标定，这种配制标准溶液的方法称为标定法(具体操作详见3.7)。

标定酸液和碱液所用的基准物质有多种，本实验中各介绍一种常用的。

(1) 用酸性基准物质邻苯二甲酸氢钾($KHC_8H_4O_4$)以酚酞为指示剂标定NaOH标准溶液的浓度　在邻苯二甲酸氢钾的结构中只有一个可电离的H^+。标定时的反应为：

$$KHC_8H_4O_4 + NaOH \longrightarrow KNaC_8H_4O_4 + H_2O$$

滴定终点溶液由无色变为微红色。

邻苯二甲酸氢钾作为基准物质的优点是：易于获得纯品；易于干燥，不吸湿；摩尔质量大，可相对减少称量误差。

(2) 用 Na_2CO_3 为基准物质以甲基橙为指示剂标定 HCl 标准溶液的浓度　标定时的反应为：

$$Na_2CO_3 + 2HCl \longrightarrow 2NaCl + H_2O + CO_2\uparrow$$

滴定终点溶液由黄色变为橙色。

Na_2CO_3 作为基准物质的优点主要是：化学性质稳定，易于获得纯品。但由于 Na_2CO_3 易吸收空气中的水分，因此采用市售的 Na_2CO_3 试剂时，应预先放于 180℃烘箱中使之充分干燥，并保存于干燥器中。

NaOH 标准溶液与 HCl 标准溶液的浓度，一般只需标定其中一种，另一种则通过 NaOH 溶液与 HCl 溶液滴定的体积比算出。

【仪器、试剂与材料】

1. 仪器：台秤，电子天平，烧杯，称量瓶，容量瓶，玻璃棒，滴管，酸(碱)式滴定管，锥形瓶。

2. 试剂和材料：NaOH ($0.1mol\cdot L^{-1}$)，HCl ($0.1mol\cdot L^{-1}$)，甲基橙指示剂(0.1%)，酚酞指示剂(0.2%的乙醇溶液)，$H_2C_2O_4\cdot 2H_2O$(AR)，邻苯二甲酸氢钾(AR)，无水碳酸钠(AR)。

【实验步骤】

1. 配制 $0.0500mol\cdot L^{-1}$ 草酸溶液 100mL

(1) 计算　计算配制 $0.0500mol\cdot L^{-1}$ 草酸溶液 100mL，需草酸($H_2C_2O_4\cdot 2H_2O$)多少克？

(2) 用固定质量法准确称出草酸质量　先在台秤上称出一只洁净、干燥的空称量瓶后，装入约 1g $H_2C_2O_4\cdot 2H_2O$ 固体，再在电子天平上称出一只洁净、干燥的小烧杯，向烧杯中慢慢敲入所需的 $H_2C_2O_4\cdot 2H_2O$ 固体。

(3) 配制草酸溶液　用适量蒸馏水使烧杯中的草酸溶解，将溶液转移到 100mL 容量瓶中，烧杯用少量蒸馏水洗涤 3 次，将洗涤液转移到容量瓶中，瓶中液达到 2/3 容积时平摇几下，然后加水至刻度，摇匀，即得 $0.0500mol\cdot L^{-1}$ 草酸溶液。

2. 溶液浓度的标定(选做其中一个)

(1) NaOH 标准溶液浓度的标定　在电子天平上用递减质量法准确称取三份 1.0～1.5g 分析纯的邻苯二甲酸氢钾(需在 105～110℃烘干 1h 以上)，分别放入 3 只 250mL 锥形瓶中，用 50mL 煮沸后刚冷却的蒸馏水使之溶解(如没有完全溶解，可稍微加热)。冷却后加入两滴酚酞指示剂，用 $0.1mol\cdot L^{-1}$ NaOH 溶液滴定至微红色半分钟不褪，即为终点。记下 NaOH 溶液的消耗量。计算出 NaOH 标准溶液的浓度。三份测定的相对平均偏差应小于 0.2%，否则应重复测定。

(2) HCl 标准溶液的标定　准确称取已烘干的无水碳酸钠三份(其质量按消耗 20～40mL $0.1mol\cdot L^{-1}$ HCl 溶液计)，置于 3 只 250mL 锥形瓶中，加水约 30mL，温热，摇动使之溶解，冷却后加入两滴甲基橙指示剂，用 $0.1mol\cdot L^{-1}$ HCl 溶液滴定至溶液由黄色变为橙色。记下 HCl 溶液的消耗量。计算 HCl 标准溶液的浓度。三份测定的相对平均偏差应小于 0.2%，否则应重复测定。

【实验结果与数据处理】

1. 配制 $0.0500mol\cdot L^{-1}$ 标准草酸溶液，称取 $H_2C_2O_4\cdot 2H_2O$ 晶体__________ g。

2. 0.1mol·L^{-1}NaOH 溶液的标定

项目		1	2	3
待测 NaOH 溶液的用量/mL	初读数 V_1			
	末读数 V_2			
	实际用量 V			
邻苯二甲酸氢钾的质量/g				
NaOH 溶液的浓度/mol·L^{-1}				
NaOH 溶液的平均浓度/mol·L^{-1}				

3. 0.1mol·L^{-1}HCl 溶液的标定

项目		1	2	3
待测 HCl 溶液的用量/mL	初读数 V_1			
	末读数 V_2			
	实际用量 V			
无水碳酸钠的质量/g				
HCl 溶液的浓度/mol·L^{-1}				
HCl 溶液的平均浓度/mol·L^{-1}				

【实验注意事项】

1. 容量瓶使用前应检查是否漏水；容量瓶只能配制溶液，不能久储溶液。

2. 滴定管在注入溶液时，应用所盛的溶液润洗 2～3 次，以保证其浓度不被稀释。

3. 每次滴定要从滴定管零刻度或零刻度附近开始，滴定管读数准确至 0.01mL。

4. 无水碳酸钠是一种水解盐，碱性相当于弱碱，所以用甲基橙作为指示剂时，浓度不能太稀，否则误差太大。

【思考题】

1. HCl 和 NaOH 溶液能直接配制准确浓度吗？为什么？

2. 用容量瓶配制溶液时，要不要把容量瓶干燥？要不要用被稀释的溶液洗三遍？为什么？

3. 每次滴定都要从滴定管零刻度或零刻度附近开始滴定，为什么？

4. 在滴定分析实验中，滴定管为何需要用滴定剂润洗几次？滴定中使用的锥形瓶是否也要用待装液润洗？为什么？

5. HCl 溶液滴定 NaOH 标准溶液时是否可用酚酞作为指示剂？为什么？

【e 网链接】

1. http：//max.book118.com/html/2012/0602/2051057.shtm

2. http：//www.chinadmd.com/file/rosucscpeatoc3w3pptsuceo_1.html

3. http：//www.chem17.com/news/detail/18582.html

实验7 缓冲溶液的配制与pH值的测定

【实验目的与要求】

1. 了解缓冲溶液的配制原理及缓冲溶液的性质。
2. 掌握配制缓冲溶液的基本方法。
3. 学会用pH试纸测定溶液的酸碱度。
4. 了解pHS-3C酸度计的构造，学习pHS-3C酸度计的使用。

【实验原理】

1. 基本概念

在一定程度上能抵抗外加少量酸、碱或稀释，而保持溶液pH值基本不变的作用称为缓冲作用。具有缓冲作用的溶液称为缓冲溶液。

2. 缓冲溶液组成及计算公式

缓冲溶液一般是由共轭酸碱对组成的弱酸和弱酸盐，或弱碱和弱碱盐。如果缓冲溶液由弱酸和弱酸盐(例如HAc-NaAc)组成，则：

$$c_{H^+} \approx K_a \frac{c_a}{c_b},\quad pH = pK_a + \lg \frac{c_b}{c_a}$$

当配制溶液时所用酸及其共轭碱的浓度相等时，有：

$$pH = pK_a + \lg \frac{V_b}{V_a}$$

计算出所需的弱酸和共轭碱的用量(V_a、V_b分别为配制时所用酸及其共轭碱的体积)。

3. 缓冲溶液性质

(1) 抗酸/碱、抗稀释作用　因为缓冲溶液中具有抗酸成分和抗碱成分，所以加入少量强酸或强碱，其pH值基本上是不变的。稀释缓冲溶液时，酸和碱的浓度比值不改变，适当稀释不影响其pH值。

(2) 缓冲容量　缓冲容量是衡量缓冲溶液缓冲能力大小的尺度。缓冲容量的大小与缓冲组分浓度和缓冲组分的比值有关。缓冲组分浓度越大，缓冲容量越大；缓冲组分比值为1∶1时，缓冲容量最大。

【仪器、试剂与材料】

1. 仪器：pHS-3C酸度计，试管，量筒(100mL，10mL)，烧杯(100mL，50mL)，吸量管(20mL，10mL)。

2. 试剂和材料：HAc(0.1mol·L^{-1}，1mol·L^{-1})，NaAc(0.1mol·L^{-1}，1mol·L^{-1})，NaH_2PO_4(0.1mol·L^{-1})，Na_2HPO_4(0.1mol·L^{-1})，$NH_3\cdot H_2O$(0.1mol·L^{-1})，NH_4Cl(0.1mol·L^{-1})，HCl(0.1mol·L^{-1})，NaOH(0.1mol·L^{-1}，1mol·L^{-1})，HCl溶液(pH=4)，NaOH溶液(pH=10)，广泛pH试纸，精密pH试纸，吸水纸等。

【实验步骤】

1. 缓冲溶液的配制与pH值的测定

按照表7-1，通过计算配制一定pH值的缓冲溶液，然后用精密pH试纸和pH酸度计分别测定它们的 pH 值。

比较理论计算值与两种测定方法实验值是否相符(溶液留作后面实验用)。

2. 缓冲溶液的性质

(1) 取 3 支洁净的试管，分别加入蒸馏水、HCl 溶液(pH＝4)、NaOH 溶液(pH＝10)各 3mL，用 pH 试纸测其 pH 值；然后向各试管中加入 5 滴 $0.1mol \cdot L^{-1}$ HCl，再测其 pH 值。用相同的方法，试验 5 滴 $0.1mol \cdot L^{-1}$ NaOH 对上述三种溶液 pH 值的影响。将结果记录在表 7-2 中。

(2) 取 3 支洁净的试管，分别加入缓冲溶液 1(pH＝4.0)、缓冲溶液 2(pH＝7.0)、缓冲溶液 3(pH＝10.0)各 3mL。然后向各试管加入 5 滴 $0.1mol \cdot L^{-1}$ HCl，用精密 pH 试纸测其 pH 值。用相同的方法，试验 5 滴 $0.1mol \cdot L^{-1}$ NaOH 对上述三种缓冲溶液 pH 值的影响。将结果记录在表 7-2 中。

(3) 取 4 支洁净的试管，分别加入缓冲溶液 1(pH＝4.0)、HCl 溶液(pH＝4)、缓冲溶液 3(pH＝10.0)、NaOH 溶液(pH＝10)各 1mL，用精密 pH 试纸测定各管中溶液的 pH 值。然后向各管中加入 10mL 水，混匀后再用精密 pH 试纸测其 pH 值，考察稀释上述四种溶液对 pH 值的影响。将实验结果记录于表 7-2。

通过以上实验结果，说明缓冲溶液的性质。

【实验结果与数据处理】

表 7-1　缓冲溶液的配制与 pH 值的测定

实验序号	理论 pH 值	各组分的体积(总体积 50mL)		精密 pH 试纸测定 pH 值	pH 计测定 pH 值
1	4.0	$0.1mol \cdot L^{-1}$ HAc			
		$0.1mol \cdot L^{-1}$ NaAc			
2	7.0	$0.1mol \cdot L^{-1}$ NaH_2PO_4			
		$0.1mol \cdot L^{-1}$ Na_2HPO_4			
3	10.0	$0.1mol \cdot L^{-1}$ $NH_3 \cdot H_2O$			
		$0.1mol \cdot L^{-1}$ NH_4Cl			

表 7-2　缓冲溶液的性质

实验序号	溶液类别	pH 值	加 5 滴盐酸后 pH 值	加 5 滴氢氧化钠后 pH 值	加 10mL 水后 pH 值
1	蒸馏水				
2	盐酸溶液 pH＝4				
3	氢氧化钠溶液 pH＝10				
4	缓冲溶液 1 pH＝4.0				
5	缓冲溶液 2 pH＝7.0				
6	缓冲溶液 3 pH＝10.0				
缓冲溶液的性质					

【实验注意事项】

1. 配制标准缓冲溶液与溶解供试品的水，应是新煮沸过并放冷的纯化水，其 pH 值应为 5.5～7.0。

2. 配制缓冲溶液时，量取试剂均用吸量管。吸量管的使用方法及注意事项详见 3.2。

3. 标准缓冲溶液一般可保存 2～3 个月，但发现有浑浊、发霉或沉淀等现象时，不能继续使用。

4. 正确使用 pHS-3C 酸度计，注意电极的保护。

【思考题】

1. 为什么缓冲溶液具有缓冲作用？

2. $NaHCO_3$ 溶液是否具有缓冲作用？为什么？

3. 用 pHS-3C 酸度计测定溶液 pH 值时，已经标定的仪器，“定位”调节是否可以改变位置？为什么？

【e 网链接】

1. http：//max. book118. com/html/2012/0602/2051057. shtm

2. http：//www. chinadmd. com/file/rosucscpeatoc3w3pptsuceo _ 1. html

3. http：//www. doc88. com/p-0973999378411. html

4. http：//wenku. baidu. com/view/e5dfff130b4e767f5acfce9d. html

【附表】

常用缓冲溶液的配制

编号	名称	pH 值	配制方法
1	氨基乙酸-盐酸	2.3	在 500mL 水中溶解氨基乙酸 150g，加 480mL 浓盐酸，再加水稀释至 1L
2	氯化钾-盐酸	2.7	3.0mL 0.2mol·L^{-1} HCl 与 25.0mL 0.2mol·L^{-1} KCl 混合均匀后，加水稀释至 100mL
3	二氯乙酸-氢氧化钠	2.8	在 200ml 水中溶解 2g 一氯乙酸后，加 40g NaOH，溶解完全后，再加水稀释至 1L
4	邻苯二甲酸氢钾-盐酸	3.6	把 25.0mL 0.2mol·L^{-1}的邻苯二甲酸氢钾溶液与 6.0mL 0.1mol·L^{-1} HCl 混合均匀，加水稀释至 100mL
5	邻苯二甲酸氢钾-氢氧化钠	4.8	把 25.0mL 0.2mol·L^{-1}的邻苯二甲酸氢钾溶液与 17.5mL 0.1mol·L^{-1} NaOH 混合均匀，加水稀释至 100mL
6	六亚甲基四胺-盐酸	5.4	在 200mL 水中溶解六亚甲基四胺 40g，加浓 HCl 10mL，再加水稀释至 1L
7	磷酸二氢钾-氢氧化钠	6.8	把 25.0mL 0.2mol·L^{-1}的磷酸二氢钾与 23.6mL 0.1mol·L^{-1}NaOH 混合均匀，加水稀释至 100mL
8	硼酸-氯化钾-氢氧化钠	8.0	把 25.0mL 0.2mol·L^{-1}的硼酸-氯化钾与 4.0mL 0.1mol·L^{-1}NaOH 混合均匀，加水稀释至 100mL
9	氯化铵-氨水	9.1	0.1mol·L^{-1}氯化铵与 0.1mol·L^{-1}氨水以 2：1 比例混合均匀
10	硼酸-氯化钾-氢氧化钠	10.0	把 25.0mL 0.2mol·L^{-1}的硼酸-氯化钾与 43.9mL 0.1mol·L^{-1}NaOH 混合均匀，加水稀释至 100mL
11	氨基乙酸-氯化钠-氢氧化钠	11.6	把 49.0mL 0.1mol·L^{-1}氨基乙酸-氯化钠与 51.0mL 0.1mol·L^{-1}NaOH 混合均匀
12	磷酸氢二钠-氢氧化钠	12.0	把 50.0mL 0.05mol·L^{-1} Na_2HPO_4 与 26.9mL 0.1mol·L^{-1} NaOH 混合均匀，加水稀释至 100mL
13	氯化钾-氢氧化钠	13.0	把 25.0mL 0.2mol·L^{-1} KCl 与 66.0mL 0.2mol·L^{-1}NaOH 混合均匀，加水稀释至 100mL

实验 8　酸碱指示剂的配制及变色范围的测定

【实验目的与要求】

1. 学习常用酸碱指示剂的配制方法。
2. 理解酸碱指示剂的变色原理，了解指示剂在整个变色范围内的颜色变化过程。
3. 掌握酸碱滴定终点颜色的准确判断方法。
4. 学习分光光度计的使用方法。

【实验原理】

酸碱指示剂的变色范围是指颜色因溶液的 pH 值的改变而引起的突变范围。pH 变色范围有呈酸式色、呈碱式色两个边限变色点，在这两个端点均为颜色不变点；而在这两点之间的 pH 变色区域内，指示剂的颜色是逐渐变化的，呈混合色。从理论上讲，酸碱指示剂终点的颜色应为指示剂变色范围的中间点，但是由于人的肉眼对颜色辨识敏感度的差异，理论变色点与实测变色点总是稍有不同。

酸碱指示剂一般都是结构比较复杂的有机染料，它们本身是极弱的有机酸或有机碱，或是既表现为弱酸又表现为弱碱的两性物质。它们的分子和电离出的离子，由于结构不同而显不同的颜色。在溶液中分子与离子间保持平衡。当溶液 pH 值改变时，平衡发生移动而引起颜色的变化。

例如，酚酞为一种有机弱酸，用通式 HIn 代表，它未电离的分子 HIn 为无色，电离生成的阴离子 In^- 为红色。在水溶液中存在着下列电离平衡：

$$\text{HIn（无色）} \rightleftharpoons H^+ + In^- \text{（红色）}$$

在酸性溶液中，平衡向左移动，HIn 浓度增加，溶液显无色。在碱性溶液中，H^+ 与 OH^- 结合成水，平衡就向右移动，In^- 浓度增大，溶液显红色。

1. 酚酞变色过程的反应方程式

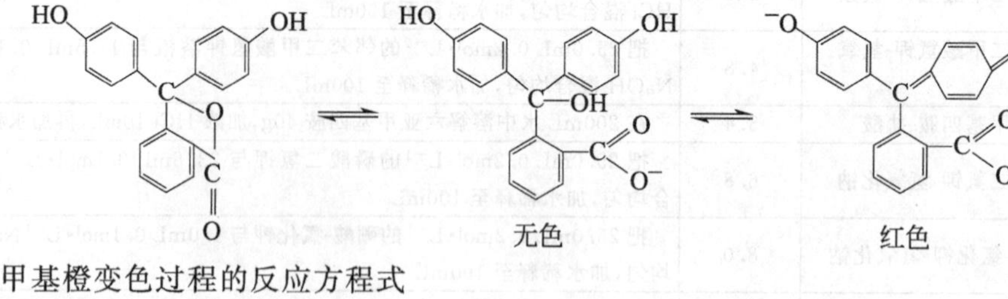

2. 甲基橙变色过程的反应方程式

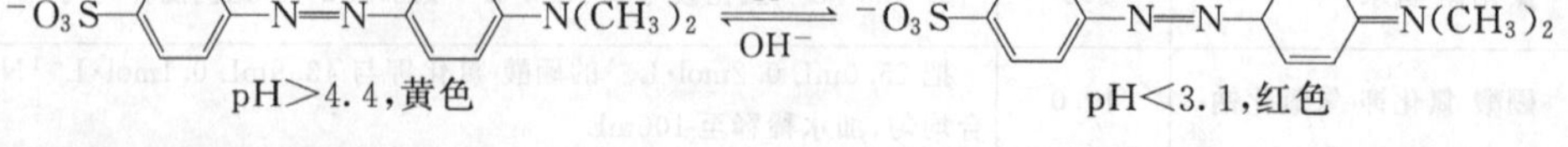

【仪器、试剂与材料】

1. 仪器：台秤，分光光度计(721 型或 725 型，配两支 10mm 吸收池)，比色管(25mL，12 个)，比色管架(木质、带反光镜)，吸量管(5mL 和 1mL，各 4 支)，烧杯(100mL)。

2. 试剂和材料：$KHC_8H_4O_4$（邻苯二甲酸氢钾）($0.2mol \cdot L^{-1}$)，KH_2PO_4 ($0.2mol \cdot L^{-1}$)，H_3BO_3 ($0.4mol \cdot L^{-1}$)，KCl ($0.4mol \cdot L^{-1}$)，NaOH ($0.1mol \cdot L^{-1}$)，

HCl(0.1mol·L^{-1})，乙醇（90%），酚酞(固)，甲基橙(固)，甲基红(固)，不含 CO_2 的蒸馏水。

【实验步骤】

1. 酚酞指示剂的配制及变色范围的测定

(1) 50mL 0.2%酚酞指示剂的配制　称取酚酞 0.1g 放入 100mL 烧杯中，加适量 90%乙醇溶解后，再加 90%乙醇定容至 50mL。

(2) 酚酞指示剂变色范围的测定［变色范围 pH＝8.3～10.0(无色→红)］

① 目测比色法　按表 8-1 所示，在 10 支比色管中加入各种试剂，配成 pH 值为 7.8～10.2 的缓冲溶液，然后向比色管中各加入 0.10mL 酚酞试剂，用蒸馏水稀释至 25mL 刻度线，摇匀，进行目测比色，确定酚酞溶液 pH 变色范围。

② 分光光度计法(分光光度计的使用详见 4.5)　按表 8-1 所示，在 10 支比色管中加入各种试剂，配成 pH 值为 7.8～10.2 的缓冲溶液，然后向比色管中各加入 0.25mL 酚酞试剂，用蒸馏水稀释至 25mL 刻度线，摇匀。以水为空白溶液，用分光光度计在 553nm 波长下测定各溶液吸光度，确定酚酞溶液 pH 变色范围。

标准规定：pH 值为 8.0 时，溶液应为无色，吸光度应小于 0.020；pH 值为 10.2 与 pH 值为 10.0 时溶液的吸光度值之差应小于 pH 值为 10.0 与 pH 值为 9.8 时溶液的吸光度值之差。

2. 甲基橙指示剂的配制及变色范围的测定

(1) 50mL 0.1%甲基橙指示剂的配制　称取甲基橙 0.05g 放入 100mL 烧杯中，加适量水溶解后，再加水定容至 50mL。

(2) 甲基橙指示剂变色范围的测定［变色范围 pH＝3.0～4.4(红→橙→黄)］　用目测比色法，按表 8-2 所示，在 9 支比色管中加入各种试剂，配成 pH 值为 2.8～4.6 的缓冲溶液，然后向比色管中各加入 0.10mL 甲基橙溶液，用蒸馏水稀释至 25mL 刻度线，摇匀，进行目测比色，确定两端变色点和中间变色点。

3. 甲基红指示剂的配制及变色范围的测定［变色范围 pH＝4.2～6.2(红→黄)］

(1) 50mL 0.1%甲基红指示剂的配制　称取甲基红 0.05g 放入 100mL 烧杯中，加适量 60%乙醇溶解后，再加 60%乙醇定容至 50mL。

(2) 甲基红指示剂变色范围的测定［变色范围 pH＝4.4～6.2(红→黄)］　用目测比色法，按表 8-3 所示，在 10 支比色管中加入各种试剂，配成 pH 值为 4.0～6.4 的缓冲溶液，然后向比色管中各加入 0.10mL 甲基红溶液，用蒸馏水稀释至 25mL 刻度线，摇匀，进行目测比色，确定两端变色点和中间变色点。

表 8-1　pH 值为 7.8～10.2 缓冲溶液的配制

pH 值	7.8	8.0	8.2	8.4	8.8	9.2	9.6	9.8	10.0	10.2
氢氧化钠溶液/mL	11.10	11.50	1.50	2.15	3.95	6.60	9.23	10.20	10.90	11.60
硼酸溶液/mL			3.13	3.13	3.13	3.13	3.13	3.13	3.13	3.13
邻苯二甲酸氢钾溶液/mL	6.25	6.25								
氯化钾溶液/mL			3.13	3.13	3.13	3.13	3.13	3.13	3.13	3.13

表 8-2　pH 值为 2.8～4.6 缓冲溶液的配制

pH 值	2.8	3.0	3.2	3.6	3.8	4.0	4.2	4.4	4.6
硼酸溶液/mL	11.10	11.50	1.50	2.15	3.95	6.60	9.23	10.20	10.90
氢氧化钠溶液/mL			3.13	3.13	3.13	3.13	3.13	3.13	3.13
邻苯二甲酸氢钾溶液/mL	6.25	6.25							

表 8-3　pH 值为 4.0～6.4 缓冲溶液的配制

pH 值	4.0	4.2	4.4	4.8	5.0	5.2	5.6	6.0	6.2	6.4
氢氧化钠溶液/mL		0.75	1.65	4.13	5.65	7.20	9.70	1.40	2.03	2.90
盐酸溶液/mL	0.02									
邻苯二甲酸氢钾溶液/mL	6.25	6.25	6.25	6.25	6.25	6.25	6.25			
磷酸二氢钾溶液/mL								6.25	6.25	6.25

【实验注意事项】

1. 本实验中量取各种试液均用吸量管。
2. 本实验用水一定是不含 CO_2 的蒸馏水。
3. 指示剂的中间变色点是指目测可以观察到的颜色变化点。
4. 单色指示剂(酚酞)用量增大，颜色总体加深，变色点的 pH 值将发生移动；双色指示剂(甲基橙、甲基红)用量增大，颜色总体加深，变色点的 pH 值不受影响。

【思考题】

1. 简述酸碱指示剂变色原理。
2. 实验中为什么要用不含 CO_2 的蒸馏水？
3. 写出酚酞、甲基橙变色过程的化学反应方程式。

【e 网链接】

1. http：//max. book118. com/html/2012/0602/2051057. shtm
2. http：//www. chinadmd. com/file/rosucscpeatoc3w3pptsuceo _ 1. html
3. http：//www. chem17. com/news/detail/18582. html

【附表】

常用酸碱指示剂的配制方法及 pH 变色范围(291～298K)

溶液组成	pH 变色范围	颜色变化	配制方法
甲基紫(第一变色范围)	0.13～0.5	黄～绿	1g·L⁻¹或 0.5g·L⁻¹的水溶液
苦味酸	0.1～1.3	无色～黄	1g·L⁻¹的水溶液
甲基绿	0.1～2.0	黄～绿～浅蓝	0.5g·L⁻¹的水溶液
孔雀绿(第一变色范围)	0.13～2.0	黄～浅蓝～绿	1g·L⁻¹或 0.5g·L⁻¹的水溶液
甲酚红(第一变色范围)	0.2～1.8	红～黄	0.04g 指示剂溶于 100mL 50%乙醇
甲基紫(第二变色范围)	1.0～1.5	绿～蓝	1g·L⁻¹的水溶液
百里酚蓝(麝香草酚蓝)(第一变色范围)	1.2～2.8	红～黄	0.1g 指示剂溶于 100mL 20%乙醇
甲基紫(第三变色范围)	2.0～3.0	蓝～紫	1g·L⁻¹的水溶液
茜素黄 R(第一变色范围)	1.9～3.3	红～黄	1g·L⁻¹的水溶液
二甲基黄	2.9～4.0	红～黄	0.1g 或 0.01g 指示剂溶解于 100mL 90%乙醇中
甲基橙	3.1～4.4	红～橙黄	1g·L⁻¹的水溶液
溴酚蓝	3.0～4.6	黄～蓝	0.1g 指示剂溶解于 100mL 20%乙醇
刚果红	3.0～5.2	蓝紫～红	1g·L⁻¹的水溶液
茜素红 S(第一变色范围)	3.7～5.2	黄～紫	1g·L⁻¹的水溶液
溴甲酚绿	3.8～5.4	黄～蓝	0.1g 指示剂溶解于 100mL 20%乙醇
甲基红	4.4～6.2	红～黄	把 0.1g 或 0.2g 指示剂溶解于 100mL 60%乙醇中
石蕊	5.0～8.0	红～紫～蓝	把 1g 石蕊溶解在 50mL 水中，静置一昼夜后过滤，在滤液中加 30mL 95%乙醇，再加水到 100mL
酚酞	8.2～10	无色～深红	把 0.1g 酚酞溶解于 100g 90%乙醇中

实验9 气体的制备和净化

【实验目的与要求】

1. 了解实验室制备各种气体的方法、装置等。

2. 通过制备氢气了解启普发生器的构造和使用方法。

3. 掌握氢气的制备、收集、净化、干燥的基本操作方法。

4. 验证氢气的还原性并测定铜的相对原子质量。

【实验原理】

1. 气体的制备、收集、净化、干燥

气体的制备、收集、净化、干燥详见3.2。

2. 实验室制备 H_2 的原理

由活泼金属(Zn)与稀酸(稀盐酸或稀硫酸)的反应制备氢气：

$$Zn + H_2SO_4 \longrightarrow ZnSO_4 + H_2\uparrow$$

由于制备氢气的锌粒中常含有硫、砷等杂质，所以在气体发生过程中常夹杂有硫化氢、砷化氢等气体。硫化氢、砷化氢和酸雾可通过硫酸铜溶液除去，再通过装有无水氯化钙的干燥管进行干燥。

3. 验证氢气的还原性并测定铜的相对原子质量

$$CuO + H_2 \xrightarrow{加热} Cu + H_2O$$

由上面反应的计量关系求铜的相对原子质量。

$$铜的相对原子质量 = \frac{氧的相对原子质量}{氧的质量} \times 铜的质量$$

【仪器、试剂与材料】

1. 仪器：启普发生器，硬质大试管，洗气瓶，干燥管，电子天平，酒精灯，铁架台(带铁夹)，台秤。

2. 试剂和材料：氧化铜，锌粒，无水氯化钙，$KMnO_4$(0.1mol·L^{-1})，$Pb(Ac)_2$(饱和)，H_2SO_4(6mol·L^{-1})，橡皮管，玻璃导气管(10cm)。

【实验步骤】

1. 安装实验仪器

按照图9-1装置实验仪器并检查其气密性。

2. 加药品

由气体出口装入固体锌粒，锌粒的量不超过中间球体容积的1/3。从球形漏斗加入适量的6mol·L^{-1} H_2SO_4。

3. 收集氢气并检验纯度

氢气是一种可燃性气体，但它与空气或氧气按一定比例混合时，点火就会发生爆炸。为了实验安全，必须首先检验氢气的纯度。

检查方法是：用向下排气集气法收集一小试管氢气，用大拇指盖住试管口。将管口移进

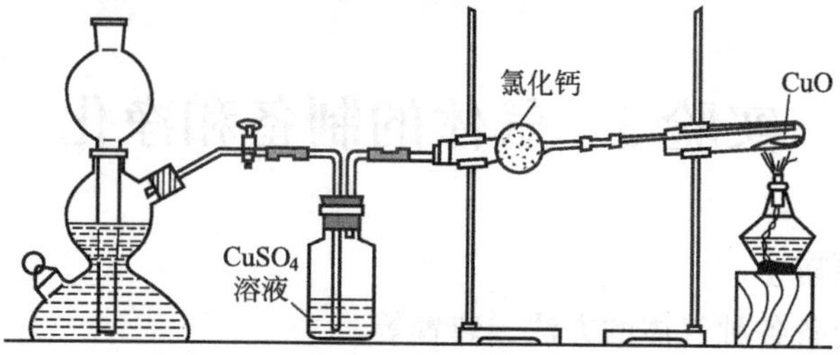

图 9-1　氢气的制备、净化及还原氧化铜

图 9-2　氢气的验纯

火焰(注意：检验氢气的火焰距离发生器至少 1m)。大拇指离开管口，若听到平稳细微的“卟”声，则表明所收集的气体是纯净的氢气；若听到尖锐的爆鸣声，则表明气体不纯，还要换一支试管做纯度检查，直到没有尖锐的爆鸣声为止（图 9-2)。

4. 验证氢气的还原性并测定铜的相对原子质量

在电子天平上称量一支洁净而干燥的硬质大试管，然后加入大约 1.0g 的氧化铜(试管底部平铺一薄层)，准确称量试管和氧化铜的质量，并将试管固定在铁架台上。在检验了氢气纯度以后，把导气管插入试管并置于氧化铜上方(不要与氧化铜接触)。待试管中的空气全部排出后，按试管中固体的加热方法加热试管，至黑色氧化铜全部转变为红色铜后，移开酒精灯，继续通氢气至试管冷却到室温，抽出导气管，停止通气。用滤纸吸干硬质大试管管口冷凝的水珠，再准确称量试管和铜的质量。

【实验结果与数据处理】

项目	1	2
试管的质量/g		
试管和 CuO 的质量/g		
试管和铜的质量/g		
铜的质量/g		
氧的质量/g		
铜的相对原子质量		
铜的相对原子质量文献值		
相对误差/%		

若相对误差大于 5%应重做。

【实验注意事项】

1. 启普发生器使用注意事项详见 3.1。
2. 制备氢气前一定要检验装置的气密性。
3. 氢气还原氧化铜前一定要验纯，且每试验一次要换一支试管，防止用于验纯的试管中有火种，酿成爆炸的危险。
4. 在做完氢的还原性实验，拿开酒精灯以后，要继续通氢气至试管冷却。

【思考题】

1. 试述启普发生器的构造原理和使用注意事项。

2. 为什么要检查氢气的纯度？在检查氢气纯度时，为什么每试验一次要更换一支试管？

3. 在做完氢的还原性实验，拿开酒精灯以后，为何还要继续通氢气至试管冷却？

4. 下列情况对实验结果有何影响？

(1) 样品中有水分或试管不干燥。

(2) 氧化铜没有全部变为铜。

(3) 试管口冷凝的水珠没有用滤纸吸干。

【e网链接】

1. http：//www.chinadmd.com/file/wstsctercu6osoowcpt3wxui_1.html

2. http：//www.doc88.com/p-0973999378411.html

3. http：//www.mofangge.com/html/qDetail/05/c3/201209/gmkec305116168.html

实验10　熔点的测定

【实验目的与要求】

1. 了解熔点的测定原理和意义。

2. 初步学习熔点仪的使用方法。

3. 掌握毛细管法测定熔点的操作方法。

【实验原理】

1. 基本原理

物质的熔点是指在常压下该物质的固液两相达到平衡时的温度。纯净的固体有机化合物一般都有固定的熔点。图10-1所示为加热纯净有机化合物时，相组分、温度和加热时间的关系。加热温度未达到化合物熔点时，化合物以固相存在；继续加热温度上升，当温度达到熔点时，开始有少量液体出现，而后固、液两相平衡；继续加热，温度不再变化，此时加热所提供的热量使固体不断转变为液相，两相间仍为平衡，直至所有固体都转变为液体；继续加热，则温度线性上升。在一定的外压下，固、液两态之间的变化是非常敏锐的，自初熔至全熔(称为熔程)温度不超过0.5～1℃。若混有杂质则熔点有明确变化，不但熔点距扩大，

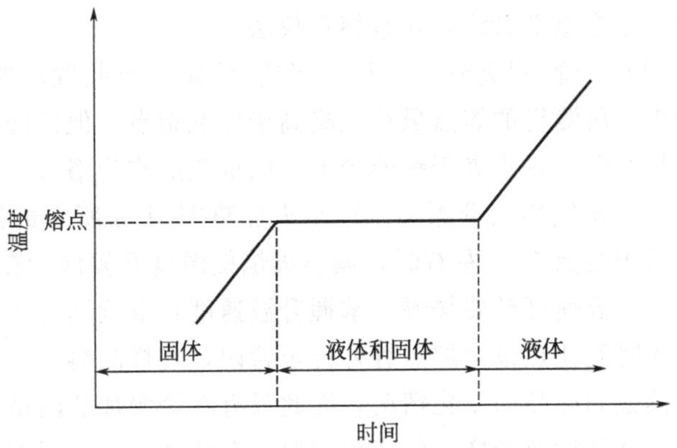

图10-1　纯物质加热时温度随时间的变化

而且熔点也往往下降。因此，熔点是晶体化合物纯度的重要指标。有机化合物熔点一般不超过 350℃，较易测定，故可借测定熔点来鉴别未知有机物和判断有机物的纯度。

如果在一定的温度和压力下，将某物质的固、液两相置于同一容器中，将可能发生三种情况：固相迅速转化为液相；液相迅速转化为固相；固相和液相同时并存，如图 10-2 所示。曲线 SM 表示该物质固体的蒸气压随温度升高而增大的曲线；ML 表示该物质液体的蒸气压随温度升高而增大的曲线；两曲线相交于 M 点，此时固、液两相同时并存，它所对应的温度 T_M 即为该物质的熔点。当温度高于 T_M 时，固相全部转变为液相；低于 T_M 时，液相全部转变为固相。只有固相和液相并存时，固相和液相的蒸气压是一致的。一旦温度超过 T_M（甚至只有几分之一度时），只要有足够的时间，固体就可以全部转变为液体，这就是纯粹的有机化合物有固定和敏锐熔点的原因。因此在测定熔点过程中，当温度接近熔点时，加热速度一定要慢。一般每分钟升温不能超过 1～2℃。只有这样才能使熔化过程近似于相平衡条件，精确测得熔点。

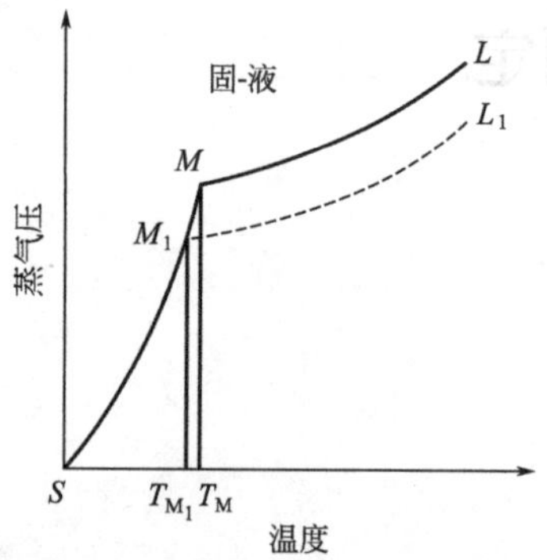

图 10-2　物质的温度与蒸气压的关系

图 10-2 中，当含杂质时（假定两者不形成固溶体），根据 Raoult 定律可知，在一定的压力和温度条件下，在溶剂中增加溶质，导致溶剂蒸气分压降低（图中 M_1L_1），固、液两相交点 M_1 即代表含有杂质化合物达到熔点时的固、液相平衡共存点，T_{M_1} 为含杂质时的熔点，显然，其熔点较不含杂质者低。

在鉴定某未知物时，如测得其熔点和某已知物的熔点相同或相近时，不能就此认为它们为同一物质。还需把它们混合，测该混合物的熔点。如熔点仍不变，才能认为它们为同一物质；如混合物熔点降低，熔程增大，则说明它们属于不同的物质。故此种混合熔点实验是检验两种熔点相同或相近的有机物是否为同一物质的最简便方法。

同样在某些情况下，熔程很小时也不一定是纯的有机化合物。以 α-萘酚和萘混合物为例，当萘的摩尔分数为 0.605，α-萘酚的摩尔分数为 0.395 时，该混合物能像纯物质一样在一定的温度时熔化，熔点为 61℃，同样具有较短的熔程。但这不是纯的有机化合物，而是最低共熔混合物，该温度为最低共熔点。

2. 测定方法

常用测定熔点的方法有毛细管法和显微熔点仪法。

（1）毛细管法　Thiele 管（提勒管，又称 b 形管）测定熔点装置，如图 10-3 所示。该法操作简便，样品用量少。所测得的熔点虽往往略高于标准熔点，但已能满足一般要求。

具体方法如下：将 b 形管垂直夹于铁架台上，以浓硫酸作为浴液，将黏附有熔点管的温度计仔细地插入其中，不要使熔点管漂移。以小火加热图 10-3 所示部位，开始升温速度可以稍快，当温度升至低于熔点 15℃左右时，调整火焰使温度升幅保持在每分钟上升 1～2℃，当温度越接近熔点时，升温速度越要缓慢。掌握升温速度是准确测定熔点的关键，这样一方面是为了保证有充分的时间让热量由熔点管外传至管内，使样品熔化；另一方面由于操作者需要同时观察温度计读数和样品的变化情况，因此只有在缓慢加热的情况下，才能确保操作者有足够时间去观察温度计读数和样品的变化情况，有效减小测试误差。记录熔点时要记下样品开始塌落并有液相产生（初熔）和固体完全消失时（全熔）的温度计读数。

(2) 显微熔点仪测定法　这种测定方法要用显微熔点仪(见 4.2)。这类仪器型号较多，但其共同特点是样品用量少，只需几颗小粒晶体。在显微镜下能清楚地看到样品受热后所发生的升华、分解、脱水和多晶物质的晶型转化等变化的过程。

利用此法测物质的熔点时，首先将被测物质放在两片载玻片之间，并一起放在热台腔内。使被测物质放在热台孔之间，再盖上隔热片。调节反光镜、物镜和目镜，使显微镜焦点对准样品，开启加热器，先快速后慢速加热，温度升至接近熔点时，将温度上升的速度控制在每分钟上升 1～2℃。当样品开始有液滴出现时，表示熔化已开始，记录初熔温度。样品逐渐熔化直至完全变成液体，记录全熔温度。

【仪器、材料与试剂】

1. 仪器：温度计，b 形管(Thiele 管)，熔点毛细管，酒精灯，开口橡皮塞，乳胶管，小剪刀，玻璃棒，玻璃管，表面皿，打孔器，显微熔点仪。

2. 试剂和材料：浓硫酸(约 50mL)，萘(熔点文献值 80.55℃)，苯甲酸(熔点文献值 122.4℃)，水杨酸(熔点文献值 159℃)，未知物(教师提供)。

【实验步骤】

1. 装置图

Thiele 管测定熔点的装置如图 10-3 所示。

2. 实验步骤

(1) 毛细管法

① 装样　取一根毛细管，将一端在酒精灯上转动加热，烧融封闭。取干燥、研细的待测物样品放在表面皿上，将毛细管开口一端插入样品中，即有少量样品挤入熔点管中。然后取一支长玻璃管，垂直于桌面上，由玻璃管上口将毛细管开口向上放入玻璃管中，使其自由落下，将管中样品夯实。重复操作使所装样品有 2～3mm 高时为止。

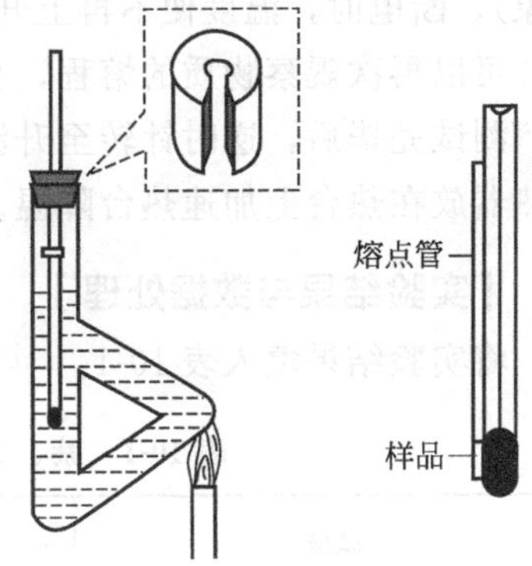

图 10-3　Thiele 管测定熔点的装置

② 安装　向 b 形管中加入浓硫酸作为加热介质，直到支管上沿。在温度计上附着一支装好样品的毛细管，毛细管中样品与温度计水银球处于同一水平。将温度计带毛细管小心悬于 b 形管中，使温度计水银球位置在 b 形管的直管中部。

③ 测定　在 b 形管弯曲部位加热。接近熔点时，减慢加热速度，每分钟升 1℃左右，接近熔点温度时，每分钟约升 0.2℃。观察、记录样品中形成第一滴液体时的温度(初熔温度)和样品完全变成澄清液体时的温度(终熔温度)。熔点测定应有至少两次平行测定的数据，每一次都必须用新的毛细管另装样品测定，而且必须等待浓硫酸冷却到低于此样品熔点 20～30℃时，才能进行下一次测定。

对于未知样品，可用较快的加热速度先粗测一次，在很短的时间里测出大概的熔点。实际测定时，加热到粗测熔点以下 10～15℃，必须缓慢加热，使温度慢慢上升，这样才可测得准确熔点。

④ 拆除装置　b 形管内的硫酸要冷却到用手可以触摸时才能倒入回收瓶中，温度计应冷却后用纸擦去硫酸方可用水冲洗，以免水银球破裂。

(2) 显微熔点仪测定法

① 载玻片的装法　以丙酮洗净专用的载玻片，并用擦镜纸擦干，将其放入一个可移动的支持器内，然后将研细的样品小心地放在载玻片的中央。另取一个载玻片盖住样品，使样品位于热台的中心空洞上，并盖上保温圆玻璃盖。

② 设备连接方法　按后面板的图示方式将电源、热台、传感器连接安装好。在热台中心区域放上被测物质，选择好倍率，并调清晰放大镜的像。检查无误后，打开电源开关，仪器进入测试状态，仪表显示即时温度值。

③ 温度的设定　设定温度上、下限(LED显示设定数值)，将功能选择开关拨至下限一侧，调节下限旋钮设定下限温度。完毕后，再将功能选择开关拨至上限一侧，调节上限温度值。下限温度值应低于被测物质熔点值，而上限温度值应高于被测物质熔点值。例如，被测物质熔点值在120℃左右，那么，可以设定下限温度值为115℃，上限温度值为125℃。

④ 升温　将功能选择开关拨至中间测量位置，此时LED显示热台温度值，同时升温指示绿灯亮(当温度低于下限时)。升温调节旋钮1和2可以控制加热功率的强弱，以调节热台升温速度的快与慢，快时为10～15℃/min，慢时为1℃/min，电压表表针偏右为快，偏左为慢。当温度值到达设定下限值时，绿灯灭。

⑤ 断电　当持续升温到达设定上限值时，断电指示红灯亮，同时热台停止加热(由于热台内镍铬丝通电后变红加热，所以当控制功能断电红灯亮时，温度显示会有1～2℃的过冲现象)，断电时，温度便不再上升，可以再次观察下降至下限值时，热台再次加热，温度上升，可以再次观察物质的熔程，直至温度到达上限，然后断电，如此反复。

测试完毕后，逆时针转至升温旋钮1和2到底，用镊子移去盖玻片和被测物质，同时将散热器放在热台上加速热台降温。当温度降至熔点值下20℃左右时，可以重复测量。

【实验结果与数据处理】

将实验结果填入表10-1。

表10-1　萘、苯甲酸、水杨酸及未知物的熔点测定数据记录

试样	测定值/℃		平均值/℃	
	初熔	全熔	初熔	全熔
萘				
苯甲酸				
水杨酸				
未知物				

【实验注意事项】

1. 熔点管必须洁净。如含有灰尘等，测试结果会产生4～10℃的误差。

2. 熔点管底端未封好会产生漏管。

3. 样品粉碎要细，填装要实，否则产生空隙，不易传热，造成熔程变大。

4. 样品不干燥或含有杂质，会使熔点偏低，熔程变大。
5. 样品量太少不便观察，而且熔点偏低；太多会造成熔程变大，熔点偏高。
6. 升温速度应慢，让热传导有充分的时间。升温速度过快，熔点偏高。
7. 熔点管壁太厚，热传导时间长，会产生熔点偏高。
8. 已测定过的试样或由于分解或由于晶型改变，会与原试样不同，不能再用于测定。
9. 显微熔点仪测定时，设定温度切勿超过仪器使用范围，否则仪器将会损坏。
10. 测定易升华物质的熔点时，应将熔点管的开口端烧熔封闭，以免升华。

【思考题】

1. 测熔点时，若有下列情况将产生什么结果？
(1) 熔点管壁太厚。
(2) 熔点管底部未完全封闭，尚有一针孔。
(3) 熔点管不洁净。
(4) 样品未完全干燥或含有杂质。
(5) 样品研磨得不细或装得不紧密。
(6) 加热太快。
2. 是否可以使用第一次测过熔点时已经熔化的有机化合物再做第二次测定呢？为什么？
3. 固体样品放在纸上粉碎装样，是否合适？为什么？
4. 纯物质熔距短，熔距短的是否一定是纯物质？为什么？

【e网链接】

1. http：//wenku. baidu. com/view/06c1860b763231126edb1117. html
2. http：//wenku. baidu. com/view/f46476fa700abb68a982fb68. html
3. http：//wenku. baidu. com/view/5f730fed6294dd88d0d26ba3. html
4. http：//wenku. baidu. com/view/0e482fd176eeaead1f330bd. html
5. http：//wenku. baidu. com/view/d7873c08bb68a98271fefa7b. html
6. http：//wenku. baidu. com/view/def1c79628ea81c758f578bd. html

实验11 沸点的测定——微量法

【实验目的与要求】

1. 了解测定沸点的原理。
2. 学习通过沸点测定鉴别液体有机化合物纯度的方法。
3. 掌握微量法测定沸点的实验方法。
4. 掌握沸点管的安装方法。

【实验原理】

1. 基本原理

由于分子运动，液体分子有从液体表面逸出的倾向，这种倾向随着温度的升高而增大，进而在液面上部形成蒸气。当分子由液体逸出的速度与分子由蒸气回到液体中的速度相等，液面上的蒸气达到饱和，称为饱和蒸气，它对液面所施加的压力称为饱和蒸气压。实验证明，液体的蒸气压只与温度有关，即液体在一定温度下具有一定的蒸气压。

当液体的蒸气压增大到与外界施于液面的总压力(通常是大气压力)相等时，就有大量气泡从液体内部逸出，即液体沸腾，此时的温度即为液体的沸点。因此液体的沸点与外界压力有关，外界压力不同，同一液体的沸点也会发生变化。例如，水的沸点在 1atm(1.013×10^5Pa)时是 100℃，在 8.50×10^4Pa 时为 95℃。通常所说的沸点是指在 1.013×10^5Pa 下液体沸腾时的温度。

在一定外压下，纯净的液体有机化合物都有一定的沸点，而且沸程也很小(0.5～1℃)。但是具有固定沸点的液体不一定都是纯净的化合物，因为某些有机化合物常和其他组分形成二元或三元共沸混合物，它们也有一定的沸点。不纯物质的沸点取决于杂质的物理性质以及其与纯物质间的相互作用。假如杂质是不挥发的，则溶液的沸腾温度比纯物质的沸点略有提高(实际上测定的并不是溶液的沸点，而是逸出蒸气与冷凝液平衡时的温度，即是馏出液的沸点，而不是蒸馏液的沸点)。若杂质是挥发性的，则蒸馏时液体的沸点会逐渐上升，两种或三种物质组成共沸物质，在蒸馏过程中温度保持不变，停留在某一温度范围内，因此沸点恒定并不意味着它是纯净的化合物，所以测定沸点是鉴定有机化合物和判断物质纯度的依据之一。

2. 测定方法

测定沸点常用的方法有常量法(蒸馏法)和微量法(沸点管法)两种。

(1) 常量法　利用蒸馏法来测定液体的沸点，样品用量较多，一般在 10mL 以上(见实验 12)。

(2) 微量法　利用沸点测定管来测定液体的沸点。沸点测定管由内管(长 7～8cm，内径 1mm)和外管(长 6～7cm，内径 4～5mm)组成，内管可用测熔点毛细管，外管是特制的沸点管。内外管均为一端封闭的耐热玻璃管。

【仪器、材料与试剂】

1. 仪器：b 形管，温度计，铁架台，沸点管。
2. 试剂和材料：浓 H_2SO_4，95%乙醇(沸点 78.2℃)。

【实验步骤】

1. 装置图

微量法测定沸点装置如图 11-1 所示。

2. 实验步骤

取 2～3 滴待测乙醇滴入外管中，把内管开口朝下插入液体中，然后用小橡皮圈把其固定于温度计上。再把温度计及所附的管子一起放入 b 形管中，温度计的水银球位于 b 形管两支管中间，用带有缺口的橡皮塞加以固定，橡皮圈应在热载体液面以上，然后以 4～5℃/min 的速度加热。

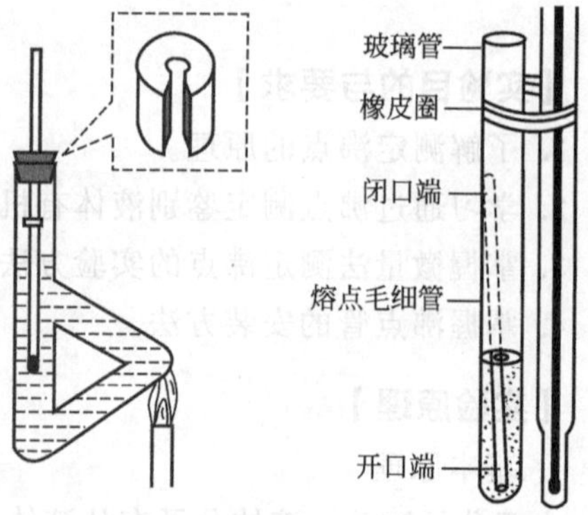

图 11-1　微量法测定沸点装置

随着温度的升高，内管内的气体分子动能增大，表现出蒸气压增大，随着不断的加热，液体分子的气化加快，内管中有断断续续的小气泡冒出。当温度到达样品沸点时，将出现一连串小气泡快速逸出，此时应停止加热，使热浴温度下降，气泡逸出的速度即渐渐减慢。最后一个气泡出现而刚欲缩回到管内的瞬间温度，即表示毛细管内液体蒸气压与大气压平衡时的温度，此温度就是该液体的沸点。待温度下降 15～20℃后，可重新加热，重复测定几次，误差应小于 1℃。

【实验结果与数据处理】

将实验结果填入表 11-1。

表 11-1 95%乙醇的沸点测定数据记录

次数										
沸点/℃										
误差/℃										

【实验注意事项】

1. 加热不能过快，以防液体全部气化。
2. 沸点内管里的空气要尽量赶净，正式测定前，应让沸点内管里有大量气泡冒出。
3. 观察要仔细、及时，并重复几次，其误差不得超过 1℃。

【思考题】

1. 用微量法测定沸点，为什么把最后一个气泡刚欲缩回至管内的瞬间温度作为该化合物的沸点？
2. 如果加热太快，测定出来的沸点会不会偏高？为什么？
3. 如果液体具有恒定的沸点，能否认为它是纯物质？为什么？
4. 什么是沸点？液体的沸点和大气压有什么关系？

【e 网链接】

1. http：//wenku. baidu. com/view/4cddbf01a6c30c2259019ec7. html
2. http：//wenku. baidu. com/view/c74a25d9ce2f0066f533224c. html
3. http：//baike. baidu. com/view/81200. htm？ fr＝wordsearch
4. http：//wenku. baidu. com/view/a660c81fa300a6c30c229f09. html
5. http：//wenku. baidu. com/view/28b77f0e6c85ec3a87c2c58f. html
6. http：//wenku. baidu. com/view/45cf20c49ec3d5bbfd0a74c8. html

实验 12 简单蒸馏

【实验目的与要求】

1. 了解简单蒸馏的基本原理。
2. 掌握简单蒸馏的实验装置及操作方法。
3. 掌握蒸馏烧瓶、冷凝管及接收管等的使用方法。

【实验原理】

将液体混合物加热至沸腾，使液体气化，然后，蒸气通过冷凝变为液体，这个过程就是蒸馏。它不仅可以用于测定化合物的沸点，还可根据混合物中各个组分的蒸气压不同而用于分离和提纯液体有机混合物。

一个液体的蒸气压是该液体表面的分子进入气相的倾向大小的客观量度。在一定温度下，液体具有一定的蒸气压，并不受液体表面的总压力——大气压的影响。随温度的升高，蒸气压随之增大，当液体的蒸气压增大到与外界施加给液面的总压力(一般为大气压)相等时，就有大量的气泡从液体内部逸出，即液体沸腾，此时的温度称为该液体的沸点。

利用液体混合物各个组分的沸点不同，通过加热使液体混合物中沸点低的物质先发生气化变成蒸气，而沸点较高的液体物质仍为液体，没有气化成为蒸气，然后可以将已经气化的蒸气经过冷凝使之重新变成液体物质，此时的液体物质即为基本单一组分的液体物质，而液体混合物中的其他沸点较高的物质仍为液体，从而达到分离和提纯的目的。

采用蒸馏方法将沸点不同的液体化合物分开，不同液体沸点必须相差 30℃以上，如沸点相差不大的液体混合物用此方法分离则比较难。同时，在采用蒸馏方法用于测定液态物质的沸点时，根据液体物质气化时的温度是否一致，或者气化时的温度是一个还是多个，或者说液体物质的沸点有一个还是多个，还可定性地检验该液体物质是混合物还是纯净物及该液体物质的纯度。

【仪器、材料与试剂】

1. 仪器：圆底烧瓶，蒸馏头，温度计，温度计套管，直形冷凝管，接引管，接收瓶，长颈漏斗，电热套。

2. 试剂和材料：工业乙醇。

【实验步骤】

按图 3.4-11 安装好仪器，将 50mL 工业乙醇通过玻璃漏斗倒入 100mL 蒸馏瓶中，加料时要防止蒸馏液由支管流入冷凝管，然后加入 2～3 粒沸石。装好温度计，检查仪器各部位连接处是否严密，并排除封闭体系，开通冷凝水并调到适当的流速。开通冷凝水开始加热时电压可稍大些，同时注意观察蒸馏瓶中的现象和温度计读数的变化。当蒸气的顶端达到温度计水银球部位时，温度计读数急剧上升，这时应适当降低电热套的电压，使加热速度略微减慢，并在温度计上液滴和蒸气温度逐渐达到平衡后适当升高温度，以进行蒸馏。控制加热温度，以每秒钟馏出 1～2 滴为宜。当温度计读数上升至 77℃时，更换一个洁净的接收瓶接收 77～79℃的馏分，并记下这部分液体开始馏出时和最后一滴时温度计的读数，即是该馏分的沸程。一般液体中通常会含有一些高沸点杂质，在所需要的馏分蒸出后，若继续升高加热温度，温度计的读数会显著升高。若维持原来的加热温度，则不再会有馏分蒸出，而且温度会突然下降，此时应停止蒸馏。切记不要蒸干，以免蒸馏瓶破裂及发生其他意外事故。拆卸仪器的程序与装配时相反。

【实验结果与数据处理】

将实验结果填入表 12-1。

表 12-1 各蒸馏温度段的馏出液体积记录

温度/℃	<77	77～79	>79
馏出液体积/mL			

【实验注意事项】

1. 温度计水银球上限应和蒸馏头侧管的下限在同一水平线上。

2. 冷凝水应从下口进，上口出；加热后发现忘记通冷凝水，一定停止加热冷却至室温后再通冷凝水。

3. 加热前要检查是否加沸石(如果有搅拌则可不用沸石)；加热后发现忘记加沸石，一定停止加热冷却至室温后再加沸石。

4. 当蒸馏沸点高于140℃的物质时，应该使用空气冷凝管。

5. 整个装置应通大气，绝不能造成封闭系统，因为封闭系统在加热时会引起爆炸事故。

6. 蒸馏效果好坏与操作条件有直接关系，其中最主要的是控制馏出液流出速度，以1～2滴/s为宜，不能太快，否则达不到分离要求。

7. 蒸馏完毕，先停止加热，后停止通冷却水；拆卸仪器，其程序和安装时相反。

【思考题】

1. 蒸馏时加入沸石的作用是什么？开始加热后，发现忘记加沸石，如何补加？

2. 蒸馏时为什么要控制馏出速度为1～2滴/s?

3. 蒸馏时为什么蒸馏瓶所盛液体的量不应超过容积的2/3，也不应少于1/3?

4. 蒸馏操作有何用途？

【e网链接】

1. http：//wenku. baidu. com/view/20e63328af45b307e8719792. html

2. http：//baike. baidu. com/view/135935. htm

3. http：//wenku. baidu. com/view/a4dd61c62cc58bd63186bdb2. html

4. http：//wenku. baidu. com/view/b85474d6195f312b3169a54c. html

5. http：//wenku. baidu. com/view/f7558e660b1c59eef8c7b47b. html

6. http：//wenku. baidu. com/view/f7558e660b1c59eef8c7b47b. html

实验13 减压蒸馏

【实验目的与要求】

1. 了解减压蒸馏的基本原理。

2. 掌握减压蒸馏仪器安装和操作方法。

3. 熟悉真空泵、气压计的使用方法。

【实验原理】

液体的沸点是指它的蒸气压等于外界压力时的温度，因此液体的沸点是随外界压力的变化而变化的。液体的沸点与压力的关系可近似地用下式表示：

$$\lg p = A + \frac{B}{T}$$

式中，p为液体表面的蒸气压；T为溶液沸腾时的热力学温度；A、B为常数。

由上式可知，降低系统内的压力，可以降低液体的沸点。这种在较低压力下进行蒸馏的操作称为减压蒸馏。减压蒸馏是分离和提纯有机化合物的常用方法之一，特别适用于那些在常压蒸馏时未达沸点就已受热分解、氧化或聚合的物质。某些化合物不同压力下的沸点见表13-1。

如果以 $\lg p$ 为纵坐标，$1/T$ 为横坐标，可近似得到一条直线。从二元组分已知的压力和温度，可算出 A 和 B 的数值，再将所选择的压力代入上式，即可求出液体在这个压力下的沸点。

表 13-1　某些化合物不同压力下的沸点

p/mmHg	化合物沸点/℃					
	水	氯苯	苯甲醛	水杨酸乙酯	甘油	蒽
760	100	132	179	234	290	354
50	38	54	95	139	204	225
30	30	43	84	127	192	207
25	26	39	79	124	188	201
20	22	34.5	75	119	182	194
15	17.5	29	69	113	175	186
10	11	22	62	105	167	175
5	1	10	50	95	156	159

但实际上许多物质的分子在液体中的缔合程度不同，其沸点的变化并不完全如此。在实际操作中可根据图 13-1 中的经验曲线找出该物质在此压力下沸点的近似值。

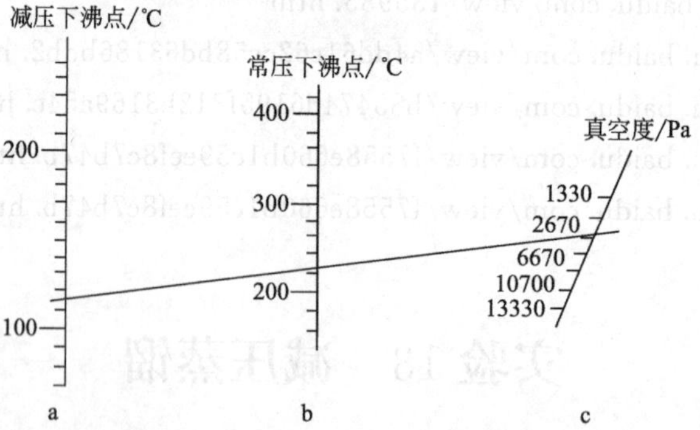

图 13-1　在常压、减压下的沸点近似图

如 N,N-二甲基甲酰胺常压下沸点约为 150℃(分解)，欲减压至 2.67kPa(20mmHg)，可以先在图 13-1 直线 b 上找出相当于 150℃的点，将此点与直线 c 上 2.67kPa(20mmHg)处的点连成一条直线，延长此直线与直线 a 相交，交点所示的温度就是 2.67kPa(20mmHg)时 N,N-二甲基甲酰胺的沸点，约为 50℃。

压力对沸点的影响一般有如下经验规律。

(1) 从大气压降到 3332Pa(25mmHg)时，高沸点(250～300℃)化合物的沸点随之下降 100～125℃。

(2) 当气压在 3332Pa(25mmHg)以下时，压力每降低一半，沸点下降 10℃。

对于减压到一定程度后具体某个化合物，其沸点可通过查阅有关资料得知，但更重要的是通过实验来确定。

【仪器、材料与试剂】

1. 仪器：克氏蒸馏头，圆底烧瓶，温度计，毛细管，直形冷凝管，多尾接收管，接收瓶，水泵或油泵，U 形压力计，安全瓶，冷阱，吸收塔。

2. 试剂和材料：乙二醇。

【实验步骤】

按图 3.4-12 安装好仪器后，检查系统密闭性，方法是：先旋紧毛细管上的螺旋夹，打开安全瓶上的二通旋塞，然后开泵抽气，逐渐关闭二通旋塞，打开压力计上的活塞，系统低压至少达到 10mmHg。若压力有变化，说明系统漏气，旋开螺旋夹和二通旋塞，关闭压力计上的活塞，关闭泵，再分段检查各连接部位，必要时在装置的连接部位涂一点真空脂。

圆底烧瓶中加 20mL 乙二醇，旋紧毛细管上的螺旋夹，打开安全瓶上的二通旋塞，然后开泵抽气。缓慢关闭安全瓶上的二通旋塞，调节毛细管上的螺旋夹，使液体能冒出一连串小气泡为宜。

开启冷凝水，加热蒸馏。加热时，蒸馏烧瓶的圆球部位至少应有 2/3 浸入浴液中。在浴液中放一支温度计，控制浴温比待蒸馏液体的沸点高 20～30℃，蒸馏速度保持在每秒钟馏出 1～2 滴。在整个蒸馏过程中，都要密切注意瓶颈上的温度计和压力的读数。时常注意蒸馏情况，记录压力、沸点等数据。纯物质的沸点变动范围一般在其沸点上下 1～2℃，假如起始蒸出的馏出液比要收集物质的沸点低，则在蒸至接近预期的温度时转动多尾接液管，以收集不同馏分。

在蒸馏过程中如果要中断蒸馏，应先移去热源，取下热浴。待稍冷后，渐渐打开二通活塞，使系统与大气相通。打开活塞时一定要慢慢地旋开，使压力计中的汞柱缓缓地恢复原状(否则汞柱会急速上升，有冲破压力计的危险)，然后松开毛细管上的螺旋夹，放出吸入毛细管的液体。

蒸馏完毕，先灭去火源，撤去热浴，待稍冷后缓缓解除真空，使系统内外压力平衡后，方可关闭油泵。

【实验结果与数据处理】

将实验结果填入表 13-2。

表 13-2 乙二醇减压蒸馏实验数据记录

性状	大气压力/mmHg	蒸馏压力/mmHg	沸程/℃	蒸馏前体积/mL	蒸馏后体积/mL	收率/%

【实验注意事项】

1. 被蒸馏液体中若含有低沸点物质时，通常先进行普通蒸馏，再进行水泵减压蒸馏，而油泵减压蒸馏应在水泵减压蒸馏后进行。

2. 毛细管起沸腾中心和搅动作用，安装时毛细管下端离瓶底 1～2mm。

3. 待蒸馏溶液的量不超过烧瓶容积的 1/2，不少于 1/3。

4. 除冷凝水管外，连接用的橡皮管必须是真空橡皮管。

5. 使用油泵时，应防止水分、有机物、酸性物质侵入泵内，配置安全瓶、冷阱、吸收塔的目的就是保护油泵。为了防止泵油倒吸，还可在油泵处配置缓冲瓶，以及在吸收塔中装入钠石灰、活性炭、无水氯化钙、颗粒状氢氧化钠及片状固体石蜡等。

6. 减压蒸馏结束时，安全瓶上的活塞一定要缓慢打开。如果打开太快，系统内外压力突然变化，使水银压力计的压差迅速改变，可导致水银柱破裂。

7. 待内外压力平衡后，才可关闭油泵，以免抽气泵中的油倒吸入干燥塔。

【思考题】

1. 减压蒸馏中毛细管的作用是什么？能否用沸石代替毛细管？
2. 蒸馏完所要的化合物后应如何停止减压蒸馏？为什么？
3. 是否可用锥形瓶作为减压蒸馏的接收瓶？为什么？
4. 在什么情况下用减压蒸馏？
5. 使用油泵减压时需有哪些吸收和保护装置？其作用是什么？
6. 在进行减压蒸馏时为什么必须用水浴或油浴加热？
7. 为什么进行减压蒸馏时须先抽气后才能加热？

【e网链接】

1. http：//chemlab. jlu. edu. cn/Guojiajingpinke/youji/shyjchzhsh/jianya. htm
2. http：//wenku. baidu. com/view/19707b102af90242a895e5b9. html
3. http：//wenku. baidu. com/view/ccd52c46a8956bec0975e334. html
4. http：//wenku. baidu. com/view/ae131ff29e31433239689363. html
5. http：//wenku. baidu. com/view/c921a965783e0912a2162a0c. html
6. http：//wenku. baidu. com/view/10b363bd960590c69ec3769b. html

实验14　水蒸气蒸馏

【实验目的与要求】

1. 了解水蒸气蒸馏的原理及应用范围。
2. 掌握水蒸气蒸馏的装置及其操作方法。
3. 了解水蒸气蒸馏的使用范围。
4. 掌握被提纯物质应具备的条件。

【实验原理】

水蒸气蒸馏是将水蒸气通入不溶于水的有机物中或使有机物与水经过共沸蒸出的操作过程。水蒸气蒸馏是用来分离和提纯有机化合物的重要方法之一。常用于下列几种情况。

（1）某些沸点高的有机化合物，在常压下蒸馏虽可与副产品分离，但易被破坏。

（2）混合物中含有大量树脂状杂质或不挥发性杂质，采用蒸馏、萃取等方法都难以分离。

（3）从较多固体反应物中分离出被吸附的液体。

（4）除去易挥发的有机物。

当与水不相混溶的物质与水共存时，根据道尔顿分压定律，整个体系的蒸气压应为各组分蒸气压之和，即：

$$p = p_A + p_B$$

式中，p 为总的蒸气压；p_A 为水的蒸气压；p_B 为与水不相混溶物质的蒸气压。

当混合物中各组分蒸气压总和等于外界大气压，这时的温度即为它们的沸点。此沸点比各组分的沸点都低，因此，在常压下应用水蒸气蒸馏，就可在低于100℃的情况下将高沸点组分与水一起蒸出来。由于总的蒸气压与混合物中两者间的相对量无关，因此直到其中一个组分几乎完全移去后，温度才能上升至留在瓶中液体的沸点。混合物蒸气中各个气体分压(p_A、p_B)之比等于它们的物质的量(n_A、n_B)之比，即：

$$\frac{n_A}{n_B} = \frac{p_A}{p_B}$$

$$n_A = \frac{m_A}{M_A};\ n_B = \frac{m_B}{M_B}$$

式中，m_A、m_B 为物质A和B在一定容积中蒸气的质量；M_A、M_B 为物质A和B的相对分子质量。因此可知：

$$\frac{m_A}{m_B} = \frac{M_A n_A}{M_B n_B} = \frac{M_A p_A}{M_B p_B}$$

可见，这两种物质在馏出液中的相对质量(也就是它们在蒸气中的相对质量)与它们的蒸气压和相对分子质量成正比。以苯胺为例，它的沸点为184.4℃，且和水不相混溶。当和水一起加热至98.4℃时，水的蒸气压为95.4kPa，苯胺的蒸气压为5.6kPa，它们的总压力接近大气压力，于是液体就开始沸腾，苯胺就随水蒸气一起被蒸馏出来，水和苯胺的相对分子质量分别为18和93，代入上式：

$$\frac{m_A}{m_B} = \frac{95.4 \times 18}{5.6 \times 93} = \frac{33}{10}$$

即蒸出3.3g水能够带出1g苯胺。苯胺在溶液中的含量占23.3%。但由于苯胺微溶于水，造成在实验中有一部分水蒸气来不及与苯胺充分接触便离开蒸馏烧瓶，导致实验中蒸出的水量往往超过计算值。

利用水蒸气蒸馏来分离和提纯物质时，要求此物质在100℃左右时的蒸气压至少在1.33kPa左右。如果蒸气压为0.13～0.67kPa，则其在馏出液中的含量仅占1%，甚至更低。为了要使馏出液中的含量增高，就要设法提高此物质的蒸气压，也就是说要提高温度，使蒸气的温度超过100℃，即要用过热水蒸气蒸馏。例如，苯甲醛的沸点为178℃，在进行水蒸气蒸馏时，苯甲醛在97.9℃沸腾，此时，p_A=93.8kPa，p_B=7.5kPa，则：

$$\frac{m_A}{m_B} = \frac{93.8 \times 18}{7.5 \times 106} = \frac{21.2}{10}$$

馏出液中苯甲醛占32.1%。

假如导入133℃过热水蒸气，则苯甲醛的蒸气压可达29.3kPa，因而只要有72kPa的水蒸气压，就可使体系沸腾，此时：

$$\frac{m_A}{m_B} = \frac{72 \times 18}{29.3 \times 106} = \frac{4.17}{10}$$

馏出液中苯甲醛的含量就提高到了70.6%。

应用过热水蒸气除提高馏出物在馏出液中的含量外，还具有使水蒸气冷凝少的优点，为防止过热水蒸气冷凝，可在蒸馏瓶下保温，甚至加热。

从上面的分析可以看出，使用水蒸气蒸馏时，被提纯物质必须具备以下几个条件。

(1) 不溶或难溶于水。

(2) 与沸水长时间共存而不发生化学反应。

(3) 在100℃左右必须具有一定的蒸气压(一般不小于1.333kPa)。

【仪器、材料与试剂】

1. 仪器：三口烧瓶，蒸馏头，温度计，直形冷凝器，锥形瓶，真空接引管，电热套，电炉，三通，水蒸气发生器，漏斗，量筒，分液漏斗。

2. 试剂和材料：苯甲醛，无水 $MgSO_4$。

【实验步骤】

按图3.4-13安装好仪器，在水蒸气发生器中加水至容器容量的3/4，然后加入2～3粒沸石，在蒸馏三口烧瓶中加入10mL苯甲醛。开始蒸馏前，要检查塞子是否漏气，并将T形管上的螺旋夹打开。接着打开冷凝水，加热水蒸气发生器使水猛烈沸腾。待T形管上有水蒸气冲出时，将螺旋夹关闭，让水蒸气通入三口烧瓶。当有浑浊液流入接收瓶时，将馏出速度调节为2～3滴/s。在蒸馏过程中，要注意观察安全管中的水位是否正常，如发现水位持续上升，应立刻打开T形管上的夹子，移去热源。排除故障后方可继续蒸馏。待馏出液透明澄清时，可停止蒸馏。先打开T形管上的夹子，再停止加热。将馏出液转入分液漏斗，静置分层，除去水层，将有机层倒入锥形瓶，加干燥剂无水 $MgSO_4$ 至有机层透明，再用三角漏斗滤去干燥剂，最后用量筒量取产物体积。

【实验结果与数据处理】

将实验结果填入表14-1，观察蒸馏前后样品性状，并计算收率。

表14-1 苯甲醛水蒸气蒸馏数据记录

性质	蒸馏前产品性状	蒸馏前体积/mL	收集产品性状	收集产品体积/mL	收率/%
苯甲醛					

【实验注意事项】

1. 被蒸馏物的体积不超过容积的1/3。

2. 导气管距瓶底约1cm。

3. 在蒸馏过程中要注意水蒸气发生器和安全管中的水位变化，若水蒸气发生器中的水蒸发将尽，应暂停蒸馏。

4. 蒸馏速度为2～3滴/s。

5. 停止蒸馏前先开安全阀，然后除去热源，以免发生倒吸。

【思考题】

1. 什么是水蒸气蒸馏？水蒸气蒸馏的意义是什么？

2. 采用水蒸气蒸馏，被提纯物质必须具备什么条件？

3. 水蒸气蒸馏原理是什么？

4. 水蒸气蒸馏装置包括几个部分？

5. 安全管与T形管的作用是什么？

6. 蒸馏部分，水蒸气导入管的末端为什么要插入到接近于容器底部？为何要辅助加热？

7. 如何判断水蒸气蒸馏可以结束？

8. 水蒸气蒸馏结束时，为何要先打开螺旋夹？

【e网链接】

1. http：//baike. baidu. com/link?url=g9hgyFb341a3yqHvtyKel7Ec07HMyhZogu_8hQUCKo7c2vCgesNOtUGmAMlIknfP_CPsCOP7uJEOK0Pxsh9tOq

2. http：//wenku. baidu. com/view/cabca22658fb770bf78a55f1. html

3. http：//wenku. baidu. com/view/a56448d53186bceb19e8bba0. html

4. http：//wenku. baidu. com/view/d5832ae2524de518964b7d5c. html

5. http：//wenku. baidu. com/view/d268afeee009581b6bd9eb31. html

6. http：//wenku. baidu. com/view/06dcc0324332396801lc9228. html

实验15 简单分馏

【实验目的与要求】

1. 了解分馏的原理和意义。

2. 掌握分馏的实验操作方法和操作步骤。

3. 熟悉分馏装置的装配和拆卸。

【实验原理】

如果将两种挥发性液体混合物进行蒸馏，在沸腾温度下，其气相与液相达成平衡，此时蒸馏出的蒸气中含有较多量易挥发物质的组分，将此蒸气冷凝成液体，其组成与气相组成等同(即含有较多的易挥发组分)，而残留物中却含有较多量的高沸点组分(难挥发组分)，这就是进行了一次简单的蒸馏。如果将蒸气凝成的液体重新蒸馏，再次完成一次气液平衡，在产生的蒸气中，所含的易挥发物质组分又有增高。将此蒸气再经冷凝而得到的液体中，易挥发物质的组成含量会更高，因此说可通过采用一连串的有系统的重复蒸馏，最终得到接近纯组分的两种液体。

应用这样反复多次的简单蒸馏，虽然可以得到接近纯组分的两种液体，但是这样做既浪费时间，且在重复多次蒸馏操作中的损失又很大，设备复杂，所以，通常是利用分馏柱进行多次气化和冷凝，这就是分馏。

在分馏柱内，当上升的蒸气与下降的冷凝液相互接触时，上升的蒸气部分冷凝放出热量使下降的冷凝液部分气化，两者之间发生了热量交换，其结果是上升的蒸气中易挥发组分增加，而下降的冷凝液中高沸点组分(难挥发组分)增加，如果这种情况继续多次，就等于进行了多次的气液平衡，即达到了多次蒸馏的效果，靠近分馏柱顶部易挥发物质组分的比率高，而在烧瓶里高沸点组分(难挥发组分)的比率高。这样只要分馏柱足够高，就可将这种组分完全彻底分开。工业上的精馏塔就相当于分馏柱。

【仪器、材料与试剂】

1. 仪器：升降台，木板，电炉，水浴锅，圆底烧瓶，分馏柱，蒸馏头，温度计套管，温度计，直形冷凝管，真空接引管，锥形瓶，量筒，三角漏斗。

2. 试剂和材料：工业乙醇。

【实验步骤】

在 250mL 圆底烧瓶内放置 40mL 工业乙醇、40mL 水及 1～2 粒沸石，按图 3.4-14 安装好仪器。开始水浴缓缓加热，液体沸腾后要注意调节浴温，使蒸气慢慢升入分馏柱，保持分馏柱内有一均匀的温度梯度。蒸气到达柱顶后，温度计读数开始快速上升，在有馏出液滴出后，迅速记录温度计所示的温度。控制加热电压，使馏出液以 2～3s/滴的速度蒸出。将初馏出液收集于接收器（A)，注意并记录柱顶温度及接收器(T<77℃馏分)的馏出液总体积。随着温度的上升，分别收集 77～80℃(B)、80～85℃(C)、85～90℃(D)及>90℃(E)的馏分。瓶内为残留液。

【实验结果与数据处理】

1. 将实验结果填入表 15-1。

表 15-1　工业乙醇与水混合物的分馏各温度段馏出液体积记录

温度/℃	<77	77～80	80～85	85～90	>90
馏出液体积/mL					

2. 以馏出液体积为横坐标、温度为纵坐标作图，绘制分馏曲线。

【实验注意事项】

1. 分馏一定要缓慢进行，控制好恒定的蒸馏速度(2～3s/滴)，这样可以得到比较好的分馏效果。分馏前加沸石，加热前先通水，注意防火。

2. 要选择合适的回流比，确保有相当量的液体沿柱流回烧瓶中，实现上升的气流和下降的液体充分进行热交换，使易挥发组分尽量上升，难挥发组分尽量下降，分馏效果更好。

3. 必须尽量减少分馏柱的热量损失和波动。分馏柱的外围可用石棉绳包住，这样可以减少分馏柱内热量的散发，减少风和室温的影响，也减少了热量的损失和波动，实现均匀加热，确保分馏操作平稳地进行。将各组分倒入烧瓶时必须熄火，冷却后进行。

【思考题】

1. 分馏和蒸馏在原理及装置上有哪些异同？如果是两种沸点很接近的液体组成的混合物，能否用分馏来提纯呢？

2. 为什么若加热太快，馏出液蒸出速度大于 2～3s/滴时，用分馏分离两种液体的能力会显著下降？

3. 用分馏柱提纯液体时，为了取得较好的分离效果，为什么分馏柱必须保持回流液？

4. 为什么加热速度慢会出现液泛现象？

5. 为什么分馏时柱身的保温十分重要？

6. 分馏操作时影响分离效率的因素有哪些？

7. 在分馏时通常用水浴或油浴加热，该法与直接火加热相比有什么优点？

【e 网链接】

1. http://ecc.ayit.edu.cn/info/1029/1033.htm

2. http：//wenku. baidu. com/view/00aad1cd0508763231121225. html
3. http：//wenku. baidu. com/view/3e03fac458f5f61fb73666e9. html
4. http：//wenku. baidu. com/view/bfee1110a2161479171128d7. html
5. http：//wenku. baidu. com/view/f5e5a2ccda38376baf1fae83. html
6. http：//wenku. baidu. com/view/ed9a628283d049649b665897. html

实验16 共沸蒸馏

【实验目的与要求】

1. 了解共沸蒸馏的基本原理。
2. 了解共沸混合物的特点。
3. 掌握分水器在实验中的作用及用法。
4. 掌握共沸蒸馏的实验方法和操作步骤。

【实验原理】

共沸蒸馏又称恒沸蒸馏，主要用于能形成共沸物的液体物质的分离。当某两种(或三种)液态物质按一定比例混合在一起时，在一定压力下具有固定沸点，这种混合液体称为共沸物，该沸点比其中的纯物质的沸点更低或更高。在共沸混合物中加入第三种组分，该组分与原混合物中的一种或两种组分形成新的共沸物，其沸点比原来各纯组分和原来共沸物的沸点更低，从而使组分间的相对挥发度比值增大，易于用蒸馏的方法分离。这种分离方法称为共沸蒸馏，加入的第三种组分称为共沸剂(也称恒沸剂或夹带剂)。

常用的共沸剂有苯、甲苯、二甲苯、三氯甲烷及四氯化碳等。如工业上常用苯作为共沸剂进行共沸蒸馏制取无水乙醇。乙醇-水系统加入共沸剂苯以后，可以形成四种共沸物。乙醇、水、苯三种纯物质常压下的沸点见表16-1，它们在常压下的共沸温度、共沸组成见表16-2。

表16-1 乙醇、水、苯的常压沸点

物质名称(简记)	乙醇(A)	水(W)	苯(B)
沸点温度/℃	78.3	100	80.2

表16-2 乙醇-水苯-三元共沸物性质

共沸物(简记)	共沸温度/℃	共沸组成/%		
		乙醇	水	苯
乙醇-水-苯(T)	64.85	18.5	7.4	74.1
乙醇-苯(ABZ)	68.24	32.7	0.0	67.63
苯-水(BWZ)	69.25	0.0	8.83	91.17
乙醇-水(AWZ)	78.15	95.57	4.43	0.0

【仪器、材料与试剂】

1. 仪器：圆底烧瓶，温度计，温度计套管，球形冷凝管，分水器，量筒。
2. 试剂和材料：工业酒精，苯。

【实验步骤】

1. 装置图

用于共沸蒸馏不需测液温和需测液温的实验装置如图 16-1 和图 16-2 所示。

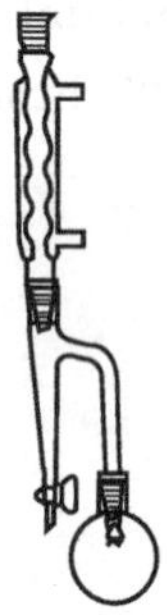

图 16-1　用于共沸蒸馏不需测液温的实验装置

图 16-2　用于共沸蒸馏需测液温的实验装置

2. 实验步骤

在圆底烧瓶中加入工业酒精、苯和几粒沸石，摇匀后，一口装上温度计，温度计插入液面以下，另一口装上分水器，分水器的上端接回流冷凝管，在分水器内加入一定量的苯，使苯面稍低于分水器回流支管的下沿。小火加热至微沸，回流，不断有水分出。工业酒精中的水经冷凝后收集在分水器的下层，上层有机相积至分水器支管时，即可返回烧瓶。在蒸馏过程中，可将分水器中的水放出。分水器中的水层不再增加时，继续升高温度，于 68.3℃蒸出苯和乙醇的二元混合物，可将苯全部蒸出。若回流速度减慢，则停止加热。将分水器中的液体倒入分液漏斗中，分出有机层(富苯相)和水层(富水相)，以及圆底烧瓶里的液体，分别用量筒测量体积。

【实验结果与数据处理】

将实验结果填入表 16-3，并计算乙醇收率。

表 16-3　乙醇共沸蒸馏过程数据记录

项目	工业酒精用量/mL	苯加入量/mL	富苯相/mL	富水相/mL	蒸馏后乙醇/mL	含水率/%
数据						

【实验注意事项】

1. 蒸馏前检查是否加沸石。
2. 蒸馏前分水器中要加适量的苯。
3. 蒸馏前检查分水器是否漏液。

【思考题】

1. 共沸蒸馏的原理是什么？
2. 简述分水器的工作原理。
3. 分水器内为什么事先要充有一定量水？
4. 分水器的有机相中是否含有乙醇？

【e 网链接】

1. http：//wenku. baidu. com/view/555595c758f5f61fb73666ba. html

2. http：//wenku. baidu. com/view/eff1438884868762caaed58c. html
3. http：//wenku. baidu. com/view/4a8eff74f46527d3240ce061. html
4. http：//wenku. baidu. com/view/7c99aa6e58fafab069dc0282. html
5. http：//wenku. baidu. com/view/6233b723482fb4daa58d4b6c. html

实验 17 重结晶

【实验目的与要求】

1. 学习重结晶提纯固体有机物的原理和方法。
2. 掌握抽滤、过滤的操作。
3. 学习剪裁、折叠滤纸的方法。
4. 了解活性炭脱色原理。

【实验原理】

1. 基本原理

重结晶是提纯固体化合物的一种重要方法，它适用于产品与杂质性质差别较大，产品中杂质含量小于5%的体系。重结晶是利用固体混合物中各组分在某种溶剂中的溶解度不同，使它们相互分离，达到提纯精制的目的。

固体有机物在溶剂中的溶解度一般随温度的升高而增大。把固体有机物溶解在热的溶剂中使之饱和，冷却时由于溶解度降低，有机物又重新析出晶体。利用溶剂对被提纯物质及杂质的溶解度不同，使被提纯物质从过饱和溶液中析出。让杂质全部或大部分留在溶液中，从而达到提纯的目的。

2. 溶剂的选择

在进行重结晶时，选择理想的溶剂是一个关键，理想的溶剂必须具备下列条件。

(1) 不与被提纯物质起化学反应。

(2) 在较高温度时，能溶解多量的被提纯物质；而在室温或更低温度时，只能溶解很少量的该种物质。

(3) 对杂质的溶解非常大或者非常小(前一种情况是使杂质留在母液中不随被提纯物晶体一同析出；后一种情况是使杂质在热过滤时被滤去)。

(4) 容易挥发(溶剂的沸点较低)，易与结晶分离除去。

(5) 能给出较好的晶体。

(6) 无毒或毒性很小，便于操作。

(7) 价廉易得。

常用重结晶溶剂的物理常数见表17-1。

如果在文献中找不到合适的溶剂，应通过实验选择溶剂。其方法是：取0.1g目标物质置于一支小试管中，滴加约1mL溶剂，加热至沸。若完全溶解，且冷却后能析出大量晶体，这种溶剂一般认为适用。如样品在冷时或热时，都能溶于1mL溶剂中，则这种溶剂不适用。若样品不溶于1mL沸腾溶剂中，再分批加入溶剂，每次加入0.5mL，并加热至沸。总共用3mL热溶剂，而样品仍未溶解，这种溶剂也不适用。若样品溶于3mL以内的热溶剂中，冷却后仍无结晶析出，这种溶剂也不适用。

表 17-1 常用重结晶溶剂的物理常数

溶剂	沸点/℃	冰点/℃	相对密度	与水混溶性	易燃性
水	100	0	1.00	+	0
甲醇	64.96	<0	0.79	+	+
乙醇(95%)	78.1	<0	0.80	+	++
冰醋酸	117.9	16.7	1.05	+	+
丙酮	56.2	<0	0.79	+	+++
乙醚	34.51	<0	0.71	−	++++
石油醚	30～60	<0	0.64	−	++++
乙酸乙酯	77.06	<0	0.90	−	++
苯	80.1	5	0.88	−	++++
氯仿	61.7	<0	1.48	−	0
四氯化碳	76.54	<0	1.59	−	0

如果难以选择一种适宜的溶剂对欲纯化的组分进行结晶和重结晶，则可选用混合溶剂。混合溶剂一般是由两种能以任何比例互溶的溶剂组成的，其中一种溶剂较易溶解欲纯化的化学试剂，另一种溶剂较难溶解欲纯化的化学试剂。其方法是：先将目标物质溶于易溶的溶剂中，沸腾时趁热逐渐加入难溶的溶剂，至溶液变浑浊，再加入少许前一种溶剂或稍加热，溶液又变澄清。放置，冷却，使结晶析出。

一般常用的混合溶剂有乙醇和水、乙醇和乙醚、乙醇和丙酮、乙醇和氯仿、二氧六环和水、乙醚和石油醚、氯仿和石油醚等，最佳混合溶剂的选择必须通过实验来确定。

3. 操作方法

重结晶的操作过程一般为：饱和溶液的制备、脱色、热过滤、冷却结晶、抽滤、结晶干燥。

(1) 饱和溶液的热制备　通过实验结果或查阅溶解度数据计算被提取物所需溶剂的量，再将被提取物晶体置于单口瓶中，加入较需要量稍少的适宜溶剂，加热到微微沸腾一段时间后，若未完全溶解，可再添加溶剂，每次加溶剂后需再加热使溶液沸腾，直至被提取物晶体完全溶解(但应注意，在补加溶剂后，发现未溶解固体不减少，应考虑是不溶性杂质，此时就不要再补加溶剂，以免溶剂过量)。

(2) 脱色　粗产品中若有不应出现的颜色，则需要脱色。常用的脱色剂是活性炭，它是一种多孔物质，可以吸附色素和树脂状杂质，但同时它也可以吸附产品，因此加入量不宜太多，一般为粗产品质量的1%～5%。具体方法是：待上述饱和溶液稍冷后加入适量活性炭摇动，使其均匀分布在溶液中。加热煮沸 5～10min 即可，然后趁热过滤。应注意，千万不能在沸腾的溶液中加入活性炭，否则会引起暴沸，使溶液冲出容器造成产品损失。

(3) 热过滤　目的是去除不溶性的杂质。为了尽量减少过滤过程中晶体的损失，操作时应注意，仪器热、溶液热、动作快。热过滤有两种方法，即常压过滤和减压过滤(详见3.4)。

(4) 冷却结晶

① 将滤液在室温或保温下静置使之缓缓冷却(如滤液已析出晶体，可加热使之溶解)，

析出晶体，再用冷水充分冷却。必要时，可进一步用冰水或冰盐水等冷却(视具体情况而定，若使用的溶剂在冰水或冰盐水中能析出结晶，就不能采用此步骤)。

② 有时结晶不易析出晶体，或因形成过饱和溶液也不析出晶体，在这种情况下，可用玻璃棒摩擦器壁以形成粗糙面，使溶质分子呈定向排列而形成结晶的过程较在平滑面上迅速和容易；或者投入晶种(同一物质的晶体，若无此物质的晶体，可用玻璃棒蘸一些溶液稍干后即会析出晶体)，供给定型晶核，使晶体迅速形成。

③ 有时被提纯化合物呈油状析出，虽然该油状物经长时间静置或足够冷却后也可固化，但这样的固体往往含有较多的杂质(首先，杂质在油状物中常较在溶剂中的溶解度大；其次，析出的固体中还包含一部分母液)，纯度不高。

这时可将析出油状物的溶液重新加热溶解，然后慢慢冷却。当油状物析出时便剧烈搅拌混合物，使油状物在均匀分散的状况下固化，但最好是重新选择溶剂，使其得到晶型产物。

(5) 抽滤　把结晶通过抽气过滤从母液中分离出来。滤纸的直径应小于布氏漏斗内径，抽滤后打开安全瓶活塞停止抽滤，以免倒吸。用少量溶剂润湿晶体，继续抽滤，干燥。

(6) 晶体的干燥　纯化后的晶体，可根据实际情况采取自然晾干，或烘箱烘干。

【仪器、材料与试剂】

1. 仪器：循环水真空泵，恒温水浴锅，热水保温漏斗，玻璃漏斗，玻璃棒，表面皿，抽滤瓶，布氏漏斗，酒精灯，滤纸，量筒，刮刀，沸石。

2. 试剂和材料：乙酰苯胺，活性炭。

【实验步骤】

将 3g 粗制的乙酰苯胺及计量的水加入 250mL 的三角烧瓶中，加热至沸腾，直到乙酰苯胺溶解(若不溶解可适量添加少量热水，搅拌并加热至接近沸腾使乙酰苯胺溶解)。取下烧瓶稍冷后再加入计量的活性炭于溶液中，煮沸 5～10min，趁热用热水漏斗和菊花滤纸进行过滤(或进行减压热过滤)，用一个烧杯收集滤液。在过滤过程中，热水漏斗和溶液均应用小火加热保温以免冷却。滤液经放置彻底冷却，待晶体析出，抽滤出晶体，并用少量溶剂(水)洗涤晶体表面，抽干后，取出产品放在表面皿上晾干或烘干，称量。

【实验结果与数据处理】

将实验结果填入表 17-2，计算纯品收率。

表 17-2　数据记录

项目	粗品乙酰苯胺质量/g	活性炭质量/g	表面皿质量/g	表面皿＋成品质量/g	纯品质量/g	收率/%
数据						

【实验注意事项】

1. 热溶解时溶剂量的多少，应同时考虑两个因素。溶剂少，则收率高，但可能给热过滤带来麻烦，并可能造成更大的损失；溶剂多，显然会影响收率。故两者应综合考虑。一般可比需要量多加 20%左右的溶剂。

2. 为了避免溶剂挥发及可燃性溶剂着火或有毒溶剂使人中毒，应在单口瓶上装置回流冷凝管，添加溶剂可从冷凝管的上端加入。

3. 如果是易燃溶剂，热过滤时，不能用明火加热，必须按照安全操作规程进行。

4. 在热过滤时，整个操作过程要迅速，否则漏斗一凉，结晶在滤纸上和漏斗颈部析出，操作将无法进行。

5. 抽滤操作时，滤液不能超过布氏漏斗容积的3/4；控制抽滤速度，否则易将滤纸抽穿；热抽滤时，可垫两层滤纸，以防抽穿。

6. 抽滤完毕，滤液应从抽滤瓶上口倒出(不能从侧管倒出)，抽气口向手心；洗涤晶体所用的溶剂量应尽量少，以避免晶体大量溶解损失。

7. 水泵使用后，应先打开放气塞，才可关闭水泵，否则水会倒吸进入抽滤瓶。停止抽滤时，先将抽滤瓶与抽滤泵之间连接的橡皮管拆开，或者将安全瓶上的活塞打开与大气相通，再关闭泵，防止水倒流入抽滤瓶内。

8. 用活性炭脱色时，不要把活性炭加入正在沸腾的溶液中。

【思考题】

1. 简述重结晶过程及各步骤的目的。

2. 如何选择重结晶溶剂？

3. 用水重结晶纯化乙酰苯胺时，在溶解过程中有无油珠状物出现？这是什么？如有油珠出现应如何处理？

4. 用活性炭脱色为什么要待固体物质完全溶解后才能加入？为什么不能在溶液沸腾时加入活性炭？

5. 使用布氏漏斗过滤时，如果滤纸大于布氏漏斗瓷孔面时，有什么不好？

【e网链接】

1. http：//wenku. baidu. com/view/4ec8cc868bd63186bcebbc54. html

2. http：//wenku. baidu. com/view/ad9bac9b51e79b89680226ea. html

3. http：//wenku. baidu. com/view/19e1fc6627d3240c8447ef92. html

4. http：//wenku. baidu. com/view/73d00ba0284ac850ad02421d. html

5. http：//www. srzy. cn/asp/jpkc/yjhx/Article. asp？Id=296

实验18　萃取

【实验目的与要求】

1. 了解萃取的原理和方法。

2. 了解萃取剂的选择原则。

3. 掌握分液漏斗的使用操作。

4. 掌握萃取的操作方法。

【实验原理】

萃取是实验室常用的分离和提纯的方法。应用萃取可从固体或液体混合物中分离出所需的有机化合物，也可用来洗去混合物中少量的杂质。通常前者称为“萃取”或“提取”、“抽取”，后者称为“洗涤”。根据被萃取物质形态的不同，萃取又可分为液-液萃取和固-液萃取。

萃取是利用化合物在两种互不相溶(或微溶)的溶剂中溶解度或分配系数的不同，使某一化合物从一种溶剂内转移到另外一种溶剂中。经过反复多次萃取，将绝大部分的化合物提取出来。

分配定律是萃取方法理论的主要依据，物质对不同的溶剂有着不同的溶解度。同时，在两种互不相溶的溶剂中，加入某种可溶性的物质时，它能分别溶解于两种溶剂中。实验证明，在一定温度下，该化合物与此两种溶剂不发生分解、电解、缔合和溶剂化等作用时，此化合物在两液层中之比是一个定值。不论所加物质的量是多少，都是如此，属于物理变化。用公式表示如下：

$$K=\frac{c_A}{c_B}$$

式中，c_A 为溶质在萃取剂中的浓度；c_B 为溶质在原溶液中的浓度。

对于液-液萃取，K 是一个常数，通常称为分配系数，可将其近似地看成溶质在萃取剂和原溶液中的溶解度之比。

萃取过程的分离效果可用被分离物质的萃取率和分离纯度表示。萃取率为萃取体系达到平衡后被萃取物质进入有机相中的量(包括溶质的各种分子形式)与原始料液中被萃取物质的总量之比。萃取率越高，表示萃取过程的分离效果越好。

被萃取物质在萃取剂与原溶液两相之间的平衡关系，以及在萃取过程中与两相之间的接触情况，是影响分离效果的主要因素。这些因素与萃取次数和萃取剂的选择有关。要把所需要的化合物从溶液中完全萃取出来，通常萃取一次是不够的，必须重复萃取数次。利用分配定律的关系，可以算出经过 n 次萃取后化合物的剩余量。

$$m_n=m_0\left(\frac{KV}{KV+S}\right)^n$$

式中，m_n 为经过 n 次萃取后溶质在原溶液中的剩余量；m_0 为萃取前溶质的总量；K 为分配系数；V 为原溶液的体积；S 为萃取溶液的体积；$n=1$，2，3…。

当用一定量溶剂时，希望在原溶液中的剩余量越少越好。而上式 $KV/(KV+S)$ 总是小于1，所以 n 越大，m_n 就越小。也就是说，把溶剂分成数份做多次萃取，比用全部量的溶剂做一次萃取为好。但应该注意，上面的公式适用于几乎和水不相溶的溶剂，例如苯、四氯化碳等。而与水有少量互溶的溶剂乙醚等，上面的公式只是近似，但还是可以定性地指出预期的结果。

萃取剂对萃取分离效果有很大影响，选择时遵循以下原则。

(1) 一般从水中萃取有机物要求：萃取剂在水中的溶解度很小或基本不溶；与水和被萃取物都不反应；被萃取物在萃取剂中要比在水中溶解度大。

(2) 对杂质溶解度小。

(3) 萃取后的萃取剂应易于用常压蒸馏回收。

(4) 价格便宜，操作方便，毒性小，化学稳定性好，密度适当。

一般来讲，难溶于水的物质用石油醚作为萃取剂，较易溶于水的物质用苯或乙醚作为萃取剂，易溶于水的物质用乙酸乙酯或类似的物质作为萃取剂。

常用的萃取剂有乙醚、苯、四氯化碳、石油醚、氯仿、二氯甲烷、乙酸酯等。

固体物质的萃取通常借助索氏提取器(图 18-1)，利用溶剂回流及虹吸原理，使固体有

图 18-1　索氏提取器

机物连续多次被纯溶剂萃取，它具有萃取率较高且节省溶剂等特点。对受热易分解或变色的物质不宜采用，同时所用溶剂沸点不宜过高。用该法处理固体混合物时，主要根据混合物中各组分在所选溶剂中的溶解度不同。

【仪器、材料与试剂】

1. 仪器：分液漏斗，烧杯，量筒。
2. 试剂和材料：碘水，石油醚，四氯化碳。

【实验步骤】

按图 3.4-10 安装好仪器，将 4mL 石油醚自上口倒入盛有 10mL 碘水的分液漏斗中。塞紧塞子，取下分液漏斗。用手掌顶住漏斗上口的塞子并握住漏斗，另一只手握住漏斗活塞处，大拇指压紧活塞，将漏斗倒置，活塞端向上呈 45°角握稳，打开活塞，先将漏斗活塞端朝向无人处放气一次，然后关闭活塞将漏斗上下振摇几次，放气，如此反复几次，然后，将漏斗放到铁圈中静置。待两层液体完全分开后，打开上面的塞子，再将活塞缓缓旋开，下层液体自活塞放出。分液时一定要尽可能分离干净，中间层视具体情况决定放入下层或留在上层，漏斗下口的细管中经常会残留一部分液体，应轻轻振荡漏斗，使其流出。然后将上层液体从分液漏斗的上口倒出。如此反复 3 次，将所有的萃取液合并。

再用四氯化碳作为萃取剂按上述操作进行萃取。

比较石油醚和四氯化碳对碘的萃取效果。

【实验结果与数据处理】

将实验结果填入表 18-1，比较石油醚和四氯化碳对碘的萃取效果。

表 18-1　用有机溶剂萃取碘水中碘的实验数据记录

溶液	萃取剂	分层	萃取前			萃取后		
			溶剂	颜色	体积/mL	溶剂	颜色	体积/mL
碘水 10mL	石油醚 12mL	上层						
		下层						
	四氯化碳 12mL	上层						
		下层						

【实验注意事项】

1. 使用前先检查分液漏斗是否漏液。
2. 振荡时，双手托住分液漏斗，右手按住瓶塞，平放，上下振荡。
3. 放液前，要先打开瓶塞。
4. 放液时，下层的为密度大的液体，从下面放出；上层的为密度相对小的液体，从上面倒出。
5. 用完后应马上清洗干净。

【思考题】

1. 选择萃取剂要考虑哪些因素？萃取的原则是什么？
2. 总结分液漏斗使用过程中要注意的问题。

3. 如何判断水层和油层的位置？

4. 振荡过激，乳化后如何破乳？

5. 分液漏斗如何保养和存放？

【e网链接】

1. http：//baike. baidu. com/view/62582. htm

2. http：//wenku. baidu. com/view/fc96c74569eae009581bec98. html

3. http：//wenku. baidu. com/view/d066ae04eff9aef8941e0656. html

4. http：//wenku. baidu. com/view/61f3fd49f7ec4afe04a1df38. html

5. http：//wenku. baidu. com/view/0d05f685bceb19e8b8f6bad2. html

6. http：//wenku. baidu. com/view/fa1be697daef5ef7ba0d3ce9. html

实验19　升华

【实验目的与要求】

1. 了解升华的基本原理。

2. 掌握实验室常用的升华方法。

3. 掌握利用升华提纯有机化合物的实验操作。

【实验原理】

1. 基本原理

升华是物质自固体不经过液态直接转变成蒸气的现象。升华是利用固体混合物的蒸气压或挥发度不同，将不纯净的固体混合物在熔点温度以下加热，利用产物蒸气压高而杂质蒸气压低的特点，使产物不经过液态而直接气化，蒸气受到冷却又直接冷凝成固体，来达到分离固体混合物的目的。

由于升华是由固体直接气化，因此并不是所有固体物质都能用升华方法来纯化。只有那些在其熔点温度以下具有相当高蒸气压(高于2.67kPa)的固态物质，才可用升华来提纯。利用升华方法可除去不挥发性杂质，或分离不同挥发度的固体混合物。其优点是纯化后的物质纯度比较高，但操作时间长，损失较大。实验室里一般只用于较少量化合物的纯化。

图19-1是物质的三相平衡图。从此图可以看出，应当怎样来控制升华的条件。图中曲线 ST 表示固相与气相平衡时固体的蒸气压曲线。TW 是液相与气相平衡时液体的蒸气压曲线。TV 是固相与液相的平衡曲线，它表示压力对熔点的影响。T 为三条曲线的交点，称为三相点，只有在此点固、液、气三相可以同时并存。三相点与物质的熔点(在大气压下固液两相平衡时的温度)相差很小，只有几分之一度。

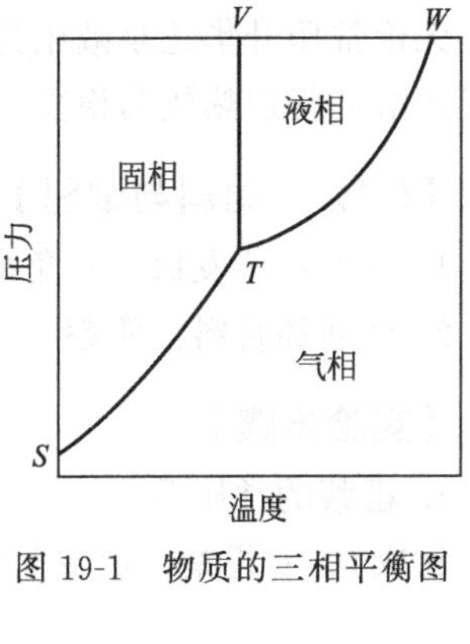

图19-1　物质的三相平衡图

在三相点温度以下，物质只有固、气两相。升高温度，固相直接转变成蒸气；降低温度，气相直接转变成固相。因此，凡是在三相点以下具有较高蒸气压的固态物质都可以在三相点温度以下进行升华提纯。不同的固体物质在其三相点时的蒸气压是不一样的，因而它们升华难易也不相同。通常，结构上对称性较高的非极性物质，电子云密度分布比较均匀，偶极矩较小，晶体内部静电引力小，具有较高的熔点，且在熔点温度时具有较高的蒸气压，易于用升华来提纯。例如六氯乙烷，三相点温度为186℃，蒸气压力为104kPa，而它在185℃时的蒸气压已达0.1MPa，因而它在三相点以下就很容易进行升华。樟脑的三相点温度为179℃，压力为49.3kPa，在160℃时蒸气压为29.1kPa。由于它在未达到熔点之前就有相当高的蒸气压，所以只要缓缓加热，使温度维持在179℃以下，它就可不经熔化而直接蒸发完毕。但是若加热太快，蒸气压超过三相点的平衡压(49.3kPa)，樟脑就开始熔化为液体。所以升华时加热应当缓慢进行。和液态物质的沸点相似，固态物质的蒸气压等于固态物质所受的压力时的温度，称为该固态物质的升华点。由此可见，升华点与外压有关，在常压下不易升华的物质，即在三相点时蒸气压比较低的物质，例如萘，在熔点80℃时的蒸气压才0.93kPa，使用一般升华方法不能得到满意的结果。这时可将萘加热至熔点以上，使其具有较高蒸气压，同时通入空气或惰性气体，促使蒸发速度加快，并可降低萘的分压，使蒸气不经过液态而直接凝成固态。在常压下不易升华的物质，可采取减压进行升华。

2. 测定方法

(1) 常压升华　按图3.4-17安装好仪器，常压升华装置必须注意冷却面与升华物质的距离应尽可能近些。因为升华发生在物质的表面，所以待升华物质应预先粉碎。将待升华的物质置于蒸发皿上，上面覆盖一张滤纸，用针在滤纸上刺些许小孔。滤纸上倒置一个大小合适的玻璃漏斗，漏斗颈部松弛地塞一些玻璃毛或棉花，以减少蒸气外逸。为使加热均匀，蒸发皿宜放在铁圈上，下面垫石棉网小火加热(蒸发皿与石棉网之间宜隔开几毫米)，控制加热温度(低于三相点)和加热速度(慢慢升华)。样品开始升华，上升蒸气凝结在滤纸背面，或穿过滤纸孔，凝结在滤纸上面或漏斗壁上。必要时，漏斗外壁上可以用湿布冷却，但不要弄湿滤纸。升华结束后，先移去热源，稍冷后，小心拿下漏斗，轻轻揭开滤纸，将凝结在滤纸正反两面和漏斗壁上的晶体刮到干净表面皿上。较多一点量物质的升华，可以在烧杯中进行。烧杯上放置一个通冷却水的烧瓶，烧杯下用热源加热，样品升华后蒸气在烧瓶底部凝结成晶体。在三角烧瓶上装一个打有两个孔的塞子，一孔插入玻璃管，以导入气体，另一孔装接液管。接液管大的一端伸入圆底烧瓶颈中，烧瓶口塞一点玻璃毛或棉花。开始升华时即通入气体，把物质蒸气带走，凝结在用冷水冷却的烧瓶内壁上。

(2) 减压升华　按图3.4-18安装好仪器，减压升华装置可用水泵或油泵减压。在减压下，被升华的物质经加热升华后凝结在冷凝指外壁上。升华结束后应慢慢使体系接通大气，以免空气突然冲入而把冷凝指上的晶体吹落；在取出冷凝指时，也要小心轻拿。

无论常压升华还是减压升华，加热都应尽可能保持在所需要的温度，一般常用水浴、油浴等热浴进行加热较为稳妥。

【仪器、材料与试剂】

1. 仪器：蒸发皿，三角漏斗，砂浴，电炉，有支管的试管，水泵或油泵。
2. 试剂和材料：粗萘。

【实验步骤】

1. 粗萘的常压升华

称取0.5g粗萘，放在蒸发皿中，上面覆盖一张刺有许多小孔的滤纸。然后将大小合适的玻璃漏斗倒盖在上面，漏斗的颈部塞有玻璃毛或脱脂棉，以减少蒸气逸出。在石棉网上缓缓加热蒸发皿(最好能用砂浴或其他热浴)，小心调节火焰，控制浴温在80℃以下，使其慢慢升华。蒸气通过滤纸小孔上升，冷却后凝结在滤纸上或漏斗壁上。如发现下面已挂满了萘，则可将其移入干燥的样品瓶中，并立即重复上述操作，直到粗萘升华完毕为止，使杂质留在蒸发皿底部。必要时外壁可用湿布冷却。

测定提纯萘的熔点，检验其纯度。

2. 粗萘的减压升华

称取0.5g粗萘，置于直径2.5cm的吸滤管中(有支管的试管)，使萘尽量铺匀，然后按图3.4-18安装一个直径为1.5cm的冷凝指，冷凝指内通冷凝水，利用水泵或油泵对吸滤管进行减压。将吸滤管置于80℃以下水浴中加热，使萘升华，待冷凝指底部挂足升华的萘时，即可慢慢停止减压。小心取下冷凝指，将萘收集到干燥表面皿中。反复进行上述实验，直到萘升华完毕为止。

测定提纯萘的熔点，检验其纯度。纯萘熔点(文献值)为80.6℃。

【实验结果与数据处理】

将实验结果填入表19-1，比较升华前后萘样品的颜色和状态变化，并分别计算常压升华和减压升华的收率。

表19-1 萘升华数据记录

方式	粗萘			纯品			收率/%
	颜色	熔点/℃	质量/g	颜色	熔点/℃	质量/g	
常压升华							
减压升华							

【实验注意事项】

1. 升华温度一定要控制在固体化合物熔点以下。

2. 被升华固体化合物一定要干燥，如有溶剂将会影响升华后固体的凝结。

3. 滤纸上的孔尽量大些，以便蒸气上升时顺利通过滤纸，在滤纸的上面和漏斗中结晶，否则将会影响晶体的析出。

4. 减压升华时，停止抽滤一定要先打开安全瓶上的放空阀，再关泵。否则循环泵内的水会倒吸入吸滤管中，造成实验失败。

【思考题】

1. 升华操作时，为什么要缓缓加热？

2. 哪些类型的有机化合物可以用常压升华方法提纯？

3. 比较升华和重结晶这两种纯化方法的优点和缺点？

【e网链接】

1. http：//baike.baidu.com/subview/83537/12531241.htm？fr=aladdin
2. http：//www.srzy.cn/asp/jpkc/yjhx/Article.asp？Id=297
3. http：//hxzx.jlu.edu.cn/lab/2jiaoxue/xiangmu/chem/217.htm
4. http：//wenku.baidu.com/view/ca2b4fec4afe04a1b071de6d.html
5. http：//wenku.baidu.com/view/a36f8760783e0912a2162a4f.html
6. http：//wenku.baidu.com/view/c86a6225192e45361066f550.html

附　录

附录 1　常见酸碱的密度与浓度

试剂名称	相对密度 d_4^{20}	质量分数/%	浓度/mol·L^{-1}
高氯酸	1.68	70.0～72.0	11.7～12.0
氢氟酸	1.13	40	22.5
盐酸	1.18～1.19	36～38	11.5～12.4
氨水	0.88～0.90	25.0～28.0	13.5～14.8
硝酸	1.39～1.40	65.0～68.0	14.4～15.2
磷酸	1.69	85	14.6
硫酸	1.83～1.84	95～98	17.8～18.4
冰醋酸	1.05	99.0～99.8	17.4
氢溴酸	1.49	47.0	8.6

附录 2　弱电解质的电离常数（25℃）

化合物	化学式	K_1	K_2	K_3
甲酸	$HCOOH$	1.8×10^{-4}		
乙酸	CH_3COOH	1.8×10^{-5}		
碳酸	H_2CO_3	4.2×10^{-7}	5.6×10^{-11}	
亚砷酸	H_3AsO_3	6×10^{-10}		
硼酸	H_3BO_3	5.8×10^{-10}		
砷酸	H_3AsO_4	6.3×10^{-3}	1.05×10^{-7}	3.1×10^{-12}
铬酸	H_2CrO_4	1.04×10^{-1}	3.2×10^{-7}	
磷酸	H_3PO_4	7.6×10^{-3}	6.3×10^{-8}	4.8×10^{-13}
硫酸	H_2SO_4		1.2×10^{-2}	
草酸	$H_2C_2O_4$	5.9×10^{-2}	6.4×10^{-5}	
亚硫酸	H_2SO_3	1.3×10^{-2}	6.2×10^{-8}	
次氯酸	$HClO$	3.2×10^{-8}		
氢硫酸	H_2S	1.3×10^{-7}	7.2×10^{-15}	
氨水	$NH_3\cdot H_2O$	1.8×10^{-5}		

附录 3 难溶化合物的溶度积常数（25℃）

化合物	K_{sp}	化合物	K_{sp}
BaC_2O_4	1.6×10^{-7}	$AgSO_4$	1.4×10^{-5}
$BaCO_3$	5.1×10^{-9}	Ag_3PO_4	1.4×10^{-16}
$BaCrO_4$	1.2×10^{-10}	$AgBr$	5.0×10^{-13}
BaF_2	1.84×10^{-7}	$Ag_4[Fe(CN)_6]$	1.6×10^{-41}
$BaSO_4$	1.1×10^{-10}	$AgBrO_3$	5.3×10^{-5}
CdS	8.0×10^{-27}	$AgCl$	1.8×10^{-10}
$CdCO_3$	1.0×10^{-12}	$AgIO_3$	3.0×10^{-8}
$Co(OH)_2$（蓝色）	5.92×10^{-15}	$AgOH$	2.0×10^{-8}
$Co(OH)_2$（粉红色）	1.09×10^{-15}	$K_2Na[Co(NO_2)_6]\cdot H_2O$	2.2×10^{-11}
CoS（α 型）	4.0×10^{-21}	$KHC_4H_4O_6$	3×10^{-4}
CoS（β 型）	2.0×10^{-25}	$Mg(OH)_2$	1.8×10^{-11}
$Co(OH)_3$	1.6×10^{-44}	Mg(8-羟基喹啉)$_2$	4×10^{-16}
$Cr(OH)_2$	2×10^{-16}	$Mg_3(PO_4)_2$	1.04×10^{-24}
$Cr(OH)_3$	6.3×10^{-31}	$MgCO_3$	6.82×10^{-6}
$Cu(IO_3)_2\cdot H_2O$	7.4×10^{-8}	$MgC_2O_4\cdot 2H_2O$	4.83×10^{-6}
$Ca(OH)_2$	5.5×10^{-6}	$Mn(OH)_2$	1.9×10^{-13}
$Ca_3(PO_4)_2$	2.0×10^{-29}	$MgNH_4PO_4$	2.54×10^{-13}
$CaCO_3$	3.36×10^{-9}	$MnCO_3$	2.24×10^{-11}
$CaC_2O_4\cdot H_2O$	4×10^{-9}	MnS（晶型）	2.5×10^{-13}
$CaHPO_4$	1×10^{-7}	$MnC_2O_4\cdot 2H_2O$	1.70×10^{-7}
$CaCrO_4$	7.1×10^{-4}	Hg_2CrO_4	2.0×10^{-9}
$CaSO_4$	9.1×10^{-6}	Hg_2I_2	4.5×10^{-29}
$Cd_3(PO_4)_2$	2.53×10^{-33}	$HgSO_4$	6.5×10^{-7}
$Cd(OH)_2$	5.27×10^{-15}	HgI_2	2.9×10^{-29}
$AgAc$	1.94×10^{-3}	HgS（黑色）	1.6×10^{-52}
$FeC_2O_4\cdot 2H_2O$	3.2×10^{-7}	HgS（红色）	4×10^{-53}
$FeCO_3$	3.13×10^{-11}	$Sn(OH)_2$	1.4×10^{-28}
CaF_2	5.3×10^{-9}	SnS	1×10^{-25}
$Ag_2C_2O_4$	5.4×10^{-12}	SnS_2	2×10^{-27}
Ag_2CO_3	8.45×10^{-12}	$SrC_2O_4\cdot H_2O$	1.6×10^{-7}
Ag_2CrO_4	1.12×10^{-12}	$Sr(OH)_2$	9×10^{-4}
$Ag_2Cr_2O_7$	2.0×10^{-7}	$SrCrO_4$	2.2×10^{-5}
Ag_2S	6.3×10^{-50}	$SrCO_3$	5.6×10^{-10}
$AgSCN$	1.03×10^{-12}	SrF_2	4.33×10^{-9}
$Fe(OH)_3$	4×10^{-38}	$SrSO_4$	3.2×10^{-7}
$Al(OH)_3$（无定形）	1.3×10^{-33}	$Na(NH_4)_2[Co(NO_2)_6]$	4×10^{-2}

续表

化合物	K_{sp}	化合物	K_{sp}
$AlPO_4$	6.3×10^{-19}	$Ni(OH)_2$(新制备)	2.0×10^{-15}
$Cu_2[Fe(CN)_6]$	1.3×10^{-16}	$NiCO_3$	1.42×10^{-7}
$Cu(OH)_2$	2.2×10^{-20}	Ni(丁二酮肟)$_2$	4×10^{-24}
Cu_2S	2.5×10^{-48}	NiS	1.07×10^{-21}
$Cu_3(PO_4)_2$	1.40×10^{-37}	$Pb(OH)_2$	1.2×10^{-15}
CuBr	5.3×10^{-9}	$Pb_3(PO_4)_2$	8.0×10^{-43}
CuC_2O_4	4.43×10^{-10}	$PbCrO_4$	2.8×10^{-13}
CuCl	1.2×10^{-6}	$PbCO_3$	7.4×10^{-14}
$CuCO_3$	1.4×10^{-10}	$PbCl_2$	1.6×10^{-5}
CuI	1.1×10^{-12}	PbC_2O_4	8.51×10^{-10}
CuS	6.3×10^{-36}	$PbBr_2$	6.60×10^{-6}
CuSCN	4.8×10^{-15}	PbF_2	3.3×10^{-8}

附录 4 一些常见配离子的稳定常数（25℃）

配离子	$K_f^{\ominus}$	配离子	$K_f^{\ominus}$
$[AgCl_2]^-$	1.1×10^{5}	$[Cu(en)_2]^{2+}$	1.0×10^{20}
$[Ag(CN)_2]^-$	1.26×10^{21}	$[Cu(NH_3)_4]^{2+}$	2.09×10^{13}
$[AgI_2]^-$	5.5×10^{11}	$[Cu(NH_3)_2]^+$	7.24×10^{10}
$[Ag(NH_3)_2]^+$	1.12×10^{7}	$[Fe(CN)_6]^{3-}$	1.0×10^{42}
$[Ag(S_2O_3)_2]^{3-}$	2.88×10^{13}	$[Fe(CN)_6]^{4-}$	1.0×10^{35}
$[AlF_6]^{3-}$	6.9×10^{19}	$[Fe(NCS)_2]^+$	2.29×10^{2}
$[Ag(SCN)_2]^-$	3.72×10^{7}	$[FeF_6]^{3-}$	2.04×10^{14}
$[Au(CN)_2]^-$	1.99×10^{38}	$[HgI_4]^{2-}$	6.76×10^{29}
$[Cd(en)_2]^{2+}$	1.23×10^{10}	$[HgCl_4]^{2-}$	1.17×10^{15}
$[Co(NCS)_4]^{2-}$	1.0×10^{3}	$[Hg(CN)_4]^{2-}$	2.51×10^{11}
$[Ca(edta)]^{2-}$	1.0×10^{11}	$[Mg(edta)]^{2-}$	4.37×10^{8}
$[Co(NH_3)_6]^{2+}$	1.29×10^{5}	$[Ni(CN)_4]^{2-}$	1.99×10^{31}
$[Co(NH_3)_6]^{3+}$	1.58×10^{35}	$[Ni(NH_3)_6]^{2+}$	5.50×10^{8}
$[Cu(CN)_2]^-$	1.0×10^{24}	$[Zn(CN)_4]^{2-}$	5.01×10^{16}
$[Cd(NH_3)_4]^{2+}$	1.32×10^{7}	$[Zn(NH_3)_4]^{2+}$	2.88×10^{9}

参考文献

[1] 王秋长，赵鸿喜，张守民，等．基础化学实验［M］．北京：科学出版社，2011.

[2] 蔡良珍，虞大红．大学基础化学实验［M］．北京：化学工业出版社，2010.

[3] 刘绍乾，何跃武．基础化学实验指导［M］．长沙：中南大学出版社，2006.

[4] 高桂枝，陈敏东．新编大学化学实验［M］．北京：中国环境科学出版社，2009.

[5] 孙建民，单金缓．基础化学实验［M］．北京：化学工业出版社，2009.

[6] 郭伟强．大学化学基础实验［M］．北京：科学出版社，2010.

[7] 古国榜，徐立宏．大学化学实验［M］．北京：化学工业出版社，2010.

[8] 林森，王世铭．大学化学实验［M］．北京：化学工业出版社，2009.

[9] 李巧玲．无机化学与分析化学实验［M］．北京：化学工业出版社，2012.

[10] 中国科学技术大学无机化学实验课题组．无机化学实验［M］．合肥：中国科学技术大学出版社，2012.

[11] 武汉大学化学与分子科学学院实验中心．无机化学实验［M］．北京：武汉大学出版社，2002.

[12] 北京师范大学无机化学教研室．无机化学实验［M］．北京：高等教育出版社，2001.

[13] 周旭光．无机化学实验与学习指导［M］．北京：中国纺织出版社，2009.

[14] 袁书玉．无机化学实验［M］．北京：清华大学出版社，1996.

[15] 俞群娣．大学化学实验［M］．浙江：浙江大学出版社，2011.

[16] 广西大学化学化工学院化学教研室．大学无机化学实验［M］．北京：化学工业出版社，2013.

[17] 赵增敏．Excel2007 实用教程［M］．北京：电子工业出版社，2010.

[18] 肖信．Origin8.0 实用教程：科技作图与数据分析［M］．北京：中国电力出版社，2009.

[19] 李艳辉．无机及分析化学实验［M］．南京：南京大学出版社，2006.

[20] 刁国旺，朱霞石，沐来龙，等．大学化学实验［M］．南京：南京大学出版社，2006.

[21] 方国女，王燕，周其镇．大学基础化学(Ⅰ)［M］．北京：化学工业出版社，2001.

[22] 傅献彩．大学化学实验［M］．北京：高等教育出版社，2000.

[23] 刘巍，王佩玉，蔡照胜，等．新编大学化学实验（一）［M］．北京：化学工业出版社，2010.

[24] 大连理工大学无机化学教研室．无机化学实验［M］．北京：高等教育出版社，2002.

[25] 李梅君，徐志珍．无机化学实验［M］．第 4 版．北京：高等教育出版社，2007.

[26] 王清廉，高坤，李瀛．有机化学实验［M］．北京：高等教育出版社，2010.

[27] 王世润，吴法伦，郭艳玲，等．基础化学实验［M］．天津：南开大学出版社，2002.

[28] 谷亨杰，周锦成，丁金昌．有机化学实验［M］．第 2 版．北京：高等教育出版社，2009.

[29] 王福来．有机化学实验［M］．武汉：武汉大学出版社，2001.

[30] 刘湘，刘士荣．有机化学实验［M］．第 2 版．北京：化学工业出版社，2013.

[31] 朱霞石，李增光，李宗伟，等．新编大学化学实验(二)［M］．北京：化学工业出版社，2010.

[32] 李吉海，刘金庭．基础化学实验(Ⅱ)——有机化学实验［M］．北京：化学工业出版社，2007.

[33] 韩广甸，赵树纬，李述文，等编译．有机制备化学手册（上卷）［M］．北京：化学工业出版社，1980.

[34] 李兆陇，阴金香，林天舒．有机化学实验［M］．北京：清华大学出版社，2000.

[35] 关烨第，李翠娟，葛树丰．有机化学实验［M］．北京：北京大学出版社，2002.

[36] 李明，李国强，杨丰．基础有机化学实验［M］．北京：化学工业出版社，2004.